中国粮食　中国饭碗系列：寒地粮食育种志
中国科普作家协会农业科普创作专业委员会推荐

近十年黑龙江大豆品种及骨干亲本

主　编　来永才　毕影东

哈尔滨工程大学出版社
Harbin Engineering University Press

内 容 简 介

本书对近十年黑龙江省大豆品种布局做了总结和归类，系统地介绍了不同熟期大豆主栽品种的特性，对大豆种质基础、遗传结构进行了系统的评价和分析，对黑龙江省大豆骨干亲本进行介绍并绘制了遗传系谱图，探讨了骨干亲本的遗传贡献与应用潜力，旨在研究育成品种遗传背景差异、遗传多样性信息，为大豆育种研究提供理论依据。

本书可为从事大豆育种研究与技术推广的科技工作者选配高产、优质大豆的亲本及利用相关优良性状提供参考和借鉴。

图书在版编目(CIP)数据

近十年黑龙江大豆品种及骨干亲本 / 来永才，毕影东主编. —哈尔滨：哈尔滨工程大学出版社，2020.6
ISBN 978 – 7 – 5661 – 2682 – 5

Ⅰ. ①近… Ⅱ. ①来… ②毕… Ⅲ. ①大豆 – 品种 – 黑龙江省 Ⅳ. ①S565.102.92

中国版本图书馆 CIP 数据核字(2020)第 098270 号

选题策划	史大伟　薛　力
责任编辑	王俊一　于晓菁
封面设计	李海波

出版发行	哈尔滨工程大学出版社
社　　址	哈尔滨市南岗区南通大街 145 号
邮政编码	150001
发行电话	0451 – 82519328
传　　真	0451 – 82519699
经　　销	新华书店
印　　刷	哈尔滨市石桥印务有限公司
开　　本	787 mm ×1 092 mm　1/16
印　　张	15.5
插　　页	19
字　　数	490 千字
版　　次	2020 年 6 月第 1 版
印　　次	2020 年 6 月第 1 次印刷
定　　价	199.00 元

http://www.hrbeupress.com
E-mail：heupress@ hrbeu.edu.cn

编　委　会

序

　　大豆起源于我国,是重要的粮油作物。迄今为止,我国已经拥有 5 000 多年的大豆栽培历史。1995 年以前,我国一直是世界第一大豆生产国和出口国,而自从 18 世纪 60 年代大豆被引入美国、阿根廷等国后,中国大豆生产量及其在全球大豆生产量中的比例逐步下降,与此形成鲜明对比的是中国大豆消费量、进口量却呈逐步上升趋势。当前,中国已成为世界上最大的大豆消费国和进口国。我国大豆产业发展面临诸多突出问题,如我国大豆品种产量和品质亟待提升。大豆种质资源是大豆育种和改良的重要基础,对现有品种及骨干亲本进行梳理和分析对大豆育种具有重要意义。

　　黑龙江省是我国最大的大豆主产区,大豆栽培历史悠久,具有地理、生态和经济优势,其大豆种植面积、总产量均位列全国首位。黑龙江省大豆具有高产、高油及适应性强等优良特性,同时也是我国重要的绿色大豆、有机大豆出口基地。随着生物技术的迅速发展,与国外大豆育种相比,黑龙江省大豆育种工作相对滞后。高效利用现有优质大豆种质资源,拓宽大豆遗传基础,有助于大豆产量和品质的提升。近十年,黑龙江省共培育 300 余个新品种,包括高蛋白、高油脂、小粒、黑大豆、青大豆等特异品种,丰富了大豆品种市场。

　　本书介绍了大量大豆主栽品种,对不同熟期大豆主栽品种的特性及栽培方法进行了详细的说明,对黑龙江省大豆种质基础、遗传结构进行了系统评价、分析和总结,对大豆主栽品种的生产应用潜力进行了预测,系统地分析了骨干亲本的遗传贡献。本书可为大豆育种研究提供重要的参考资料,可使广大从事大豆育种研究的科研工作者系统、深入地了解黑龙江大豆种质资源的特征,从而提高大豆种质利用研究的针对性。希望广大中青年科研工作者继承老一辈科研工作者的优良传统,脚踏实地,刻苦钻研,不断提高我国大豆育种水平,为发展我国大豆生产、保障国家粮食安全做出更大的贡献。

本书编委会
2020 年 3 月

前　言

　　种质资源是作物改良的基础,对种质资源遗传特点的认识和利用是育种成功的关键。我国大豆育种的突出问题是种质资源的遗传基础狭窄。作为我国大豆主要产地的黑龙江省拥有大量大豆种质资源,它们是重要的大豆育种遗传资源。从现有育成大豆品种中选出具有代表性的种质资源,在筛选、整理骨干亲本的基础上不断挖掘新的优异种质,并使其得到有效利用,对大豆遗传与育种的发展具有重要的理论意义和实践意义。

　　本书由黑龙江省农业科学院从事大豆科研工作的专家集体编写,编者中既有长期从事大豆育种的老专家,也有中青年骨干科研工作者。本书内容涉及黑龙江大豆品种布局、主栽品种及骨干亲本、骨干亲本应用及遗传潜力分析等方面,汇集了黑龙江省各育种单位在大豆育种方面的主要进展。本书对近十年黑龙江大豆品种布局做了总结和归类,系统地介绍了黑龙江省不同熟期的大豆主栽品种及特性,尤其是对骨干亲本进行了介绍并绘制了遗传系谱图,探讨了骨干亲本的遗传贡献与应用潜力,旨在研究育成品种遗传背景差异、遗传多样性信息,为大豆育种研究提供理论依据。

　　本书可供从事大豆育种研究、技术推广的科研工作者和大中专院校师生参考,也可为广大育种一线的科研工作者选配高产、优质大豆的亲本及选择相关优良性状提供参考和借鉴。由于编者水平有限,书中难免存在不妥之处,敬请广大读者指正。

本书编委会
2020 年 3 月

目 录

第一章　黑龙江大豆品种布局

第一节　黑龙江地理及气候概况

一、地理地貌

（一）地理

黑龙江省位于我国东北部,是中国位置最北、纬度最高的省份,东西跨 14 个经度(东经 121°11′~135°05′),南北跨 10 个纬度(北纬 43°26′~53°33′),北部、东部与俄罗斯隔江相望,西部与内蒙古自治区相邻,南部与吉林省接壤。全省土地总面积约 4.73×10^5 km² (含加格达奇和松岭区),居全国第 6 位,边境线长 2 981. 26 km,是亚洲与太平洋地区陆路通往俄罗斯和其他欧洲大陆的重要通道,是中国沿边开放的重要窗口。

（二）地貌

黑龙江省地貌特征为"五山一水一草三分田",地势大致是西北部、北部和东南部高,东北部、西南部低,主要由山地、台地、平原和水面构成。黑龙江省西北部为东北–西南走向的大兴安岭山地,北部为西北–东南走向的小兴安岭山地,东南部为东北–西南走向的张广才岭、老爷岭、完达山脉。兴安山地与东部山地的山前为台地,东北部为三江平原(包括兴凯湖平原),西部是松嫩平原。黑龙江省山地海拔大多为 300~1 000 m,面积约占全省总面积的 58%;台地海拔为 200~350 m,面积约占全省总面积的 14%;平原海拔为50~200 m,面积约占全省总面积的 28%。黑龙江省有黑龙江、乌苏里江、绥芬河、松花江等多条河流;有五大连池、镜泊湖、兴凯湖、连环湖、莲花湖等众多湖泊。

（三）土地

黑龙江省耕地面积为 15 940 850.84 hm²,占全省土地面积的 33.87%;园地面积为44 930. 08 hm²,占全省土地面积的 0.09%;林地面积 23 245 157. 92 hm²,占全省土地面积的49.39%;草地面积为 2 034 742.68 hm²,占全省土地面积的 4.32%;城镇村及工矿用地面积为 1 219 694.67 hm²,占全省土地面积的 2.59%;交通运输用地面积为 592 760.97 hm²,占全省土地面积的 1.26%;水域及水利设施用地面积为 2 182 354.05 hm²,占全省土地面积的4.63%;其他土地面积为 1 808 771.03 hm²,占全省土地面积的 3.85%。黑龙江省土地面积分布情况如图 1-1 所示。黑龙江省人均耕地面积为 0.416 hm² (合 6.24 亩/人)[①],高于全国人均耕地水平。

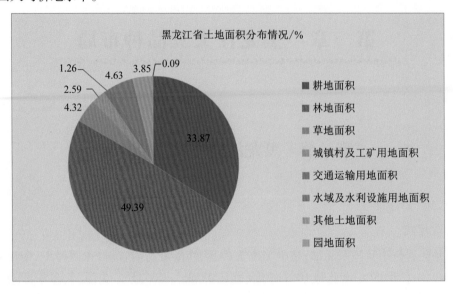

图 1-1　黑龙江省土地面积分布情况

二、气候

黑龙江省处于中纬度欧亚大陆东沿,太平洋西岸,北临寒冷的西伯利亚,南北跨中温带与寒温带。黑龙江省冬季高空受贝加尔湖高压脊与亚洲大陆东部低压槽控制,而地面则受蒙古高压中心与阿留申群岛低压中心的影响,因而来自蒙古高压区的干冷极地大陆性气团不断向太平洋阿留申群岛低压区流动,形成冬季风,即常见的寒冷干燥的西北风;夏季,随着太阳辐射能量的逐渐加大,亚洲大陆由冬季高压系统转为低压系统,在西太平洋副热带高压控制和高空锋区的影响下,来自西太平洋的温湿海洋性气团不断向亚洲大陆流动,形成夏季风,即温暖湿润的东南风或南风。因此,黑龙江省的气候具有明显的季风气候特征,但西部受夏季风影响弱,呈现一些大陆性气候特征。根据干燥度,黑龙江省的气候自东向西由湿润型经半湿润型过渡到半干旱型,这与夏季风自东向西减弱显著相关。

(一)气温

黑龙江省是全国气温最低的省份。黑龙江省一月平均气温为 -30.9 ~ -14.7 ℃,北部漠河曾达到 -52.3 ℃,为全国最低纪录;夏季普遍高温,平均气温在 18 ℃左右,极端最高气温达 41.6 ℃;年平均气温平原高于山地,南部高于北部,北部大兴安岭年平均气温在 -4 ℃以下,东宁一带达 4 ℃以上。黑龙江省无霜期多为 100 ~ 160 d,平原长于山地,南

---

① 1 亩 ≈ 666.67 m²。

部长于北部,大兴安岭地区无霜期只有 80 ~ 90 d,而松嫩平原西南部和三江平原大部分地区无霜期超过 140 d,泰来最长,超过 170 d。黑龙江省全省≥10 ℃ 全积温平均值为 2 000 ~ 3 200 ℃,大部农业区为 2 800 ~ 3 200 ℃;≥10 ℃ 积温多为 2 000 ~ 2 800 ℃,大兴安岭腹地不足 1 600 ℃,西南部的泰来、肇源等地多达 2 800 ℃ 以上。黑龙江省大部分地区的初霜冻在 9 月下旬出现,终霜冻在 4 月下旬至 5 月上旬结束。

黑龙江省年平均气温的分布有以下特征:

①等温线基本与纬线平行,平原区表现较为明显,山地与纬线方向偏离,并在局部地区产生沿经线方向的分布特征。

②北纬 48°以北年平均气温均在 0 ℃ 以下,北纬 48°以南年平均气温多在 0 ℃ 以上,南高北低,南北年平均气温相差 10.2 ℃。黑龙江省年平均气温的低温中心在北部大兴安岭地区的阿木尔(- 5.3 ℃);高温中心有两个,一是松嫩平原西部的泰来、肇源一带(泰来高达 4.2 ℃),二是黑龙江省南端的东宁,年平均气温达 4.9 ℃。

③气温的季节变化明显。冬季(12 月、1 月、2 月)是黑龙江省一年中最冷的季节,也是南北温差最大的季节。其中,1 月份最冷,全省月平均气温在 - 14.7 ℃ 以下。北部大兴安岭为全省最冷的地区,气温在 - 30 ℃ 以下,漠河为 - 30.8 ℃,东宁气温最高为 - 14.7 ℃,南北温差达 16 ℃。春季(3 月、4 月、5 月)以 4 月份气温为代表,除大兴安岭北部在 0 ℃ 以下外,其余地区都在 0 ℃ 以上;齐齐哈尔和哈尔滨以南、佳木斯附近、乌苏里江沿岸在 6 ℃ 以上,松嫩平原西南部的泰来达 6.9 ℃,为高温中心;全省大部分地区为 1 ~ 5 ℃,南北温差不大(7.5 ℃)。夏季(6 月、7 月、8 月)为黑龙江省全年最热的季节,也是南北温差最小的季节。以 7 月份气温为代表,全省普遍高温,均在 17 ℃ 以上;高温中心在泰来一带(22 ~ 24 ℃),泰来达 23.4 ℃;低温中心在大兴安岭北部,一般低于 18 ℃,漠河仅为 17.1 ℃,南北温差为 6.3 ℃。秋季(9 月、10 月、11 月)气温与春季分布相似。以 10 月份气温为例,因秋季是夏季向冬季过渡,所以全省温度低于春季,南北温差 11.4 ℃,大于春季;高温中心在东宁,气温达 6.8 ℃;低温中心在阿木尔,气温为 - 4.6 ℃;全省大部分地区为 0 ~ 4 ℃。

(二)气压和风

黑龙江省年平均气压为 970 ~ 1 000 hPa。受地形影响,山区气压较低,平原、河流沿岸气压较高。三江平原以及松花江和黑龙江中、下游沿岸地带年平均气压多在 1 000 hPa 以上,松嫩平原次之,兴安岭北部不足 970 hPa。一年内,冬季气压较高,夏季气压偏低。

黑龙江省大部分地区年平均风速为 3 ~ 4 m/s,松嫩平原西部在 4 m/s 以上,牡丹江及呼玛以北在 3 m/s 以下,山地大部分在 4 m/s 以下,平原风速大于山地风速。黑龙江省风速季节变化大,一年之中春季风速最大,平原风速为 3 ~ 5 m/s,安达一带最大风速达 40 m/s,大风日数也最多,占全年大风日数的 40% 以上;夏季风速则最小,如 7 月份风速仅为 2 ~ 4 m/s;冬季平均风速略大于秋季。绝大部分地区全年大风日数在 20 d 以上,个别地区在 20 d 以下,松花江谷地的佳木斯、依兰在 50 d 以上,为黑龙江省大风日数最多的地区。

黑龙江省全年盛行偏西风,松花江右岸地区盛行西南风,西部与北部盛行西北风。全省冬季多西北风,控制时间长达9个月(9月到翌年5月),属于西北季风;夏季南部多南风,属于东南季风,控制时间为5月至9月;东北部盛行东北风,属于东北季风,控制时间为6月至8月。全省春秋风向相似,南部与中部多西南风,北部多西北风。

(三)降水

黑龙江省的降水表现出明显的季风性特征。夏季受东南季风的影响,降水充沛,降水量占全年降水量的65%左右;冬季在干冷西北风控制下,干燥少雪,仅占全年降水量的5%;春秋降水量分别占13%和17%左右。全省降水量1月份最少,7月份最多。全省年平均降水量等值线大致与经线平行,这说明南北降水量差异不明显,东西差异明显。全省降水量从西向东增加,西部平原区仅为400 mm左右,东部山前台地为500 mm左右,山地降水量大于平原,迎风坡大于背风坡,因此降水量分布极不均衡。小兴安岭和张广才岭地区年平均降水量为550~650 mm,在小兴安岭南部伊春附近及东南部山地尚志市形成多雨中心,年平均降水量在650 mm以上。西部松嫩平原年平均降水量只有400~450 mm,肇源西部、泰来和杜尔伯特蒙古族自治县在400 mm以下,形成少雨中心。全省降水日数的分布差异较大:松嫩平原地区在100 d以下,其中多数在80~90 d,个别地区在80 d以下。其中,杜尔伯特蒙古族自治县(76.7 d)、泰来(73.1 d)、龙江(79 d)为黑龙江省降水日数最少的地区,兴安山地与东部山地多数在110 d以上,五营(149.2 d)、伊春(137.7 d)是黑龙江省降水日数最多的地区。全省降水日数的分布与降水量分布基本是一致的。

(四)湿度

黑龙江省年平均水汽压为6~8 hPa,松花江流域和东南大部分地区在8 hPa左右,向西北逐渐减小,加格达奇以北山地多不足6 hPa。一年内,全省1月份水汽压最小,7月份最大。

全省年平均相对湿度为60%~70%,其空间分布与降水量相似,呈经向分布,中、东部山地最大,在70%以上,西南部最小,多不足65%。全省湿度年内变化夏季最大,为70%~80%,春季最小,为37%~68%,各地不等。

(五)云量、日照时数、蒸发量

黑龙江省年平均总云量为4.5~5.5;松嫩平原较少,小兴安岭南端和东南山地较多,北部漠河一带最多;一年中冬季最少,夏季最多,春、秋季居中。

全省年可照时数为4 443~4 470 h,年实照时数为2 300~2 900 h,为可照时数的55%~70%。全省夏季日照时数在700 h以上,为全年最多的季节,而日照百分率(以7月为代表)是一年中最低的季节,仅为55%左右;冬季是一年中日照时数最少的季节,绝大多数地区在500 h以上;春秋界于冬夏之间,春季(700~800 h)大于秋季(600 h左右)。松嫩平原西部日照时数最高可达2 600~2 800 h,日照百分率为59%~70%,泰来、安达等地在2 800 h以上;北部山地在2 400 h以下,五营仅2 268.5 h,日照百分率在55%以下。

全省年平均蒸发量为900~1 800 mm,由南向北递减。松嫩平原南部蒸发量最大,大于 1 600 mm;大兴安岭山地蒸发量最小,小于 1 000 mm,小兴安岭山地蒸发量一般为 1 000 ~ 1 100 mm;大部分地区蒸发量为 1 200 ~ 1 500 mm。全年中冬季蒸发量最小,1 月份仅为 3 ~ 22 mm;春季各地气温迅速升高,风力增大,蒸发量较大,为 80 ~ 370 mm。春季风大,气温高,其蒸发量远远大于秋季。夏季气温高,是全年蒸发量最大的季节,蒸发量小的大兴安岭山地也在 120 mm 以上。

黑龙江省属于寒温带季风气候,既蕴藏着丰富的气候资源,具有巨大的开发潜力,又有许多不利因素,容易发生气候灾害。

黑龙江省比我国南方各省区云量少,日照时数多,而且辐射强度大,植物在生长季节可得到充分的光照。尤其是 6 ~ 8 月,日照时数平均每日可达 11 ~ 13 h,北部夏至最长可达15 ~ 17 h。黑龙江省太阳辐射年总量多为 418.68 ~ 502.42 kJ/cm^2,夏半年辐射总量几乎是冬半年的两倍。这种多光照和强辐射是农作物及林木生长的有利条件,因而松嫩平原成为祖国的粮仓,兴安岭成为森林的海洋。这种气候条件使黑龙江省小麦蛋白质含量较世界海洋性气候区高。全省许多地方都可种植水稻,而且大米的质量好。黑龙江省晚秋天气晴朗,日照充分,也有利于大秋作物的成熟和收获工作的进行。

第二节　黑龙江大豆栽培历史

黑龙江省至少有 3 000 多年的大豆栽培历史。东北地区的原始农业主要以锄耕或犁耕为主。从考古资料来看,黑龙江省锄耕阶段已有石锄、石铲等整地松土的工具出现。当时,一般土地都可连续耕种几年,然后撂荒几年再耕种,这种耕作方式称为轮荒耕作制。

一、黑龙江省大豆栽培

(一)黑龙江省大豆整地

20 世纪 50 ~ 70 年代,黑龙江省垄宽约为 75 cm,20 世纪 70 ~ 90 年代为 65 cm,20 世纪 90 年代为 45 cm,整体变化规律是垄宽变小、由大垄向小垄转变;耕翻深度在 20 世纪 50 ~ 70 年代为 15 cm,从 20 世纪70 ~ 90 年代 28 cm,在 20 世纪 90 年代至今为 30 ~ 38 cm,整体变化规律是耕翻深度增加。目前,黑龙江省大豆“垄三”栽培的垄宽多为 65 cm,“大垄密”栽培的垄宽多为 110 cm,并以垄作为主。20 世纪 50 ~ 70 年代,黑龙江省土地大多数是开荒地,农机具主要是以牛马拉简单的铧式犁,动土深度较浅。20 世纪 90 年代以后,黑龙江省以先进的农机具和大马力的拖拉机作业为主,耕翻深度增大。特别是近年来,由于秸秆还田的需要,黑龙江省引入国外耕翻机械,耕翻深度进一步加深,导致此变化的主要因素由社会条件和经济条件共同决定。从黑龙江省不同历史时期垄宽和耕翻深度的变化规律来看,黑龙江省土壤耕作发展趋势为合理利用土地有效面积,提高土壤理化结构,提高单位面积的收获指数和增加土壤耕翻深度为主。

（二）黑龙江省大豆施肥量

20 世纪 50~70 年代，黑龙江省大豆化肥用量每亩约为 2.5 kg，20 世纪 70~90 年代为 15.3 kg，20 世纪 90 年代至今由 20.2 kg 增加到 40 kg，化肥的总体用量在增加。20 世纪 50~70 年代，黑龙江省每亩大豆的产量为 50 kg，20 世纪 70~90 年代为 80 kg，20 世纪 90 年代至今逐步由 100 kg 增加到 160 kg 左右，产量总体也在增加。由于 20 世纪 50~70 年代黑龙江省的土壤属于开荒地，地力肥厚，另外化肥的生产厂家几乎没有，所以人们主要靠农家肥（家禽的粪便）来提高产量；到了 20 世纪 80 年代，人们开始使用化肥，达到农家肥和化肥并重，但化肥用量逐渐增加；20 世纪 90 年代以后，完全以化肥为主。20 世纪 50~70 年代，黑龙江省大豆植株高大，倒伏严重，加上人工播种、牲畜耕地、人工除草（造成除草不干净、误除掉大豆苗）及栽培技术落后等因素，导致产量水平较低；20 世纪 90 年代以后出现了机械精密播种，大型机械耕作使土壤结构合理化，化学药剂田间除草提高了田间保苗率，实现了高产。从黑龙江省不同历史时期大豆的用肥量和产量的变化规律可以看出，要想高产必须加大化肥的使用量，同时做好秸秆还田培肥地力等工作。

（三）大豆病虫害

大豆的主要病害有大豆疫霉根腐病、大豆灰斑病、大豆菌核病、大豆细菌斑点病、大豆霜霉病、大豆锈病等。20 世纪 90 年代，大豆疫霉根腐病、大豆灰斑病危害较重，对大豆生产的影响很大，严重的可减产 30% 以上，随着抗病育种水平的提升，作为主攻病害，目前这两种病害发病率已经很低，对产量的影响也不是很大；大豆细菌斑点病、大豆霜霉病对产量有影响，但不会产生过大程度的减产，主要影响籽粒的外观品质。以上大豆病害都有抗源，所以抗病品种也比较多。大豆锈病在黑龙江省发病不重，主要发生于我国南方和国外。近年来，大豆菌核病时有发生，影响较大，发病严重年份可造成 50% 的减产，由于缺少抗病资源，目前生产中几乎没有抗病品种，所以生产上以防病为主，大豆生产中所有的病害都建议以预防为主，生物防治结合药剂防治是最理想的途径。

大豆紫斑病、灰斑病：药剂拌种 2.5% 适乐时 150 mL + 25% 金阿普隆 40 mL/100 kg 种子；大豆花荚期用 40% 多菌灵 1.5 kg 或 70% 甲基托布津 1 125~1 500 g/hm²。

大豆褐纹病：用 70% 甲基托布津 1 125 布津用。

大豆主要虫害：危害地上部的有大豆食心虫、大豆蚜虫，近年有大豆点蜂缘蝽等；危害地下部的有大豆孢囊线虫、蛴螬、地老虎等。对地上部虫害可以选择生物防虫和药剂防虫；对地下害虫一般采取种子剂拌种，对大豆孢囊线虫多选用抗病品种来克服。

大豆蚜虫：防治指标为大豆每株有蚜虫 10 头以上。可用 70% 艾美乐（吡虫啉）15~20 g/hm²；或 2.5% 功夫 225 mL/hm²；或 2.5% 敌杀死 225 mL/hm²；或 10% 氯氰菊酯 225 mL/hm²；或 48% 乐斯本 600 mL/hm²；或 40% 乐果 1 050 mL/hm²；或 50% 辟呀雾 150~225 g/hm² + 酿造醋 100 毫升/亩 + 益微 15~20 毫升/亩，干旱条件下加入喷液量 1% 植物油型的喷雾助剂药笑宝、信德宝等。

草地螟：防治指标为大豆每百株有幼虫 30~50 头，可采用 2.5% 功夫、2.5% 敌杀死

$225 \sim 300$ mL/hm^2。

大豆红蜘蛛:点片发生时防治。可采用 48% 乐斯本 $750 \sim 1500$ mL/hm^2;或 2.5% 功夫 $900 \sim 1500$ mL/hm^2;或 40% 乐果 1050 mL/hm^2(75 mL);或 73% 螨特 $600 \sim 1050$ mL/hm^2,加入喷液量 1% 植物油型的喷雾助剂药笑宝、信德宝等可明显增加药效,减少 30% 以上用药量。

大豆食心虫:在大豆食心虫成虫高峰期过后 2 d 施药,黑龙江省在 8 月上中旬(花荚期)施药。在成虫盛发期,连续 3 d 累积百米(双行)蛾量达 100 头或一次调查百荚卵量凹粒达 20 粒时开始防治。可采用 2.5% 敌杀死 $375 \sim 450$ mL 或 5% 来福灵 $225 \sim 300$ mL 或 20% 灭扫利(甲氰菊酯)+ 磷酸二氢钾($2.5 \sim 3$ kg/hm^2)+ 药笑宝(喷液量)1%。

(四)大豆灌溉

在大豆生长发育过程中,依据土壤墒情和大豆需水量来选择适合大豆的灌溉方式。与其他作物相比,大豆是需水量较多的作物。大豆开花前耗水量占整个成长期需水量的 10% 左右;开花、结荚期占 60% $\sim$ 70%;鼓粒期占 20% $\sim$ 30%。适合大豆生长发育的土壤水分为土壤田间最大持水量的 65% $\sim$ 70%,开花、结荚、鼓粒期为 75% $\sim$ 85%,也就是说田地里应一直有水分的输送。当土壤田间最大持水量低于 65% 时,应及时灌溉。在干旱条件下,分枝期灌溉可增产 4.1% $\sim$ 9.4%;开花、结荚前期灌溉可增产 12.0% $\sim$ 27.6%,鼓粒期灌溉可增产 24.2% $\sim$ 33.8%。

大豆的根主要集中在 $0 \sim 20$ cm 的土层,根系以植株为中心向外扩散,因此滴灌只需充沛湿润 20 cm 土层和植株一侧的地方就能够满足大豆的用水量。滴灌通过管材之间的滴头将水和植物成长所需的营养以较小的流量,均匀、精确地直接输送到作物根部邻近的土壤外表和土层中或作物叶面,完成部分灌溉,使大豆根部维持在最适合的水、肥、气状况。滴灌系统的特点是灌水量小,一次灌水连续时间长,周期短,能够较精确地操控灌水量,把水和营养直接输送到作物根部邻近的土壤或叶面,避免水分和营养物质的流失,从而避免杂草的生长。

滴灌能够适量地给大豆根部提供水、肥,让大豆根部土壤吸收适合的水分、氧气和营养,为大豆的生长提供一个良好的环境,避免土壤板结。滴灌能够与施肥相结合,对大豆进行水肥一体化灌溉,避免肥料营养的丢失、渗漏和蒸发。滴灌不仅能够大幅度提升大豆产值,还能够高效地节省灌溉用水和劳动力。

二、黑龙江省大豆的主要栽培模式及技术

(一)栽培模式的演变

20 世纪 50 年代,大豆栽培水平比较低,研究资料也比较少。20 世纪 60 年代,大豆栽培技术研究水平有所提高,研究领域也有所扩展,形成了"适期早播,合理密植"等技术。20 世纪 70 年代初期,科研工作者在前人研究的基础上,开展了大豆高产技术攻关,在种植方式、栽培方法方面比 20 世纪 60 年代有了较大进展,先后产生了一些行之有效的栽培方法。例如,1972—1975 年,黑龙江省农业科学院大豆研究所开展大豆等距穴播栽培法

研究;1973—1981 年,常耀忠等借鉴美国和加拿大推行的大豆窄行密植经验,研究黑龙江省北部、东部地区推行大豆窄行密植对产量的影响。20 世纪 70 年代后期,在局部春旱或春涝地区出现了玉米茬原垄卡种大豆的栽培方式(简称原垄卡)。20 世纪 80 年代中期,东北地区广大科技人员为了提高大豆单产,在大豆栽培方面进行了大量研究工作,开始研究和推广大豆模式栽培,业已获得显著的增产效果。这些栽培方法的特点:针对本地区的具体情况及众多生态环境因子,以产量为目标,将选用优良品种与密度、施肥、灌水、播期、管理等生产要素组装起来,并考虑把增加收入和提高经济效益结合起来,改变了之前推广单项技术效果不明显的局限性,促进了大豆生产向低投入和高产出的转变。

随着大型机械化农具的使用,黑龙江省开始推广精量播种,以提高匀度、化肥利用率和抗灾能力,出现了"永常""三垄"(也称"垄三")等大豆高产栽培技术。其代表是"三垄"栽培技术,该技术的核心是深松、分层施肥和精量点播,以机械作业来实施栽培模式,实行化学除草。"三垄"模式是根据当地自然条件特点与大豆生长发育要求所建成的综合栽培技术体系,较好地克服了当地大豆产量限制因子的制约;它具有鲜明的协调性、完整性、系列化和规范化等特点;它成功地吸收了大豆单项研究成果,综合组装成一个统一的整体,并由一个定型农机具完成作业,达到了农机与农艺的完美结合,所以该方法非常易于推广。

20 世纪 90 年代,在继续推广"三垄"栽培的同时,科研人员又进一步探索比"三垄"栽培更增产的种植方式,相继出现了"高寒""波浪冠层""兴福""窄行密植"等大豆高产栽培技术。其中,最突出的是将引进的美国"窄行密植"技术嫁接到"三垄"栽培技术上仍保持深松等做法,但把种植行距缩小、密度加大,使植株分布更加合理,形成了"大垄窄行密植""小垄窄行密植""平播窄行密植""暗垄密""深窄密"等栽培模式。

(二)几种主推栽培模式的技术要点

"三垄"模式是郭玉等(1987)进行的"旱作大豆高产技术配套体系研究"的简称。他们在总结国内外先进经验和单项研究的基础上,组成多学科联合攻关,进行了以垄底深松播种、垄体分层施肥、垄上双条精播为主体的配套技术研究。其研究成果在垦区和黑龙江省湿润地区得到迅速推广。这项垄作配套技术体系适合较低湿地区采用,一般比当地常规栽培方法增产 858 kg/hm² 左右,增产比为 19.2% ~46.2%。

1. "三垄"模式栽培技术

(1)伏秋整地,秋起垄

"三垄"模式的耕地播种技术可分为一次性的和两次性的。一次性的由整地、起垄、深松、分层施肥、播种、覆土、镇压一次联合复式作业完成;两次性的由两次作业完成。伏秋起垄或秋施肥,可充分积蓄秋季雨水,并达到待播状态,来年春季在垄上播种。两次性作业的优点多,如垄台形成高,土温上升快,有利于保苗和发苗,幼苗苗壮。

(2)分层施肥或深施肥

分层施肥或深施肥是将肥料施在双苗眼的中央部位,即种下 4 ~7 cm 和 12 ~14 cm处。所施种肥量根据总施肥量而定。通常将总施肥量的 1/3 作种肥、将总施肥量的 2/3

作底肥深施,当总施肥量低于75 kg/hm²时便以种肥形式施入。

(3)品种选择与合理密植

选用喜肥水、秆强不易倒伏大豆品种。播种密度要根据施肥水平和品种来确定,通常要达到每33万~42万株/公顷,中晚熟品种保苗28万~33万株/公顷,双条行距10~12 cm,垄距66~70 cm,播种深度3~5 cm,覆土要严密。

(4)调整和使用好"三垄"模式栽培的配套农机具

"三垄"模式最突出的特点是,它依靠"三垄"模式系列耕播机实行一次性或两次性联合作业,就可实现"垄底垄沟深松、垄体分层施肥和垄上双条精播"的"三垄"要求。

根据牵引动力大小,定型的耕播机有以下几种型号:①大功率拖拉机牵引的2NJGL-12型;②中型拖拉机牵引的2BJGL-6型和LFBJ-6型;③小型拖拉机牵引的2BJGL-2型。

(5)适宜区域

"三垄"模式是针对三江平原低湿地区、土壤冷浆、土壤含水量较高等生产实际问题而制定的栽培方法,因此这一栽培模式主要在低湿地区或墒情较好的地区推广应用。在黑龙江省西部及西南部风沙盐碱区、黑土平原半干旱区、丘陵半山区、年降雨量较低的地区应用"三垄"模式是不适宜的。但对于采用分层施肥、双条精密播种等,其他地区是可以借鉴的。

"三垄"模式增产有以下原因:一是垄底深松及垄沟深松可以改善土壤耕层构造,扩大土壤生态容量。深松可以打破犁底层,增强土壤通透性,提高地温,进而协调土壤肥力因素,较好地满足大豆生长发育对养分的需要,为大豆根系生长创造条件。二是垄体分层施肥可以提高肥料利用率。分层施肥较好地克服以往一次性浅施肥造成种子与肥料同位所引起的烧籽、烧苗问题。以前使用的浅施肥方法往往使大豆生长发育后期严重脱肥,引起大豆花荚脱落。三是垄上双条精密播种(垄上双条精播)形成良好的群体结构,保证充分利用光能。垄上双条精密播种克服了以往普通条播出苗稀、厚不匀的现象,由于大豆个体分布均匀,群体结构良好,因此可以有效提高光能利用率。

2. 平作窄行"深窄密"栽培技术

"深窄密"指的是行距≤40 cm平作种植方式和与其相适应的栽培技术。

(1)整地

①白浆土、黑土、草甸土等地块在土壤干湿适度时及时深松,要求打破犁底层,深松深度≥35 cm,达到耕层以下6~15 cm,深浅一致,不漏松,不重松,不起大块。沙壤土地块不宜深松。

②浅翻深松要求深松与浅翻同时进行,翻深为16~18 cm。

③未深松的地块应及时伏秋翻,耕深18~22 cm,以不打乱耕作层为限。伏翻宜深,秋翻宜浅。

④耕翻整地要求不起大块,不出明条,翻伐整齐严密,不漏翻,不重翻,耕幅、耕深一致,耕垡直,100 m内直线误差≤20 cm,地表10 m内高低差≤15 cm。

⑤耕翻、深松后应及时耙地。越冬前重耙两遍,耙深耙透,深度≥15 cm;轻耙1~2遍,深度≥8 cm。耙地质量:达到适宜播种状态,要整平耙细。对于秋翻后未耙地的地块,在春季土壤耕层化冻5 cm时,及时进行轻耙,宜早不宜迟,深度不宜过深,以利保住土壤墒情。

⑥耢地可与耙地同时进行。伏秋耢地以平地保墒为主;春季前期耢地以碎土平地为主,后期以保墒为主。根据耢地的目的和时机,选用相应农机具。

(2)种植密度

①播种密度可为45万~50万株/公顷。

②以每45万株/公顷为基础。各方面条件优越、肥力水平高的,密度要降低播量的10%;整地质量差、肥力水平低的,密度要增加播量的10%。

(3)播种方法

①采取平播的方法。一般行距为30~35 cm,双条精量点播,即行距平均为15~17.5 cm,株距为11 cm,播深3~5 cm。

②以大型机械一次完成作业为好。可采用"深窄密"气吸式播种机或进口的免耕播种机。

(4)施肥方法

采用分层深施肥,分层深施于种下5 cm和12 cm,在大豆初花期、鼓粒期、结荚初期分别进行叶面追肥。"大垄密"栽培技术是胡国华等(2005)在"深窄密"的基础上,因解决雨水多或土壤库容小不能存放多余的水等问题而发展起来的一项垄平结合、宽窄结合、旱涝综防的大豆栽培模式。"大垄密"技术能比70 cm的宽行距种植增产20%以上,其大豆产量能常年保持在3 000 kg/hm^{2}以上。

3."大垄密"栽培技术

(1)整地

选用地势平坦、土壤疏松、地面干净、较肥沃的地块,要求地表秸秆少,地表秸秆长度为3~5 cm。该技术对整地质量要求很高,要做到耕层土壤细碎、地平。提倡深松起垄,垄向要直,垄宽一致。要努力做到伏秋精细整地,有条件的也可以秋施化肥,在上冻前7~10 d深施化肥较好。在整地方法上,要大力推行以深松为主体的松、耙、旋、翻相结合的整地方法。对于无深翻、深松基础的地块,可采用伏秋翻同时深松或旋耕同时深松,或耙茬深松。耕翻深度为18~20 cm,翻耙结合,无大土块和暗坷垃,耙茬深度为12~15 cm,深松深度为25 cm以上;对于有深翻、深松基础的地块,可进行秋耙茬,耙深12~15 cm。对于春整地的玉米茬,要顶浆扣垄并镇压;对于有深翻、深松基础的玉米茬,应于早春拿净茬子并耢平茬坑,或用灭茬机灭茬,达到待播状态。

要掌握好深松的适宜时机,过干、过湿都会影响深松的质量。前茬秸秆应还田。麦类秸秆全部粉碎,秸秆长度不超过5 cm,均匀抛洒于田间,喷施尿素5~10 kg/hm^2,翻压入土壤。特别要注意,过长的秸秆会影响播种的质量。可采用852农场白桦耕作机厂研制的4Q-2型秸秆还田机。该机秸秆切碎长度为2~6 cm,抛撒宽度为4.7 m左右。松、耙以联合作业为好。越冬前的重耙深度应在 15 cm 以上,轻耙深度应在 8 cm 以上,耙平,耙透,平地与耙地结合。耙地用组合平耙机,平地用宽幅平地机,秋季进行。

可采用 ISQ－250 型全方位深松机,全方位深松后,土壤的密度为 1.2～1.3 g/cm³,土壤渗透率提高 5～10 倍。也可采用大犁改装的深松机,要求打破犁底层,深松在 30 cm 以下,要求深浅一致,不得漏松。还可采用 ISG－180、210、280 型系列深松旋耕机。经测定,深松旋耕过的地块 28 cm 耕层范围内含水量,在干旱情况下比耕翻多 8% 左右;在雨水较大的情况下减少 7%,即比耕翻多 1% 左右。

应在伏秋整地后进行"大垄密"播种地块的整地,秋起平头大垄,并及时镇压。

(2)播种

①播种方法

在低洼地、雨水较多地区可采用"大垄密"播法。"大垄密"播法即把 70 cm 或 65 cm 的两垄合为一垄,成为 140 cm 或 130 cm 的大垄,在垄上种植 3 行双条播,即 6 行;或者在拖拉机肚下 1.4 m 种植 5 行,播种机两边各为两个 1 m 的大垄,垄上种 4 行。可采用八五二耕作机厂生产的大垄密播种机,或采用海伦机械厂生产的 90～105 cm 垄上四行播种机和 2BKM－IB 大垄窄行播种机。

②播种标准

在播种前要调整播种机,调整的方法是把播种机与拖拉机连接好后,将机具的前后、左右调整至水平,与拖拉机对中。气吸式播种机风机的转速应调整到以播种盘能吸住种子为准;风机皮带的松紧度要适中,过紧对风机轴及轴承影响较大,容易损坏,过松转速下降,产生空穴。精量播种机通过更换中间传动轴或地轮上的链轮实现播种量的调整,并通过改变外槽轮的工作长度来实现施肥量的调整,即调整时松开排肥轴端头传动套的顶丝,转动排肥轴,增加或减少外槽轮的工作长度来实现排肥量的调整。种子量和施肥量流量应一致,播量应准确。调整施肥铲,松开施肥铲的顶丝,上下串动,调整施肥的深度,深施肥在 10～12 cm,浅施肥在 5～7 cm。松开长孔调整板上的螺栓,将行距调整到要实施的行距,锁紧即可。

播种时要求播量准确,正负误差不超过 1%,百米偏差不超过 5 cm,播到头,播到边。

(3)种植密度

目前品种的播种密度黑龙江可在 45 万～50 万株/公顷,以 45 万株/公顷为基础。各方面条件优越,肥力水平高的,密度要降低播量的 10%;整地质量差的,肥力水平低的,密度要增加播量的 10%。内蒙古的东四盟和吉林的东部地区可参照这个密度,吉林和辽宁的其他地区播种密度可在 40 万～45 万株/公顷。

(4)施肥

种肥深施或采用叶面肥满足大豆花荚期对营养的需求。施肥比例最理想的方法是通过大豆平衡施肥,按照"最小养分律"原理,进行土壤养分的测定,按照测定的结果,动态调剂施肥比例。在没有进行平衡施肥的地块,一般氮、磷、钾可按 1:(1.15～1.5):(0.5～0.8)的比例经验施肥,分层深施于种下 5 cm 和 12 cm。肥料商品量尿素为 50 kg/hm²;二铵为150 kg/hm²;钾肥为100 kg/hm²。氮、磷肥充足的条件下应注意增加钾肥的用量。施肥装置采用划刀式,并进行花期叶面肥的喷施。叶面肥一般喷施两次,第一次在大豆盛花期,第二次在开花初期和结荚初期,可用尿素加磷酸二氢钾喷施,用量一般为尿素5~10 kg/hm²加磷酸二氢钾2.5~4.5 kg/hm²。喷施时最好采用飞机航化作业,效果最理想。

(5)化学灭草

窄行密植栽培方法的化学灭草,应采取秋季土壤处理,播前土壤处理和播后苗前土壤处理,这三个时期的处理方法如下:

秋季土壤处理:采用混土施药法施用除草剂,秋施药可结合大豆的秋施肥来进行,秋施广灭灵、普施特、阔草清、施田补等,喷后混入土壤中。

播前土壤处理:使土壤形成5~7 cm药层,可选用速收、乙草胺或金都尔混用。

播后苗前土壤处理:主要控制一年生杂草,可同时消灭已出土的杂草;药效受降雨影响较大;大豆播后苗前可选用乙草胺、金都尔与广灭灵、速收等混用;喷液量为150~200 L/hm²,要雾化良好,喷洒均匀,喷量误差应小于5%。

(6)化学调控

大豆窄行密植群体大,大豆植株生长旺盛,要在初花期选用多效唑、三碘苯甲酸等化控剂进行调控,控制大豆徒长,防止后期倒伏。

(7)适时收获

大豆叶片全部脱落,茎干草枯,籽粒归圆呈本品种色泽,含水量低于18%时,用带有挠性割台的联合收获机进行机械直收。

在过去60多年间,黑龙江省老一辈科学家对我国大豆栽培技术的研究起到了极大的推动作用,随着科学技术的发展,大豆栽培技术逐步完善,在理论上和生产配套技术上都取得了丰硕的成果。随着我国对农业科技投入力度的加大,栽培技术研究与推广工作备受重视,大豆高产栽培技术研究工作必将得到突飞猛进的发展。

第三节　黑龙江大豆生产现状

大豆是我国传统的粮食作物之一。加入世贸组织以来,大豆已成为我国对外开放程度最大的农产品。大豆产业从种植、加工到贸易等环节都面临着一系列新问题、新情况。黑龙江省是我国大豆主产区,在大豆产业中占据举足轻重的地位。特别是黑龙江省的大豆品质是其他地区不可比拟的,黑龙江省大豆品种优势使黑龙江大豆在整个国际贸易领域都处于领先地位。然而,近几年来,随着转基因技术的不断进步,世界上许多国家对转基因食品政策放宽,全球转基因大豆产业得到了飞速的发展,使得整个国际大豆领域的竞争更加激烈,黑龙江大豆产业不可避免地处在发展危机之中。近五年,从大豆种植的面积、效益及发展等多个维度而言,就整个黑龙江省而言,大豆产业链的发展面临很大的困境。倘若黑龙江大豆产业的发展出现了困境,国外转基因大豆将大量占据我国的市场,外资大豆企业也将在我国境内占据更大的市场份额,将严重影响我国大豆粮食产业的安全发展。

一、大豆生产发展现状

大豆是我国主要传统粮食作物之一,长期以来,我国大豆产量一直位居世界产量第四位。1996—2000 年我国大豆年平均播种面积为 12 465 万亩;2005 年全国大豆播种面积达到历史最高值为 14 385 万亩;2006 年以后大豆播种面积呈逐年波动下滑趋势 2016 年我国大豆种植面积为 10 755 万亩,比历史最高的 2005 年减少 3 630 万亩。1996—2000 年全国大豆年平均总产量为 1 450 万吨;2004 年产量达到历史最高水平为 1 740 万吨;2008 年以后大豆产量呈明显下降趋势;2016 年全国大豆产量只有 1 294 万吨,比 2004 年减少 446 万吨。从大豆种植生产布局上来看,东北产区的黑龙江、吉林、内蒙古自治区,黄淮海产区的河南、河北、山东,以及南方产区的江苏、安徽,是中国大豆种植生产的主要省(区)。黑龙江省主要位于松辽平原和三江平原,是世界三大黑土分布区之一,耕地面积辽阔,地势平坦,土壤肥沃,有利于豆科植物汲取营养,是我国最大的大豆种植生产基地。从播种面积来看,2000 年全省大豆播种面积为 4 302 万亩;2009 年大豆种植面积达到 7 445 万亩,为历史最高值,此后种植面积逐渐下降;2013 年大豆播种面积只有 3 453 万亩,为近二十年来最低点,近几年有所回升;2016 年大豆播种面积为 4 215 万亩。二十年来,黑龙江省大豆播种面积占全国大豆播种面积的比例一直在 35% 到 40% 之间波动。从大豆产量来看,自 1995 年以来,黑龙江省大豆生产总产量始终保持在 380 万吨以上,占全国大豆生产总产量的比例一直在 38% ~42% 。其中,2005 年大豆总产量为 748 万吨,达到历史最高点;2008 年后大豆产量逐年下降,2013 年大豆产量仅为 386.7 万吨,为二十多年以来产量最低点;2014 年起大豆产量恢复为 460.4 万吨;2016 年大豆产量达到 503.6 万吨。我国耕地面积基本上趋于饱和,大豆的播种面积近二十多年来一直徘徊不前,大豆产量的增长受到了制约,而 20 世纪 90 年代以来,我国经济保持快速增长,国民对蛋白质需求的快速增长带动了对大豆需求的迅速增加。国内大豆生产不足导致国外低价大豆大量涌入,1995 年以前中国还是大豆净出口国,1996 年以后中国由大豆净出口国变成净进口国,此后进口量一直增加,2000 年进口量首次超过 1 000 多万吨,2015 年大豆进口量为 8 390 万吨,2016 年进口量为 8 945 万吨,2017 年大豆进口总量则达到了 9 554 万吨,创造了历史纪录,占世界大豆出口总产量的 64.5% ,是国内大豆产量的 6 倍多。

二、黑龙江省大豆生产主要问题

(一)单产水平低

大豆科技含量低,栽培粗效管理,导致单产水平低、效益差。2016 年世界大豆平均单产量为 353 斤/亩①,美国大豆单产量为 395 斤/亩,巴西大豆单产量为 384 斤/亩,阿根廷大豆单产量为 368 斤/亩。而我省种植的都是非转基因大豆,产量低,大豆单产量长期在

---

① 1 斤 =500 g。

240斤/亩左右徘徊。同美国、巴西、阿根廷、世界大豆平均单产量相比,分别低65%、60%、53%和47%,差距可想而知。单产水平低导致生产成本高,直接影响农民收益,从而导致农民种植大豆的积极性不高。黑龙江省农村固定调查点统计调查显示,2017年全省水稻、玉米、大豆、小麦、马铃薯五大作物农户自有土地效益分别为966.54元/亩、589元/亩、447.5元/亩、446.34元/亩、1180元/亩,流转土地效益分别为316.54元/亩、189元/亩、147.5元/亩、146.34元/亩、730元/亩,农户种植大豆每亩收益在粮食作物中基本属于最低。效益低导致黑龙江省大豆播种面积徘徊不前,产量不高,也影响了黑龙江省大豆的竞争力。

黑龙江省大豆平均单产低于美国等发达国家,其主要原因是大机械作业和标准化生产等方面存在差距。以往黑龙江省已创造出很多小面积3750 kg/hm^{2}以上的高产典型,也有农垦大面积单产超过美国的生产区。这说明只要加快农业现代化发展,提高大机械作业水平,减少灾害损失,实现均衡增产,黑龙江省大豆单产还可能大幅度提升。

(二)生产成本较高

黑龙江省农村农户平均大豆种植面积户均大多在一二十亩左右,而国外大豆种植都是以家庭农场生产为主,规模一般都在上千亩至上万亩。黑龙江省大豆户均生产规模虽领先于国内其他地区,但与美国和巴西等大豆主要出口国相比差距还较大。加之种肥药等生产资料投入较多,以及机械化程度较低,土地流转成本较高单产水平又较低,致使黑龙江省大豆生产成本较高。2017年农户种植大豆亩费用占亩收入的比例高达59.5%,美国农户种植大豆的亩费用只占收入的35%左右,其差距显而易见。尽管我国大豆市场化程度高,但目前大部分通过集市贸易交易,难以保证大型榨油厂的原料供应,同时增加了经营成本。美国等大豆主产国的农民组织化程度高,大豆协会在提供种植业服务、信息服务、国际营销服务、主持科学研究等环节都发挥了重要作用。

(三)销售难,价格低

黑龙江省大豆商品量占国产大豆商品量的70%以上,但由于是单季生产,收获期集中,区位又是全国消费大市场的边缘,因此运输成本高。在我国食用大豆市场基本饱和的情况下,生产农户、销售商和加工企业都不愿存储大豆。生产大豆急于销售,大豆消费周期较长,产销时间矛盾,致使黑龙江省大豆经常出现销售难题。2017年我国国产大豆产量继续回升,在满足国内食用需求的基础上,会有一部分进入压榨领域,但低价进口大豆整体拉低了国产大豆价格。2017年底,黑龙江新季食用大豆收购价格为3580~3680元/吨,较2017年高点下降400~500元/吨;油用大豆收购价格为3350~3450元/吨,较2017年高点下降300~400元/吨。中储粮轮换收购大豆数量有限,对价格支撑力度也有限,加之沿海地区进口大豆到港成本仅为3200元/吨左右,加大了国内大豆的销售难度。

(四)专用特色不突出

黑龙江省目前种植大豆的品种有250多个。从某一个品种看,本省大豆品种的脂肪和蛋白质等专用品质并不比国外品种差,但多品种混合则降低了专用品质。黑龙江省大豆主要产区的大豆含油率比转基因大豆低2～3个百分点,而水分杂质比进口的转基因大豆高2个百分点。收购用于加工的大豆品种众多混杂,大豆颗粒大小不均,使企业加工国产大豆的收益比加工进口转基因大豆低50～100元/吨。这说明今后提高大豆质量,需要选择专用品种生产,解决品种多乱杂问题。

(五)加工率较低

近几年,国内大豆消费需求量激增,2017年中国大豆进口总量达到9 554万吨,是国内产量的6倍,占世界出口总量的64.5%,美国、巴西、阿根廷三国大豆出口量就占世界总量的90%,其中美国达到43%。造成大量进口转基因大豆的原因是中国的需求量太大,如果我国要自己满足需求,得需要6亿亩～7亿亩土地种植大豆,这显然是不可能的,进口大豆只能是唯一的选择。目前,黑龙江省大豆外销商品率为75%左右,其加工率在三大作物中最低。大豆直接外销,未经加工增值,农民生产虽可能增收,但地方政府不能增税,特别是大豆集中产区,缺少精深加工企业,不利于三产融合和实现乡村振兴发展目标。

(六)区域生产难轮作

黑龙江省大豆主要分布在积温较少的北部和中部山区,积温较多的中南部地区主要种植效益比较好的水稻和玉米。全省种植大豆面积最大时,北部主产区的大豆种植面积占旱田作物种植面积的比例超过80%,且出现重茬问题,目前也缺少可大面积轮作的作物。而在黑龙江省中南部水稻和玉米主产区,大豆种植比例则很少,改种大豆会降低效益。

三、黑龙江省大豆产业的优势

同世界主要大豆生产国相比,我国虽然差距明显,但也具有自身的一定优势。

(一)品质、单产水平提高有潜力

国内已有一批高产、优质专用大豆品种储备,高产栽培技术已日臻成熟。目前,黑龙江省的高产示范基地,千亩连片大豆平均产量可达到220 kg/亩,小面积高产典型可以达到280 kg/亩左右,如果大面积推广新品种、配套高产栽培技术,黑龙江省的大豆单产有望在近期内超过国际先进水平。黑龙江省不缺少高油品种,目前生产上应用的我省自育品种中脂肪含量在23%以上的品种也有很多,最高的脂肪含量在24%以上,含量在22%以上的大豆品种不下10个,而且产量也比较好。随着人们需求的不断提高、育种材料的丰富、育种技术的进步、仪器设备的普及,近年来育成的高蛋白品种也越来越丰富,生产上推广种植的大豆品种中有蛋白质含量大于44%的,育成的材料中有蛋白质含量大于48%的,如黑龙江省农业科学院育成的绥农76大豆2018年在海伦繁殖地块收获的种子蛋白含量高达48.9%,假以时日,黑龙江省自育的品种会不断满足人们的多种需求,也会为我省大豆产业的振兴提供多种路径。

(二)大豆种质资源丰富,品质类型多样

我国是世界大豆原产地,拥有大量的野生大豆和栽培大豆资源,为我国大豆育种提供了丰富的资源储备。黑龙江省生产推广中应用的大豆品质类型多,既有高油、高蛋白品种,也有黑大豆、青大豆;既有干籽粒用大豆,也有鲜用大豆;既有大粒豆,也有小粒豆;此外,还有无腥味大豆等,可满足多样化的需求。

(三)大豆生产全部是非转基因品质,绿色无污染

目前世界上对转基因农产品的安全性争议激烈,欧盟禁止转基因生物产品进口,其他很多国家也对转基因产品实行标识、标记制。这在一定程度上限制了转基因大豆及其制品的市场空间。黑龙江省大豆主产区主要分布在欠发达地区,这些地区工业污染少,加上生产中化肥、农药使用少,生产出的大多是有机大豆和绿色无公害大豆,符合目前国际绿色消费的潮流。由于黑龙江省内生产的大豆全部是非转基因大豆,因此可以凭借其独特的优势在国际市场上占有一席之地。

第四节 黑龙江大豆品种布局

黑龙江省共有六个积温带,为进一步加快优良品种推广速度,优化品种结构,提高产量,改善粮食品质,满足农业"调结构、转方式"的需求,每年黑龙江省农业委员会都会制定《黑龙江省主要粮食作物优质高产品种区域布局规划》,确定主导品种和苗头品种,以充分发挥优良品种适区种植潜力;通过强化优良新品种示范展示园区建设,将优良品种示范展示园区延伸到乡村、农户,要通过多层次的示范展示活动,宣传优良品种的特征特性,辐射带动农民选用优良品种,加快优良品种推广速度,确保农业生产用种安全。黑龙江省每个积温带都有大豆种植,其中第一积温带的大豆种植面积较小,第二、三积温带的大豆种植面积较大,品种较多,第四、五、六积温带的作物以大豆为主。

一、育种单位布局

黑龙江省的国有大豆科研单位与私营大豆研究单位共有 30 多家,分布在全省各地。我省国有的大豆科研单位比较正规,私营的则良莠不齐,按其单位所在地理位置划分如下:

第一积温带的国有育种单位有黑龙江省农业科学院大豆研究所、东北农业大学大豆研究所、中国科学院东北地理与农业生态研究所、黑龙江省农垦科学院植物保护研究所等;私营科研单位有黑龙江省宾县庆丰农业科学研究所、哈尔滨市明星农业科技开发有限公司等。

第二积温带的国有大豆科研单位有黑龙江省农业科学院绥化分院、佳木斯分院、牡丹江分院、大庆分院、齐齐哈尔分院,以及黑龙江省农垦科学院作物所等;私营大豆研究单位有集贤县飞龙农作物育种研究所、齐齐哈尔富尔农艺有限公司、黑龙江省田友种业有限公司等。

第三积温带的国有大豆科研单位有黑龙江省农业科学院克山分院、中国科学院海伦现代化研究所;私营大豆研究所有讷河市德顺种业有限责任公司、讷河市鑫丰种业有限公司、绥棱棱丰研究所等。

第四积温带的国有大豆科研单位有黑龙江省农业科学院黑河分院、黑龙江省农垦科学院北安农科所等;私营大豆研究单位有五大连池市富民大豆生物工程有限公司、黑龙江省圣丰种业有限公司、北安市华疆种业有限责任公司、北安市大龙种业有限责任公司、北安市昊疆农业科学技术研究所、孙吴贺丰种业有限公司、嫩江市县远东种业有限公司等。

第五积温带研究大豆的单位极少,品种主要来自黑龙江省农业科学院黑龙江分院等研究机构。

第六积温带的主要大豆育种单位是大兴安岭地区农业林业科学研究院,是地区所属的事业单位。

二、品种布局

根据黑龙江省农业相关部门对黑龙江省近三年大豆种植情况的统计,各积温带主推品种较多,类型也比较丰富。

第一积温带主栽大豆品种有东农 42、52、55、251、252,以及黑农 51、52 等,兼有吉林和省内其他研究机构的品种。其中,东农 42、55、251、252 的蛋白质含量相对较高,比较适合做豆浆,黑农 51 产量比较突出。

第二积温带主栽大豆品种有绥农 22、26、29、35、36、41、42,黑农 48,合丰 50、55、75、76,垦农 30,龙豆 1 号,以及宾豆 1 号等品种,这些品种中有高油脂的品种,如绥农 35、36,以及合丰 50、55、75 等,也有高蛋白的品种,如黑农 48、东农 48、宾豆 1 号、龙豆 1 号等,高产品种较多,如绥农 22、26、29,以及合丰 50 等。

第三积温带主栽大豆品种有东生 1、3、7,东农 60、63,北豆 40,绥农 38、44、48、52,黑河 48,以及合农 69、92 等。其中,合农 92 脂肪含量在 22% 以上,小粒豆东农 60 蛋白质含量超过 47%。

第四积温带主栽大豆品种有黑河 43、38、52,金源 55,克山 1 号,合农 75、95,以及圣豆 15 等。

第五积温带主栽大豆品种有圣豆 43、昊疆 2、黑河 45、华疆 4、东农 49,以及北豆 53、42 等,北豆 42 脂肪含量在 22% 以上,圣豆 43、黑河 45 的蛋白质含量较高。

第六积温带主栽大豆品种有圣豆 44,昊疆 1,北豆 36、43,黑河 35,北兴 1 号,以及黑科 56 等,其中圣豆 44、昊疆 1 的蛋白质含量在 42% 以上,相对品质较好。

三、种植区域

黑龙江省地广人稀,耕地面积较大,各地区都能种植大豆,但播种面积主要集中在第二、三、四积温带,第五、六积温带虽然以大豆为主,但种植面积相对较小,产量较低。

第一积温带大豆主要分布在哈尔滨市区、宾县,大庆市红岗区、大同区、让胡路区南部、肇源县、肇州县,杜尔伯特蒙古族自治县(杜蒙),齐齐哈尔市富拉尔基区、昂昂溪区、泰来县,以及肇东市和东宁市等地。

第二积温带大豆主要分布在哈尔滨市巴彦县、呼兰区、五常市、木兰县、方正县,绥化市、庆安县东部、兰西县、青冈县、安达市、依兰县,大庆市南部,大庆市林甸县,齐齐哈尔市北部、富裕县、甘南县、龙江县,牡丹江市、海林市、宁安市,鸡西市恒山区、城子河区、密山市,佳木斯市、汤原县、香兰镇、桦川县、桦南县南部,七台河市西部、勃利县,八五七农场,以及兴凯湖农场。

第三积温带大豆主要分布在哈尔滨市延寿县、尚志市、五常市北部、通河县、木兰县北部、方正县林业局、庆安县北部,绥化市绥棱县南部、明水县,齐齐哈尔市华安区、拜泉县、依安县、讷河市、甘南县北部、富裕县北部、克山县,牡丹江市林口县、穆棱市,绥芬河市南部,鸡西市梨树区、麻山区、滴道区、虎林市,七台河市,双鸭山市岭西区、岭东区、宝山区,佳木斯市桦南县北部、桦川县北部、富锦市北部、同江市南部、鹤岗市南部、绥滨县,宝泉岭农管局,建三江农管局,以及八五三农场。

第四积温带大豆主要分布在哈尔滨市延寿县西部,苇河林业局,亚布力林业局,牡丹江市西部、东部,绥芬河市南部,虎林市北部,鸡西市北部、东方红镇,双鸭山市饶河县、饶河农场、胜利农场、红旗岭农场、前进农场、青龙山农场,鹤岗市北部、鹤北林业局,伊春市西林区、南岔区、带岭区、大丰区、美溪区、翠峦区、友好区南部、上甘岭区南部、铁力市,同江市东部,黑河市、逊克县、嘉荫县、呼玛县东北部、北安市、嫩江县、五大连池市,绥化市海伦市、绥棱县北部,齐齐哈尔市克东县,九三农管局。

第五积温带大豆主要分布在绥芬河市北部,牡丹江市西部,穆棱市南部,抚远市,鹤岗市北部、四方山林场,伊春市五营区、上甘岭区北部、新青区、红星区、乌伊岭区,佳木斯市东风区,以及黑河市西部、嫩江市东北部、北安市北部、孙吴县北部。

第六积温带大豆主要分布在兴凯湖、大兴安岭地区、沾北林场、大岭林场、西林吉林业局、十二站林场、新林林业局、东方红镇、呼中林业局、阿木尔林业局、漠河市、图强林业局、呼玛县西部、嫩江北部等。

参考文献

[1] www.hlj.gov.cn.

[2] www.huaxia.com.

[3] 胡国华. 大豆机械化"深窄密"高产配套栽培技术[J]. 作物杂志,2001(5):36-39.

[4] 肖佳雷,赵明,来永才,等. 黑龙江省大豆栽培技术演变规律及发展模式[J]. 中国种业,2011(10):10-11.

[5] 姚卫华. 机械化大豆"三垄"栽培技术增产效果及经济效益分析[J]. 大豆通报,2007(5):9-11.

[6] 孙中锋,孙鲜凤,闫晓东,等. 大豆大垄窄行密植栽培技术[J]. 现代化农业,2005(6):7-9.

［7］ 张代平,杨朝辉,宋晓慧.黑龙江垦区大豆综合高产栽培技术模式选择原则与技术要点［J］.农业技术通讯,2008(8):147-149.

［8］ 杨朝晖,刘岱松,张代平.浅谈黑龙江省大豆栽培技术的演变［J］.黑龙江农业科学,2008(5):41-43.

［9］ 王金陵.大豆［M］.哈尔滨:黑龙江科学技术出版社,1982.

［10］ 王连铮.大豆高产栽培技术［M］.北京:中国农业科技出版社,1994.

［11］ 王金陵,杨庆凯,吴宗璞.中国东北大豆［M］.哈尔滨:黑龙江科学技术出版社,1999.

［12］ 郭玉.旱作大豆高产技术配套体系的研究［J］.黑龙江八一农垦大学学报,1987(2):1-12.

［13］ 耿殿铭.黑龙江省大豆主产情况调查［J］.科学技术创新,2018(32):134.

第二章 黑龙江大豆主栽品种

第一节 极早熟品种

一、极早熟品种生态分布

极早熟品种一般分布于黑龙江省的第五、六积温带;本地区位于黑龙江的高寒北部区域及浅山丘陵地带,包括大小安岭地区。该地区地形复杂,山间局部气候变化大,总体特点是日照时间短,气候独特,热量不足,霜期不稳定,常有秋涝、低温逼熟等灾害。该地区属于寒温带大陆性季风气候,秋季降温急骤,温差较大,年有效积温为 1 750~2 200 ℃,无霜期为 80~110 d,年均降雨量为 420~550 mm,降雨集中在 7 月到 9 月,适合极早熟类品种种植。

二、极早熟品种特性

极早熟品种一般生育期短,为 80~105 d,需有效积温 1 750~2 050 ℃;品种多表现为植株矮小,株高在 70 cm 左右,叶片多呈披针形,较适合密植;单株荚粒相对稀疏,百粒重较小,一般为 20 g 以下,蛋白与油分含量相对较低,蛋脂和平均为 58%~59%。

三、极早熟品种栽培要点

根据极早熟品种种植区域的气候特点,为加强水土保持,整地需采用松、翻相结合,散秋墒,保春种,选用高光效早熟品种。本地区适于垄作和大垄密植(大垄密)栽培,在标准化、机械化程度高的地区,选用与玉米轮作地块,秋起 110 cm 大垄,垄上 3~4 行,5 月上中旬播种,保苗 38 万~45 万株/公顷。在面积小、标准化及机械化程度不高的地区可采用"垄三"栽培方式,5 月上中旬播种,公顷保苗 35 株左右。可根据不同土壤条件测土施肥,一般土壤条件下底肥施尿素 25 kg/hm² 左右、磷酸二铵 150~200 kg/hm²、硫酸钾 40~50 kg/hm²。采用化学或人工除草,及时防治病虫害,成熟时及时收获。

四、近十年极早熟品种简介

1. 东农 58(图 2 - 1)

品种来源:东北农业大学大豆科学研究所以北豆 5 号为母本、以北 99 - 509 为父本,经有性杂交,采用系谱法选育而成。原代号:东农 09 - 010。2012 年通过黑龙江省农作物品种审定委员会审定,品种审定编号:黑审豆 2012021。

图 2 - 1　东农 58

特征特性:在适应区出苗至成熟生育日数 100 d 左右,需≥10 ℃活动积温 2 000 ℃左右;该品种为亚有限结荚习性,株高 75 cm 左右,无分枝,紫花,长叶,灰色茸毛,荚弯镰形,成熟时呈褐色;种子圆形,种皮黄色,种脐黄色,有光泽,百粒重 18 g 左右;蛋白质含量 39.13%,脂肪含量 21.59%;接种鉴定中抗灰斑病。

产量表现:2009—2010 年区域试验平均产量为 2 523.0 kg/hm²,较对照品种黑河 33 增产 10.9%;2011 年生产试验平均产量为 2 317.5 kg/hm²,较对照品种华疆 2 号增产 8.8%。

栽培技术要点:在适应区 5 月中旬播种,选择中上等肥力地块种植,采用"垄三"栽培方式,保苗 35 万株/公顷左右;施磷酸二铵 150 kg/hm²、钾肥 40 kg/hm²、尿素 20 kg/hm²;三铲三趟结合药剂除草,适时收获。

适宜区域:适宜在黑龙江省第六积温带种植。

2. 克豆 30(图 2 - 2)

图 2 - 2　克豆 30

品种来源:黑龙江省农业科学院克山分院以黑河 43 为母本、以北疆 01 - 193 为父本,经有性杂交,采用系谱法选育而成。原代号:克交 11 - 304。2018 年通过黑龙江省农作物品种审定委员会审定,品种审定编号:黑审豆 2018027。

特征特性:在适应区出苗至成熟生育日数 110 d 左右,需≥10 ℃活动积温 2 150 ℃左右;该品种为亚有限结荚习性,株高 81 cm 左右,无分枝,紫花,尖叶,灰色茸毛,荚弯镰形,成熟时呈褐色;籽粒圆形,种皮黄色,种脐黄色,有光泽,百粒重 19.2 g 左右;蛋白质含量 38.38%,脂肪含量 21.49%;接种鉴定中抗灰斑病。

产量表现:2015—2016 年区域试验平均产量为 2 306.5 kg/hm²,较对照品种黑河 43 增产 8.7%;2017 年生产试验平均产量为 2 658.0 kg/hm²,较对照品种黑河 43 增产 10.3%。

栽培技术要点:在适应区 5 月上中旬播种,选择中等以上肥力地块种植,采用"垄三"栽培方式,保苗 30 万 ~ 35 万株/公顷;一般栽培条件下施基肥磷酸二铵150.0 ~ 187.5 kg/hm²、尿素 22.5 ~ 37.5 kg/hm²、钾肥 30 ~ 50 kg/hm²,在大豆开花初期或鼓粒初期,用尿素 5.0 ~ 7.5 kg/hm² 和磷酸二氢钾 1.0 ~ 1.5 kg/hm² 兑水 500 kg 叶面喷施;生育期间及时铲趟,防治病虫害,拔大草 1 次或采用除草剂除草,及时收获。

适宜区域:适宜在黑龙江省≥10 ℃活动积温 2 250 ℃区域种植。

3. 北豆 36(图 2 - 3)

图 2 - 3 北豆 36

品种来源:黑龙江省农垦科研育种中心华疆科研所和北安市华疆种业有限责任公司以垦鉴豆 28 为母本、以北豆 1 号为父本,经有性杂交,采用系谱法选育而成。原代号:华疆 1127。2010 年通过黑龙江省农作物品种审定委员会审定,品种审定编号:黑审豆 2010016。

特征特性:在适应区出苗至成熟生育日数 95 d 左右,需≥10 ℃活动积温 1 850 ℃左右;该品种为亚有限结荚习性,株高 75 cm 左右,有分枝,紫花,长叶,灰色茸毛,荚弯镰形,成熟时呈黄褐色;籽粒圆形,种皮、种脐黄色,有光泽,百粒重 18 g 左右;蛋白质含量 39.71%,脂肪含量 20.04%;接种鉴定中抗灰斑病。

产量表现:2007—2008 年区域试验平均产量为 2 176.7 kg/hm²,较对照品种黑河 33 增产 15.7%;2009 年生产试验平均产量为 2 161.4 kg/hm²,较对照品种黑河 33 增产 12.9%。

栽培技术要点:在适应区 5 月中旬播种,选择中上等肥力地块种植,采用"垄三"栽培或"大垄密"栽培方式,保苗 40 万株/公顷左右;分层施肥,施磷酸二铵 150 kg/hm²、尿素

50 kg/hm²、硫酸钾 50 kg/hm²；出苗期垄沟深松，及时铲趟灭草，适时收获。

适宜区域：适宜在黑龙江省第六积温带种植。

4. 北豆 42（图 2 - 4）

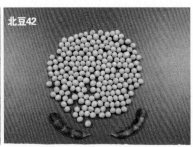

图 2 - 4 北豆 42

品种来源：北安市华疆种业有限责任公司和黑龙江省农垦科研育种中心华疆科研所以垦鉴豆 27 为母本、以北疆九 1 号为父本，经有性杂交，采用系谱法选育而成。品种原代号：华疆 6907。2013 年通过黑龙江省农作物品种审定委员会审定，品种审定编号：黑审豆 2013017。

特征特性：在适应区出苗至成熟生育日数 105 d 左右，需≥10 ℃活动积温 2 100 ℃左右；该品种为无限结荚习性，株高 90 cm 左右，有分枝，紫花，长叶，灰色茸毛，荚弯镰形，成熟时呈褐色；种子圆形，种皮黄色，种脐黄色，有光泽，百粒重 20 g 左右；蛋白质含量 38.83%，脂肪含量 20.21%；接种鉴定中抗灰斑病。

产量表现：2010—2011 年区域试验平均产量为 2 667.3 kg/hm²，较对照品种黑河 45 增产 13.4%；2012 年生产试验平均产量为 2 456.3 kg/hm²，较对照品种黑河 45 增产 8.1%。

栽培技术要点：在适应区 5 月上旬播种，选择中、上等肥力地块种植，采用"垄三"栽培方式，保苗 40 万株/公顷；分层施肥，施磷酸二铵 150 kg/hm²、尿素 40 kg/hm²、硫酸钾 50 kg/hm²。

适宜区域：适宜在黑龙江省第五积温带种植。

5. 北豆 49（图 2 - 5）

图 2 - 5 北豆 49

品种来源:黑龙江垦丰种业有限公司以华疆 2 号为母本、以黑农 43 为父本,经有性杂交,采用系谱法选育而成。原代号:北 1552。2012 年通过黑龙江省农作物品种审定委员会审定,品种审定编号:黑审豆 2012022。

特征特性:在适应区出苗至成熟生育日数 95 d 左右,需≥10 ℃活动积温 1 900 ℃左右;该品种为亚有限结荚习性,株高 70 cm 左右,无分枝,紫花,长叶,灰色茸毛,荚弯镰形,成熟时呈褐色;种子圆形,种皮黄色,种脐黄色,有光泽,百粒重 17 g 左右;蛋白质含量41.31%,脂肪含量 20.37%;接种鉴定中抗灰斑病。

产量表现:2009—2010 年区域试验平均产量为 2 166.7 kg/hm²,较对照品种黑河 35 增产 10.1%;2011 年生产试验平均产量为2 302.4 kg/hm²,较对照品种黑河 35 增产 8.7%。

栽培技术要点:在适应区 5 月中下旬播种,选择中等肥力地块种植,采用"垄三"栽培方式,保苗 40 万株/公顷左右;分层深施底肥与叶面追肥相结合,施氮、磷、钾肥纯量135 kg/hm²,比例为 1∶1.5∶0.5;及时铲趟、灭草,防治病虫害,及时收获。

适宜区域:适宜在黑龙江省第六积温带种植。

6. 昊疆 2 号(图 2-6)

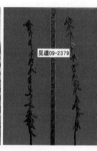

图 2-6 昊疆 2 号

品种来源:北安市昊疆农业科学技术研究所以昊疆 875 为母本、以昊疆 639 为父本,采用系谱法选育而成。原代号:昊疆 09-2379。2016 年通过黑龙江省农作物品种审定委员会审定,品种审定编号:黑审豆 2016010。

特征特性:在适应区出苗至成熟生育日数 105 d 左右,需≥10 ℃活动积温 2 100 ℃左右;该品种为有限结荚习性,株高 88 cm 左右,无分枝,白花,尖叶,灰色茸毛,荚弯镰刀形,成熟时呈褐色;种子圆形,种皮黄色,种脐黄色,有光泽,百粒重 22.0 g 左右;蛋白质含量43.65%,脂肪含量 18.03%;接种鉴定中感至抗灰斑病。

产量表现:2013—2014 年区域试验平均产量为 2 560.0 kg/hm²,较对照品种黑河 45增产 10.0%;2015 年生产试验平均产量为 2 866.6 kg/hm²,较对照品种黑河 45 增产 10.7%。

栽培技术要点:在适应区 5 月上旬播种,选择中等肥力地块种植,采用"垄三"栽培方式,保苗 28 万株/公顷左右;一般栽培条件下施基肥磷酸二铵 160 kg/hm²、尿素

40 kg/hm²、钾肥 50 kg/hm²,施种肥磷酸二铵 50 kg/hm²,花期、结荚期分别追施磷酸二氢钾 4 kg/hm² 和尿素 4 kg/hm²;生育期间及时铲趟,防治病虫害,拔大草 2 次或采用除草剂除草,及时收获;注意密度合理,合理轮作。

适宜区域:适宜在黑龙江省第五积温带种植。

7. 黑河 50(图 2 - 7)

图 2 - 7　黑河 50

品种来源:黑龙江省农业科学院黑河分院以黑交 95 - 812 为母本、以黑交 94 - 1102 为父本,经有性杂交,采用系谱法选育而成。原代号:黑交 02 - 1838。2009 年通过黑龙江省农作物品种审定委员会审定,品种审定编号:黑审豆 2009012。

特征特性:在适应区出苗至成熟生育日数 110 d 左右,需≥10 ℃活动积温 2 100 ℃左右;该品种为亚有限结荚习性,株高 75 cm 左右,有分枝,紫花,圆叶,灰色茸毛,荚镰刀形,成熟时呈褐色;籽粒圆形,种皮黄色,种脐黄色,有光泽,百粒重 20 g 左右;蛋白质含量 41.10%,脂肪含量 20.47%;接种鉴定中抗灰斑病。

产量表现:2006—2007 年区域试验平均产量为 2 135.6 kg/hm²;较对照品种黑河 17 增产 10.4%,2007—2008 年生产试验平均产量为 2 448.5 kg/hm²;较对照品种黑河 17 增产 10.9%。

栽培技术要点:5 月 10 日左右播种,选择肥力较好地块种植,采用“垄三”栽培方式,保苗 30 万～35 万株/公顷;施尿素 25 kg/hm² 左右、磷酸二铵 150 kg/hm² 左右、硫酸钾 50 kg/hm² 左右,深施或分层施;化学与机械除草相结合;三趟,拔 1 遍大草,适时收获。

适宜区域:适宜在黑龙江省第五积温带上限种植。

8. 黑科 56(图 2 - 8)

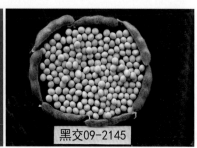

图 2 - 8　黑科 56

品种来源:黑龙江省农业科学院黑河分院和黑龙江省龙科种业集团有限公司黑河分公司以黑河33为母本、以黑河34为父本,经有性杂交,采用系谱法选育而成。原代号:黑交09-2145。2015年通过黑龙江省农作物品种审定委员会审定,品种审定编号:黑审豆2015019。

特征特性:在适应区出苗至成熟生育日数109 d左右,需≥10 ℃活动积温2 030 ℃左右;该品种为亚有限结荚习性,株高75 cm左右,有分枝,白花,长叶,灰色茸毛,荚镰刀形,成熟时呈褐色;籽粒圆形,种皮黄色,种脐浅黄色,有光泽,百粒重19.0 g左右;蛋白质含量41.43%,脂肪含量18.56%;接种鉴定中抗灰斑病。

产量表现:2012—2014年区域试验平均产量为2 151.0 kg/hm²,较对照品种华疆2号增产11.8%;2014年生产试验平均产量为2 265.9 kg/hm²,较对照品种华疆2号增产16.1%。

栽培技术要点:在适应区5月中上旬播种,选择肥力较好地块,采用"垄三"栽培方式,保苗株数30万~35万株/公顷;一般肥力地块施尿素25 kg/hm²左右、磷酸二铵150 kg/hm²左右、硫酸钾50 kg/hm²左右,深施或分层施;化学与机械除草相结合,三趟,拔1遍大草,适时收获;建议播前对种子进行包衣处理。

适宜区域:适宜在黑龙江省第六积温带上限种植。

9. 黑科58(图2-9)

图2-9 黑科58

品种来源:黑龙江省农业科学院黑河分院以黑交05-1013为母本,以黑交02-1278为父本,经有性杂交,采用系谱法选育而成。2018年通过黑龙江省农作物品种审定委员会审定,品种审定编号:黑审豆2018041。

特征特性:在适应区出苗至成熟生育日数95 d左右,需≥10 ℃活动积温1 900 ℃左右;该品种亚有限结荚习性,株高70 cm左右,有分枝,白花,长叶,灰色茸毛,荚弯镰形,成熟时呈褐色;籽粒圆形,种皮黄色,种脐黄色,有光泽,百粒重20 g左右;蛋白质含量39.71%,脂肪含量21.30%;接种鉴定中抗灰斑病。

产量表现:2015—2016年区域试验平均产量为1 754.9 kg/hm²,较对照品种黑河49增产10.6%;2017年生产试验平均产量为1 726.3 kg/hm²,较对照品种黑河49增产11.8%。

栽培技术要点:在适应区 5 月上旬播种,选择中等肥力地块种植,采用"垄三"栽培方式,保苗 35 万株/公顷左右;一般栽培条件下施基肥磷酸二铵 150 kg/hm²、尿素 25 kg/hm²、钾肥 50 kg/hm²;生育期间及时铲趟,防治病虫害,拔大草 1 次或采用除草剂除草,及时收获。

适宜区域:适宜在黑龙江省≥10 ℃活动积温 2 000 ℃区域种植。

10. 龙达 1 号(图 2 - 10)

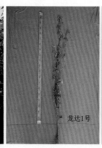

图 2 - 10　龙达 1 号

品种来源:北安市大龙种业有限责任公司、黑龙江省振北种业北疆农业科学研究所和黑河市振边农业科学研究所以疆丰 22 - 2011 为母本、以黑交 98 - 1872 为父本,经有性杂交,采用系谱法选育而成。原代号:北疆 08 - 211。2014 年通过黑龙江省农作物品种审定委员会审定,品种审定编号:黑审豆 2014018。

特征特性:在适应区出苗至成熟生育日数 105 d 左右,需≥10 ℃活动积温 2 100 ℃左右;该品种为亚有限结荚习性,株高 90 cm 左右,有分枝,紫花,尖叶,灰色茸毛,荚稍弯,成熟时呈褐色;种子圆形,种皮黄色,种脐黄色,有光泽,百粒重 18.0 g 左右;蛋白质含量 37.96%,脂肪含量 21.12%;三年抗病接种鉴定结果为两年中抗、一年感灰斑病。

产量表现:2011—2012 年区域试验平均产量为 2 696.7 kg/hm²,较对照品种黑河 45 增产 8.8%;2013 年生产试验平均产量为 1 759.0 kg/hm²,较对照品种黑河 45 增产 9.9%。

栽培技术要点:在适应区 5 月上中旬播种,选择中上等肥力地块种植,采用大垄栽培方式,保苗 30 万株/公顷左右;播前用种衣剂拌种,一般栽培条件下施种肥磷酸二铵 150 kg/hm²、尿素 40 kg/hm²、钾肥 50 kg/hm²;生育期间及时铲趟,防治病虫害,拔大草 1 次或采用除草剂除草,成熟后及时收获。

适宜区域:适宜在黑龙江省第五积温带种植。

11. 龙垦306(图2-11)

图2-11 龙垦306

品种来源:北大荒垦丰种业股份有限公司以哈北46-1为母本、以垦鉴豆27为父本,采用系谱法选育而成。原代号:北5303。2017年通过黑龙江省农作物品种审定委员会审定,品种审定编号:黑审豆2017021。

特征特性:在适应区出苗至成熟生育日数105 d左右,需≥10℃活动积温2 100℃左右;该品种为无限结荚习性,株高75 cm左右,有分枝,白花,尖叶,灰色茸毛,荚弯镰形,成熟时呈褐色;种子圆形,种皮黄色,种脐黄色,有光泽,百粒重19.0 g左右;蛋白质含量39.20%,脂肪含量20.81%;接种鉴定中抗灰斑病。

产量表现:2014—2015年区域试验平均产量为2 947.5 kg/hm²,较对照品种黑河45增产10.9%;2016年生产试验平均产量为2 100 kg/hm²,较对照品种黑河45增产11.1%。

栽培技术要点:该品种在适应区5月上旬播种,选择中等肥力地块种植,采用"垄三"栽培方式,保苗35万~40万株/公顷;分层深施底肥与叶面追肥相结合,一般栽培条件下施肥纯量为氮53~60 kg/hm²、磷68 kg/hm²、钾30~45 kg/hm²;花荚期分别追施磷酸二氢钾3 kg/hm²和尿素8 kg/hm²;生育期间及时铲趟,防治病虫害;采用除草剂除草,及时收获;低洼冷凉地块尽量减少除草剂的使用量,以防产生药害。

适宜区域:适宜在黑龙江省第五积温带种植。

12. 汇农417(图2-12)

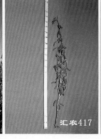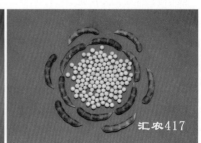

图2-12 汇农417

品种来源:北安市汇农大豆育种所和黑龙江普兰种业有限公司以合03-199为母本、

以北丰 11 为父本,经有性杂交,采用系谱法选育而成。2018 年通过黑龙江省农作物品种审定委员会审定,品种审定编号:黑审豆 2018031。

特征特性:在适应区出苗至成熟生育日数 105 d 左右,需 ≥10 ℃活动积温2 050 ℃左右;该品种为亚有限结荚习性,株高 90 cm 左右,有分枝,紫花,长叶,灰色茸毛,荚弯镰形,成熟时呈褐色;籽粒圆形,种皮黄色,种脐黄色,有光泽,百粒重 20 g 左右;粗蛋白质含量40.10%,粗脂肪含量20.98%;接种鉴定中抗灰斑病。

产量表现:2015—2016 年区域试验平均产量为 2 439.9 kg/hm²,较对照品种黑河 45 增产9.8%;2017 年生产试验平均产量为 2 672.2 kg/hm²,较对照品种黑河 45 增产 13.0%。

栽培技术要点:在适应区 5 月上旬播种,选择中等肥力地块种植,采用"垄三"栽培方式,保苗 35 万株/公顷左右;基肥施腐熟有机肥 15 000 ~ 22 500 kg/hm²,种肥施磷酸二铵120 kg/hm²、尿素 45 kg/hm²、钾肥 55 kg/hm²,初花期结合中耕追施尿素 10 kg/hm²。生育期间及时铲趟,防治病虫害,拔大草 1 ~ 2 次或采用除草剂除草,及时收获。

适宜区域:适宜在黑龙江省≥10 ℃活动积温 2 150 ℃区域种植。

13. 圣豆 43(图 2 – 13)

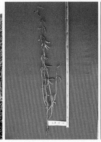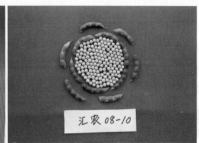

图 2 – 13　圣豆 43

品种来源:黑龙江圣丰种业有限公司以北疆九 1 号为母本、以垦鉴豆 27 为父本,采用系谱法选育而成。原代号:汇农 08 – 10。2016 年通过黑龙江省农作物品种审定委员会审定,品种审定编号:黑审豆 2016011。

特征特性:高蛋白大豆品种;在适应区出苗至成熟生育日数 105 d 左右,需 ≥10 ℃活动积温2 100 ℃左右;该品种为无限结荚习性,株高 90 cm 左右,有分枝,紫花,尖叶,灰色茸毛,荚弯镰形,成熟时呈褐色;种子圆形,种皮黄色,种脐黄色,有光泽,百粒重 21.5 g 左右;蛋白质含量 44.15%,脂肪含量 17.74%;接种鉴定中抗灰斑病。

产量表现:2012—2013 年区域试验平均产量为 2 421.4 kg/hm²,较对照品种黑河 45 增产10.0%;2014—2015 年生产试验平均产量为 2 907.6 kg/hm²,较对照品种黑河 45 增产9.3%。

栽培技术要点:在适应区 5 月上中旬播种,选择中等肥力地块种植,采用"垄三"栽培方式,保苗 35 万株/公顷左右;一般施基肥磷酸二铵 150 kg/hm²、尿素 40 kg/hm²、钾肥50 kg/hm²,施种肥磷酸二铵 50 kg/hm²,追施钾肥 3 kg/hm² 和尿素 8 kg/hm²;生育期间及时铲趟,防治病虫害,拔大草 2 次或采用除草剂除草,及时收获;合理轮作,避免重茬。

适宜区域:适宜在黑龙江省第五积温带种植。

14. 昊疆 1 号(图 2 - 14)

图 2 - 14 昊疆 1 号

品种来源:北安市昊疆农业科学技术研究所以昊疆 810 为母本、以北丰 11 为父本,采用系谱法选育而成。原代号:昊疆 10 - 2040。2016 年通过黑龙江省农作物品种审定委员会审定,品种审定编号:黑审豆 2016012。

特征特性:在适应区出苗至成熟生育日数 100 d 左右,需 ≥10 ℃ 活动积温 2 000 ℃ 左右;该品种为亚有限结荚习性,株高 82 cm 左右,有短分枝,白花,尖叶,灰色茸毛,荚弯镰刀形,成熟时呈褐色;种子圆形,种皮黄色,种脐黄色,有光泽,百粒重 21.0 g 左右;蛋白质含量 42.02% ,脂肪含量 19.51% ;接种鉴定中感至抗灰斑病。

产量表现:2013—2014 年区域试验平均产量为 2 051.6 kg/hm^2,较对照品种华疆 2 号增产 13.7% ;2015 年生产试验平均产量为 2 151.3 kg/hm^2,较对照品种华疆 2 号增产 9.3% 。

栽培技术要点:在适应区 5 月中旬播种,选择中等肥力地块种植,采用“垄三”栽培方式,保苗 30 万 ~ 35 万株/公顷;一般栽培条件下施基肥磷酸二铵 150 kg/hm^2、尿素 40 kg/hm^2、钾肥 50 kg/hm^2,施种肥磷酸二铵 40 kg/hm^2,花期、结荚期分别追施磷酸二氢钾 2 kg/hm^2 和尿素 5 kg/hm^2;生育期间及时铲趟,防治病虫害,拔大草 2 次或采用除草剂除草,及时收获;合理轮作,避免重迎茬。

适宜区域:适宜在黑龙江省第六积温带上限种植。

15. 昊疆 3 号(图 2 - 15)

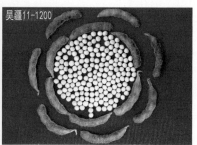

图 2 - 15 昊疆 3 号

品种来源:北安市昊疆农业科学技术研究所、孙吴贺丰种业有限公司以昊疆2255为母本、以昊疆172为父本,采用系谱法选育而成。原代号:昊疆11-1200。2017年通过黑龙江省农作物品种审定委员会审定,品种审定编号:黑审豆2017023。

特征特性:在适应区出苗至成熟生育日数100 d左右,需≥10 ℃活动积温2 000 ℃左右;该品种为无限结荚习性,株高88 cm左右,有分枝,紫花,尖叶,灰色茸毛,荚弯镰形,成熟时呈褐色;籽粒圆形,种皮黄色,种脐黄色,有光泽,百粒重18.0 g左右;蛋白质含量39.18%,脂肪含量20.69%;接种鉴定中抗灰斑病。

产量表现:2014—2015年区域试验平均产量为2 207.0 kg/hm²,较对照品种华疆2号增产8.1%;2016年生产试验平均产量为1 735.5 kg/hm²,较对照品种华疆2号增产9.4%。

栽培技术要点:该品种在适应区5月下旬播种,选择中等肥力地块种植,采用"垄三"栽培方式,保苗35万株/公顷;一般栽培条件下施基肥磷酸二铵125 kg/hm²、尿素25 kg/hm²、钾肥30 kg/hm²,施种肥磷酸二铵30 kg/hm²、尿素20 kg/hm²、钾肥20 kg/hm²,花期、结荚期分别喷施磷酸二氢钾2 kg/hm²和尿素5 kg/hm²;及时铲耥,化学除草,及时防治病虫害,及时收获;合理轮作,避免重迎茬。

适宜区域:适宜在黑龙江省第六积温带上限种植。

16. 昊疆7号(图2-16)

图2-16 昊疆7号

品种来源:北安市昊疆农业科学技术研究所以北疆九1号为母本、以昊疆2038为父本,经有性杂交,采用系谱法选育而成。2018年通过黑龙江省农作物品种审定委员会审定,品种审定编号:黑审豆2018035。

特征特性:在适应区出苗至成熟生育日数95 d左右,需≥10 ℃活动积温1 900 ℃左右;该品种为亚有限结荚习性,株高85 cm左右,无分枝,紫花,长叶,灰色茸毛,荚弯镰形,成熟时呈褐色;籽粒圆形,种皮黄色,种脐黄色,有光泽,百粒重20.0 g左右;蛋白质含量39.68%,脂肪含量21.68%;接种鉴定中抗灰斑病。

产量表现:2015—2016年区域试验平均产量为1 768.1 kg/hm²,较对照品种黑河49增产10.6%;2017年生产试验平均产量为1 621.8 kg/hm²,较对照品种黑河49增产14.5%。

栽培技术要点:在适应区5月上旬播种,选择中等肥力地块种植,采用"垄三"栽培方式,保苗 35 万株/公顷左右;一般栽培条件下施基肥磷酸二铵 120 kg/hm²、尿素 25 kg/hm²、钾肥 40 kg/hm²,施种肥磷酸二铵 35 kg/hm²、尿素 15 kg/hm²、钾肥 30 kg/hm²,花期、结荚期分别喷施磷酸二氢钾 2 kg/hm² 和尿素 5 kg/hm²;生育期间及时铲趟,防治病虫害,拔大草 1~2 次或采用除草剂除草,及时收获。

适宜区域:适宜在黑龙江省≥10 ℃活动积温 2 000 ℃区域种植。

17. 贺豆 3 号(图 2 – 17)

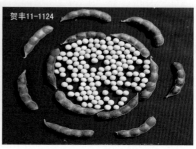

图 2 – 17 贺豆 3 号

品种来源:北安市昊疆农业科学技术研究所以昊疆 171 为母本、以北豆 14 为父本,经有性杂交,采用系谱法选育而成。原代号:贺丰 11 – 1124。2018 年通过黑龙江省农作物品种审定委员会审定,品种审定编号:黑审豆 2018030。

特征特性:在适应区出苗至成熟生育日数 105 d 左右,需≥10 ℃活动积温 2 050 ℃左右;该品种为亚有限结荚习性,株高 87 cm 左右,有短分枝,紫花,长叶,灰色茸毛,荚弯镰刀形,成熟时呈褐色;籽粒圆形,种皮黄色,种脐黄色,有光泽,百粒重 19 g 左右;蛋白质含量 40.02%,脂肪含量 19.96%;接种鉴定中抗灰斑病。

产量表现:2015—2016 年区域试验平均产量为 2 464.4 kg/hm²,较对照品种黑河 45 增产 10.9%;2017 年生产试验平均产量为 2 673.4 kg/hm²,较对照品种黑河 45 增产 13.3%。

栽培技术要点:在适应区 5 月上旬播种,选择中等肥力地块种植,采用"垄三"栽培方式,保苗 30 万株/公顷左右;一般栽培条件下施基肥磷酸二铵 115 kg/hm²、尿素 26 kg/hm²、钾肥 40 kg/hm²,施种肥磷酸二铵 40 kg/hm²、尿素 15 kg/hm²、钾肥 28 kg/hm²,花期、结荚期分别追施磷酸二氢钾 2 kg/hm² 和尿素 5 kg/hm²;生育期间及时铲趟,防治病虫害,拔大草 1~2 次或采用除草剂除草,及时收获。

适宜区域:适宜在黑龙江省≥10 ℃活动积温 2 250 ℃区域种植。

18. 贺豆 7 号(图 2 – 18)

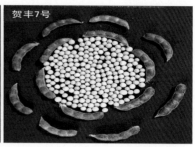

图 2 – 18　贺豆 7 号

品种来源:北安市昊疆农业科学技术研究所以昊疆 904 为母本、以北疆九 1 号为父本,经有性杂交,采用系谱法选育而成。原代号:贺丰 7 号。2018 年通过黑龙江省农作物品种审定委员会审定,品种审定编号:黑审豆 2018037。

特征特性:在适应区出苗至成熟生育日数 95 d 左右,需 ≥10 ℃活动积温 1 900 ℃左右;该品种为亚有限结荚习性,株高 85 cm 左右,无分枝,白花,尖叶,灰色茸毛,荚弯镰形,成熟时呈褐色;籽粒圆形,种皮黄色,种脐黄色,有光泽,百粒重 21.0 g 左右;蛋白质含量 40.03%,脂肪含量 20.20%;接种鉴定中抗灰斑病。

产量表现:2015—2016 年区域试验平均产量为 1 767.4 kg/hm²,较对照品种黑河 49 增产 10.5%;2017 年生产试验平均产量为 1 759.5 kg/hm²,较对照品种黑河 49 增产 13.2%。

栽培技术要点:在适应区 5 月上旬播种,选择中等肥力地块种植,采用"垄三"栽培方式,保苗 35 万株/公顷左右;一般栽培条件下施基肥磷酸二铵 120 kg/hm²、尿素 25 kg/hm²、钾肥 40 kg/hm²,施种肥磷酸二铵 35 kg/hm²、尿素 15 kg/hm²、钾肥 30 kg/hm²,花期、结荚期分别追施磷酸二氢钾 2 kg/hm² 和尿素 5 kg/hm²;生育期间及时铲耥,防治病虫害,拔大草 1～2 次或采用除草剂除草,及时收获。

适宜区域:适宜在黑龙江省 ≥10 ℃活动积温 2 000 ℃区域种植。

19. 金源 71(图 2 – 19)

图 2 – 19　金源 71

品种来源:黑龙江省农业科学院黑河分院以华疆 2 号为母本、以黑河 03 - 1398 为父本,经杂交并用 ^{60} Co - γ 射线 160 Gy 处理 F2 代风干种子选育而成。原代号:黑河 09 - 3307。2016 年通过黑龙江省农作物品种审定委员会审定,品种审定编号:黑审豆 2016014。

特征特性:在适应区出苗至成熟生育日数 99 d 左右,需 ≥10 ℃活动积温 1 940 ℃左右;该品种为亚有限结莢习性,株高 71 cm 左右,无分枝,紫花,尖叶,灰色茸毛,莢弯镰形,成熟时呈褐色;种子圆形,种皮黄色,种脐浅黄色,有光泽,百粒重 19.4 g 左右;蛋白质含量 41.00%,脂肪含量 20.08%;接种鉴定中抗灰斑病。

产量表现:2013—2014 年区域试验平均产量为 1 790.5 kg/hm²,较对照品种黑河 49 增产 11.4%;2015 年生产试验平均产量为 1 903.1 kg/hm²,较对照品种黑河 49 增产 11.5%。

栽培技术要点:在适应区 5 月中旬播种,选择中等肥力地块种植,采用"垄三"栽培方式,保苗 35 万株/公顷左右;一般施基肥磷酸二铵 100 kg/hm²、尿素 30 kg/hm²、钾肥 30 kg/hm²,施种肥磷酸二铵 50 kg/hm²、尿素 20 kg/hm²、钾肥 20 kg/hm²,花期追施叶面肥 2 次;播后或三叶期药剂除草,生育期间及时铲趟,防治病虫害,及时收获。

适宜区域:适宜在黑龙江省第六积温带下限种植。

20. 九研 2 号(图 2 - 20)

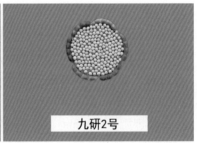

图 2 - 20 九研 2 号

品种来源:北大荒垦丰种业股份有限公司以昊疆 171 为母本、以黑河 33 为父本,经有性杂交,采用系谱法选育而成。2018 年通过黑龙江省农作物品种审定委员会审定,品种审定编号:黑审豆 2018040。

特征特性:高油品种;在适应区出苗至成熟生育日数 95 d 左右,需 ≥10 ℃活动积温 1 900 ℃左右;该品种为亚有限结莢习性,株高 75 cm 左右,有分枝,紫花,尖叶,灰色茸毛,莢弯镰形,成熟时呈褐色;籽粒圆形,种皮黄色,种脐黄色,无光泽,百粒重 19.3 g 左右;蛋白质含量 37.73%,脂肪含量 22.55%;三年抗病接种鉴定结果为两年中抗灰斑病、一年感灰斑病。

产量表现:2015—2016 年区域试验平均产量为 1 766.1 kg/hm²,较对照品种黑河 49 增产 9.3%;2017 年生产试验平均产量为 1 625 kg/hm²,较对照品种黑河 49 增产 7.7%。

栽培技术要点:在适应区 5 月上旬播种,选择中上等肥力地块种植,采用"垄三"栽培方式,保苗 35 万~40 万株/公顷;一般栽培条件下施基肥磷酸二铵 200 kg/hm²、尿素 50 kg/hm²、钾肥 50 kg/hm²,追施叶面肥 5~8 kg/hm²;生育期间及时铲趟,防治病虫害,拔大草 1 次或采用除草剂除草,及时收获。

适宜区域:适宜在黑龙江省≥10 ℃活动积温 2 000 ℃区域种植。

21. 圣豆 44(图 2-21)

图 2-21　圣豆 44

品种来源:黑龙江圣丰种业有限公司以垦鉴豆 27 为母本、以绥 02-423 为父本,经有性杂交,采用系谱法选育而成。原代号:汇农 10-09。2016 年通过黑龙江省农作物品种审定委员会审定,品种审定编号:黑审豆 2016013。

特征特性:在适应区出苗至成熟生育日数 100 d 左右,需≥10 ℃活动积温 2 000 ℃左右;该品种为亚有限结荚习性,株高 90 cm 左右,有分枝,紫花,尖叶,灰色茸毛,荚弯镰形,成熟时呈褐色;种子圆形,种皮黄色,种脐黄色,有光泽,百粒重 21.0 g 左右;蛋白质含量 42.40%,脂肪含量 19.20%;接种鉴定中抗灰斑病。

产量表现:2012—2014 年区域试验平均产量为 2 086.1 kg/hm²,较对照品种华疆 2 号增产 10.7%;2015 年生产试验平均产量为 2 139.7 kg/hm²,较对照品种华疆 2 号增产 7.6%。

栽培技术要点:在适应区 5 月上中旬播种,选择中等肥力地块种植,采用"大垄密"栽培方式,保苗 40 万~45 万株/公顷;一般施基肥磷酸二铵 150 kg/hm²、尿素 40 kg/hm²、钾肥 50 kg/hm²、施种肥磷酸二铵 50 kg/hm²、钾肥 25 kg/hm²,追施钾肥 3 kg/hm²和尿素 8 kg/hm²;生育期间及时铲趟,防治病虫害,拔大草 2 次或采用除草剂除草,及时收获;合理轮作,避免重茬。

适宜区域:适宜在黑龙江省第六积温带上限种植。

22. 圣豆 45(图 2 - 22)

图 2 - 22 圣豆 45

品种来源:黑龙江圣丰种业有限公司以合丰 25 为母本、以北疆 610 为父本,经有性杂交,采用系谱法选育而成。原代号:圣鑫 11 - 5006。2018 年通过黑龙江省农作物品种审定委员会审定,品种审定编号:黑审豆 2018036。

特征特性:在适应区出苗至成熟生育日数 95 d 左右,需≥10 ℃ 活动积温 1 900 ℃ 左右;该品种为亚有限结荚习性,株高 85 cm 左右,无分枝,白花,尖叶,灰色茸毛,荚弯镰形,成熟时呈褐色;籽粒圆形,种皮黄色,种脐黄色,有光泽,百粒重 21.8 g 左右;蛋白质含量 40.06%,脂肪含量 20.41%;三年抗病接种鉴定结果为两年中抗灰斑病、一年感灰斑病。

产量表现:2015—2016 年区域试验平均产量为 1 792.4 kg/hm^2,较对照品种黑河 49 增产 12.29%;2017 年生产试验平均产量为 1 720.3 kg/hm^2,较对照品种黑河 49 增产 13.3%。

栽培技术要点:在适应区 5 月上旬播种,选择中等肥力地块种植,采用"垄三"栽培方式,保苗 35 万 ~ 40 万株/公顷;一般栽培条件下施基肥磷酸二铵 125 kg/hm^2、尿素 25 kg/hm^2、钾肥 30 kg/hm^2,施种肥磷酸二铵 30 kg/hm^2、尿素 20 kg/hm^2、钾肥 20 kg/hm^2,花期、结荚期分别追施磷酸二氢钾 2 kg/hm^2 和尿素 5 kg/hm^2;生育期间及时铲耥,防治病虫害,拔大草 2 次或采用除草剂除草,及时收获。

适宜区域:适宜在黑龙江省≥10 ℃ 活动积温 2 000 ℃ 区域种植。

第二节 早熟品种

一、早熟品种生态分布

早熟品种一般分布于黑龙江省的第四、五积温带,该地区地处寒温带,包含三江平原及部分山区,属于大豆主要种植区域。该地区属于季风控制下的大陆性气候,冬季、春初、秋末受西伯利亚冷高压控制,偏北风多,降雨量少,年降水量 400 ~ 700 ml,集中在 7 月到 9

月,无霜期 105 ~ 120 d,全年平均日照 2 100 ~ 2 300 h。

二、早熟品种特性

早熟品种一般生育期短,为 105 ~ 115 d,需有效积温 2 000 ~ 2 200 ℃。早熟品种多表现为植株较矮小,株高在 75 cm 左右,叶片多呈披针形,荚粒相对较稀疏,百粒重为 20 g 左右,脂肪含量在 20% 左右,蛋白含量平均低于 40% ,高蛋白品种蛋白含量在 42% 左右。早熟品种较适合密植。

三、早熟品种栽培要点

根据本地区气候特点,大豆种植应选择耕层深厚、土壤肥沃、地势平坦的地块,前茬以玉米、马铃薯、小麦为主,并根据近年使用长残留性除草剂情况合理调茬,实行三年以上(含三年)合理轮作,不重茬,不迎茬。早熟品种整地以"深松"为主,翻、耙、旋、起、压相结合。玉米茬秋季机械收获秸秆粉碎均匀还田于地表,根茬秸秆粉碎还田机作业使秸秆与土壤混合(或重耙耙碎根茬和秸秆或液压翻转型犁翻入 35 cm 以上耕层)→秋深松→秋起垄;麦茬机械收获秸秆粉碎均匀还田于地表→伏深翻→耙后起垄;马铃薯茬收获后直接耙地起垄。该地区适于垄作和大垄密植栽培,在标准化机械化程度高的地区,选用与玉米轮作地块,秋起 110 cm 大垄,垄上 3 ~ 4 行,5 月上中旬播种,保苗35 万 ~ 40 万株/公顷;在小面积、标准化机械化程度不高的地区可采用"垄三"栽培模式,5 月上中旬播种,保苗 32 万株/公顷左右。可根据不同土壤条件测土施肥,一般土壤条件下施底肥尿素 25 kg/hm² 左右、磷酸二铵 150 ~ 200 kg、硫酸钾 40 ~ 50 kg。采用化学或人工除草,及时防治病虫害,成熟时及时收获。

四、近十年早熟品种简介

1. 北豆 37(图 2 – 23)

图 2 – 23 北豆 37

品种来源:黑龙江省农垦总局九三科学研究所、黑龙江省农垦科研育种中心以九三95 – 107 为母本,以九三93 – 10 为父本,经有性杂交,采用系谱法选育而成。原代号:九三03 – 42。2010 年通过国家农作物品种审定委员会审定,品种审定编号:国审豆 2010002。

特征特性:该品种生育期 117 d,株型收敛,亚有限结荚习性;株高 73.5 cm,主茎 13.9

节,有效分枝 0.4 个,底荚高度 16.2 cm,单株有效荚数 24.5 个,百粒重 17.5 g;长叶,白花,灰毛;籽粒圆形,种皮黄色、黄脐,不裂荚;接种鉴定结果为中感花叶病毒病 1 号株系、感花叶病毒病 3 号株系、中感灰斑病;粗蛋白含量 38.45%,粗脂肪含量 19.96%。

产量表现:2008 年参加北方春大豆早熟组品种区域试验,平均产量为 2 811.0 kg/hm²,比对照黑河 43 增产 6.1%;2009 年续试,平均产量为 2 599.5 kg/hm²,比对照增产 6.3%;两年区域试验平均产量为 2 704.5 kg/hm²,比对照增产 6.2%;2009 年生产试验平均产量为 2 517.0 kg/hm²,比对照增产 6.4%。

栽培技术要点:5 月上旬播种,适宜"垄三"栽培,种植密度 35 万 ~42 万株/公顷;施氮磷钾三元复合肥 165 kg/hm² 作基肥,施氮、磷、钾的比例以 1∶(1.2 ~1.5)∶0.4 为宜,开花结荚期喷施大豆叶面肥 1 ~2 次。

适宜区域:适宜在黑龙江第三积温带下限和第四积温带,以及吉林东部山区、新疆北部、内蒙古兴安盟北部地区和呼伦贝尔春播种植。

2. 合农 95(图 2 –24)

图 2 –24　合农 95

品种来源:黑龙江省农业科学院佳木斯分院以绥农 14 为母本、以黑河 38 为父本,经有性杂交,采用系谱法选育而成。原代号:合 05648。2016 年通过国家农作物品种审定委员会审定,品种审定编号:国审豆 2016001。

特征特性:该品种生育期平均 113 d,比对照克山 1 号早熟 3 d;株型收敛,亚有限结荚习性;株高 73.8 cm,主茎 14.8 节,有效分枝 0.6 个,底荚高度 12.9 cm,单株有效荚数 32.0 个,单株粒数 69.3 粒,单株粒重 12.5 g,百粒重 19.1 g;尖叶,紫花,灰毛;籽粒圆形,种皮黄色、微光,种脐黄色;接种鉴定结果为中感花叶病毒病 1 号株系和 3 号株系、中抗灰斑病;籽粒粗蛋白含量 41.39%,籽粒粗脂肪含量 18.76%。

产量表现:2013—2014 年参加国家北方春大豆早熟组品种区域试验,两年平均产量为 2 781.0 kg/hm²,比对照平均增产 8.0%;2015 年生产试验平均产量为2 985.0 kg/hm²,比对照克山 1 号增产 10.0%。

栽培技术要点:5 月上中旬播种,垄作栽培,垄距 65 ~70 cm;种植密度为高肥力地块 30 万株/公顷、中等肥力地块 35 万株/公顷、低肥力地块 37.5 万株/公顷;施氮磷钾三元复合肥 225 kg/hm² 或磷酸二铵 150 kg/hm² 作基肥,初花期追施 75 kg/hm² 氮磷钾三元复合肥。

适宜区域:适宜在黑龙江第三积温带下限和第四积温带,以及吉林东部山区、内蒙古呼伦贝尔东南部、新疆北部春播种植。

3. 克山1号(图2-25)

图2-25 克山1号

品种来源:黑龙江省农业科学院克山分院以(黑河18×绥农14号)F1为基础材料卫星搭载选育而成。原代号:克航辐05-829。2009年通过国家农作物品种审定委员会审定,品种审定编号:国审豆2009002。

特征特性:该品种生育期112 d,长叶,紫花,亚有限结荚习性;株高71.5 cm,主茎12.3节,有效分枝0.2个,底荚高度13.1 cm,单株有效荚数26.2个,单株粒数57.9粒,单株粒重11.5 g,百粒重19.8 g;籽粒圆形,种皮黄色,黄脐;接种鉴定结果为中感灰斑病、中感花叶病毒病1号株系、感花叶病毒病3号株系;粗蛋白含量38.04%,粗脂肪含量21.82%。

产量表现:2007年参加北方春大豆早熟组品种区域试验,平均产量为2 374.5 kg/hm²,比对照黑河18增产13.8%;2008年续试,平均产量为2 884.5 kg/hm²,比对照黑河43增产8.9%;两年区域试验平均产量为2 629.5 kg/hm²,比对照增产11.4%;2008年生产试验平均产量为2 643.0 kg/hm²,比对照黑河43增产6.9%。

栽培技术要点:5月上旬播种,适宜65 cm垄上双条精量点播,保苗30万株/公顷左右;施磷酸二铵150~187.5 kg/hm²、尿素22.5~37.5 kg/hm²,分层深施。

适宜区域:适宜在黑龙江第三积温带下限和第四积温带,以及吉林东部山区、内蒙古呼伦贝尔中部和南部、新疆北部地区春播种植。

4. 昊疆4号(图2-26)

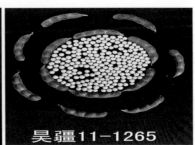

图2-26 昊疆4号

品种来源:北安市昊疆农业科学技术研究所以昊疆 2255 为母本、以黑河 48 为父本,经有性杂交,采用系谱法选育而成。原代号:昊疆 11 - 1265。2018 年通过黑龙江省农作物品种审定委员会审定,品种审定编号:黑审豆 2018028。

特征特性:在适应区出苗至成熟生育日数 110 d 左右,需≥10 ℃活动积温 2 150 ℃左右;该品种为亚有限结荚习性,株高 85 cm 左右,无分枝,紫花,长叶,灰色茸毛,荚弯镰形,成熟时呈褐色;籽粒圆形,种皮黄色,种脐黄色,有光泽,百粒重 20 g 左右;蛋白质含量 39.54%,脂肪含量 19.62%;接种鉴定中抗灰斑病。

产量表现:2015—2016 年区域试验平均产量为 2 305.1 kg/hm²,较对照品种黑河 43 增产 10.1%;2017 年生产试验平均产量为 2 638.2 kg/hm²,较对照品种黑河 43 增产 9.4%。

栽培技术要点:在适应区 5 月上旬播种,选择中等肥力地块种植,采用"垄三"栽培方式,保苗 30 万株/公顷左右;一般栽培条件下施基肥磷酸二铵 120 kg/hm²、尿素 25 kg/hm²、钾肥 40 kg/hm²,施种肥磷酸二铵 36 kg/hm²、尿素 15 kg/hm²、钾肥 25 kg/hm²,花期、结荚期分别追施磷酸二氢钾 2 kg/hm² 和尿素 5 kg/hm²;生育期间及时铲趟,防治病虫害,拔大草 1~2 次或采用除草剂除草,及时收获。

适宜区域:适宜在黑龙江省≥10 ℃活动积温 2 250 ℃区域种植。

5. 龙垦 332(图 2 - 27)

图 2 - 27　龙垦 332

品种来源:北大荒垦丰种业股份有限公司以绥 00 - 1052 为母本、以垦鉴豆 27 为父本,经有性杂交,采用系谱法选育而成。2017 年通过国家农作物品种审定委员会审定,品种审定编号:国审豆 20170004。

特征特性:该品种生育期平均 114 d,比对照克山 1 号早 1 d;株型收敛,无限结荚习性;株高 87.7 cm,主茎 14.6 节,有效分枝 0.3 个,底荚高度 17.9 cm,单株有效荚数 25.9 个,单株粒数 61.2 粒,单株粒重 10.5 g,百粒重 17.7 g;尖叶,紫花,灰毛;籽粒圆形,种皮黄色、微光,种脐黄色;接种鉴定中抗花叶病毒病 1 号株系和 3 号株系、抗灰斑病;籽粒粗蛋白含量 38.41%,粗脂肪含量 21.55%。

产量表现:2015—2016 年参加国家北方春大豆早熟组品种区域试验,两年平均产量为 2 536.5 kg/hm²,比对照增产 1.1%;2016 年生产试验,平均产量为 2 296.5 kg/hm²,比对照克山 1 号增产 4.8%。

栽培技术要点:5 月上中旬播种,"垄三"栽培模式种植;种植密度为保苗 30 万 ~ 50 万株/公顷;在中等肥力地块施氮磷钾三元复合肥 225 kg/hm² 或磷酸二铵 150 kg/hm² 作基肥,初花期追施氮磷钾三元复合肥 75 kg/hm²。

适宜区域:适宜在黑龙江第三积温带下限和第四积温带,以及吉林延边州东部、内蒙古呼伦贝尔南部、新疆北部地区春播种植。

6. 汇农 416(图 2 - 28)

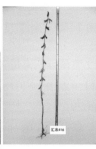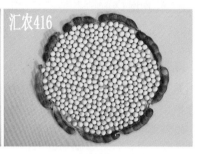

图 2 - 28　汇农 416

品种来源:北安市汇农大豆育种所和黑龙江普兰种业有限公司以合 03 - 199 为母本、以北丰 11 为父本,经有性杂交,采取系谱法选育而成。2018 年通过黑龙江省农作物品种审定委员会审定,品种审定编号:黑审豆 2018025。

特征特性:在适应区出苗至成熟生育日数 110 d 左右,需≥10 ℃活动积温 2 150 ℃左右;该品种为亚有限结荚习性,株高 90 cm 左右,有分枝,紫花,尖叶,灰色茸毛,荚弯镰形,成熟时呈褐色;籽粒圆形,种皮黄色,种脐淡黄色,有光泽,百粒重 20 g 左右;蛋白质含量 40.20%,脂肪含量 20.46%;接种鉴定中抗灰斑病。

产量表现:2015—2016 年区域试验平均产量为 2 354.6 kg/hm²,较对照品种黑河 43 增产 11.9%;2017 年生产试验平均产量为 2 693.8 kg/hm²,较对照品种黑河 43 增产 11.7%。

栽培技术要点:在适应区 5 月上中旬播种,选择中等肥力地块种植,采用"垄三"栽培方式,保苗 30 万 ~ 35 万株/公顷左右;基肥施有机肥 66.7 ~ 100 kg/hm²,种肥施磷酸二铵 120 kg/hm²、尿素 45 kg/hm²、钾肥 55 kg/hm²,初花期结合中耕追施尿素 10 kg;生育期间及时铲趟,防治病虫害,拔大草 2 次或采用除草剂除草,及时收获。

适宜区域:适宜在黑龙江省≥10 ℃活动积温 2 250 ℃区域种植。

7. 金源 73(图 2 - 29)

图 2 - 29 金源 73

品种来源:黑龙江省农业科学院以黑河 19 为母本、以华疆 4 号为父本,经有性杂交,采用系谱法选育而成。原代号:黑河 11 - 2428。2018 年通过黑龙江省农作物品种审定委员会审定,品种审定编号:黑审豆 2018029。

特征特性:在适应区出苗至成熟生育日数 110 d 左右,需≥10 ℃活动积温 2 150 ℃左右;该品种为亚有限结荚习性,株高 80 cm 左右,无分枝,紫花,尖叶,灰色茸毛,荚直形,成熟时呈褐色;籽粒圆形,种皮黄色,种脐黄色,有光泽,百粒重 21 g 左右;蛋白质含量 37.75%,脂肪含量 20.90%;接种鉴定中抗灰斑病。

产量表现:2015—2016 年区域试验平均产量为 2 224.5 kg/hm²,较对照品种黑河 43 增产 5.6%;2017 年生产试验平均产量为 2 639.9 kg/hm²,较对照品种黑河 43 增产 9.4%。

栽培技术要点:在适应区 5 月上旬播种,选择中等肥力地块种植,采用垄作栽培方式,保苗 30 万~35 万株/公顷;一般栽培条件下施种肥磷酸二铵 150 kg/hm²、尿素 40 kg/hm²、钾肥 50 kg/hm²,玉米茬减施或不施尿素;生育期间及时铲趟,防治病虫害,拔大草 1~2 次或采用除草剂除草,及时收获。

适宜区域:适宜在黑龙江省≥10 ℃活动积温 2 250 ℃区域种植。

8. 黑河 52(图 2 - 30)

图 2 - 30 黑河 52

品种来源:黑龙江省农业科学院黑河分院以^{60}Co - γ 射线 140 Gy 辐照大豆(黑交 92 - 1544 × 绥 97 - 7049)F2 代风干种子选育而成。原代号:黑辐 03 - 56。2010 年通过黑龙江省农作物品种审定委员会审定,品种审定编号:黑审豆 2010014。

特征特性：在适应区出苗至成熟生育日数 115 d 左右，需≥10 ℃活动积温 2 150 ℃左右；该品种为亚有限结荚习性，株高 80 cm 左右，有分枝，白花，长叶，灰色茸毛，荚镰刀形，成熟时呈褐色；籽粒圆形，种皮、种脐黄色，有光泽，百粒重 20 g 左右；蛋白质含量 40.55%，脂肪含量 20.47%；接种鉴定中抗灰斑病。

产量表现：2007—2008 年区域试验平均产量为 2 092.6 kg/hm²，较对照品种黑河 18、黑河 43 增产 8.1%；2009 年生产试验平均产量为 2 420.4 kg/hm²，较对照品种黑河 43 增产 8.5%。

栽培技术要点：在适应区 5 月上旬播种，选择肥力较好地块种植，采用"垄三"栽培方式，保苗 30 万株/公顷；施尿素 25 kg/hm² 左右、磷酸二铵 150 kg/hm² 左右、硫酸钾 50 kg/hm² 左右，深施或分层施；化学与机械除草相结合，三趟，拔一遍大草，适时收获。

适宜区域：适宜在黑龙江省第四积温带种植。

9. 合农 73（图 2 - 31）

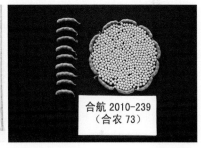

图 2 - 31　合农 73

品种来源：黑龙江省农业科学院佳木斯分院以（黑交 01 - 1032 × 黑交 02 - 1872）F3 为材料，经航天搭载处理后，采用系谱法选育而成。原代号：合航 2010 - 239。2017 年通过黑龙江省农作物品种审定委员会审定，品种审定编号：黑审豆 2017018。

特征特性：在适应区出苗至成熟生育日数 114 d 左右，需≥10 ℃活动积温 2 200 ℃左右；该品种为亚有限结荚习性，株高 76 cm 左右，无分枝，紫花，尖叶，灰色茸毛，荚直形，成熟时呈棕色；种子圆形，种皮黄色，种脐黄色、有光泽，百粒重 17.8 g 左右；蛋白质含量 37.84%，脂肪含量 21.23%；接种鉴定中抗灰斑病。

产量表现：2014—2015 年区域试验平均产量为 2 651.3 kg/hm²，较对照品种黑河 43 增产 8.9%；2016 年生产试验平均产量为 2 233.5 kg/hm²，较对照品种黑合 43 增产 11.3%。

栽培技术要点：该品种在适应区 5 月上中旬播种，选择中等肥力地块种植，采用垄作栽培方式，播种前要对种子进行包衣处理，保苗 30 万 ~ 35 万株/公顷；一般栽培条件下，施基肥磷酸二铵 150 kg/hm²、尿素 25 ~ 30 kg/hm²、钾肥 70 ~ 75 kg/hm²；生育期间及时铲趟，防治病虫害，拔大草 2 ~ 3 次或采用除草剂除草，及时收获。

适宜区域:适宜在黑龙江省第四积温带种植。

10. 东农 63(图 2 - 32)

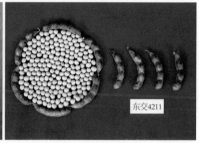

图 2 - 32 东农 63

品种来源:东北农业大学大豆研究所以华疆 2 号为母本、以合丰 55 为父本,经有性杂交,采用混合选择法选育而成。原代号:东交 4211。2015 年通过黑龙江省农作物品种审定委员会审定,品种审定编号:黑审豆 2015013。

特征特性:在适应区出苗至成熟生育日数 115 d 左右,需≥10 ℃活动积温 2 150 ℃左右;该品种为无限结荚习性,株高 90 cm 左右,少分枝,紫花,尖叶,灰色茸毛,荚微弯镰形,成熟时呈褐色;种子圆形,种皮黄色,种脐黄色,有光泽,百粒重 17.9 g 左右;蛋白质含量 39.38%,脂肪含量 20.85%;接种鉴定中抗灰斑病。

产量表现:2012—2013 年区域试验平均产量为 2 339.0 kg/hm²,较对照品种丰收 25 增产 12.4%;2014 年生产试验平均产量为 2 802.1 kg/hm²,较对照品种丰收 25 增产 15.6%。

栽培技术要点:在适应区 5 月上旬播种,选择中上肥力地块,采用"垄三"栽培方式,保苗 28 万株/公顷左右;一般栽培条件下施基肥磷酸二铵 225 kg/hm²、尿素 30 kg/hm²、钾肥 45 kg/hm²;生育期间及时铲趟,防治病虫害,拔大草 2 次或采用除草剂除草,及时收获。

适宜区域:适宜在黑龙江省第三积温带下限和第四积温带上限种植。

11. 金源 55(图 2 - 33)

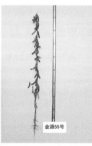

图 2 - 33 金源 55

品种来源:黑龙江省农业科学院黑河分院以黑交 83 - 889/美丁的 F2 代卫星搭载辐射选育而成。2013 年通过国家农作物品种审定委员会审定,品种审定编号:国审豆 2013001。

特征特性:早熟春大豆品种,北方春播生育期平均 115 d,比对照黑河 43 晚 4 d;该品种株型收敛,有限结荚习性;株高 65.2 cm,主茎 14.4 节,有效分枝 0.2 个,底荚高度 14.5 cm,单株有效荚数 25.7 个,单株粒数 59.9 粒,单株粒重 11.2 g,百粒重 19.7 g;尖叶,白花,灰毛;籽粒圆形、种皮黄色、有光泽、种脐浅黄色;接种鉴定结果为中抗花叶病毒病 1 号株系、感花叶病毒病 3 号株系、中感灰斑病;粗蛋白含量 42.19%,粗脂肪含量 19.60%。

产量表现:2010—2011 年参加北方春大豆早熟组品种区域试验,两年平均产量为 2 784.0 kg/hm²,比对照增产 5.9%;2012 年生产试验平均产量为 2 787.0 kg/hm²,比对照黑河 43 增产 7.5%。

栽培技术要点:一般 5 月上中旬播种,条播行距 15 ~ 30 cm;种植密度为 30 万 ~ 50 万株/公顷;施氮磷钾三元复合肥 225 kg/hm² 或磷酸二铵 150 kg/hm² 作基肥,初花期追施氮磷钾三元复合肥 75 kg/hm²。

适宜区域:适宜在黑龙江省第三积温带下限和第四积温带,以及吉林东部山区、内蒙古兴安盟北部和新疆北部春播种植;大豆花叶病毒病 3 号株系发病区慎用。

12. 龙达 3 号(图 2 - 34)

图 2 - 34　龙达 3 号

品种来源:北安市大龙种业有限责任公司以哈北 46 - 1 为母本、以黑河 18 为父本,经有性杂交,采用系谱法选育而成。原代号:龙达 11 - 182。2018 年通过黑龙江省农作物品种审定委员会审定,品种审定编号:黑审豆 2018026。

特征特性:在适应区出苗至成熟生育日数 110 d 左右,需 ≥10 ℃ 活动积温 2 150 ℃ 左右;该品种为亚有限结荚习性,株高 80 cm 左右,无分枝,白花,尖叶,灰色茸毛,荚弯镰形,成熟时呈褐色;籽粒圆形,种皮黄色,种脐黄色,有光泽,百粒重 20 g 左右;蛋白质含量 40.71%,脂肪含量 20.11%;接种鉴定中抗灰斑病。

产量表现:2015—2016 年区域试验平均产量为 2 318.4 kg/hm²,较对照品种黑河 43 增产 10.3%;2017 年生产试验平均产量为 2 690.8 kg/hm²,较对照品种黑河 43 增产 11.5%。

栽培技术要点:在适应区 5 月上中旬播种,选择中等肥力地块种植,采用"垄三"栽培方式,保苗 30 万株/公顷左右;一般栽培条件下施肥磷酸二铵 150 kg/hm^2、尿素 50 kg/hm^2、钾肥 50 kg/hm^2;生育期间及时铲耥,防治病虫害,采用除草剂除草,及时收获。

适宜区域:适宜在黑龙江省≥10 ℃活动积温 2 250 ℃区域种植。

13. 圣豆 15(图 2 – 35)

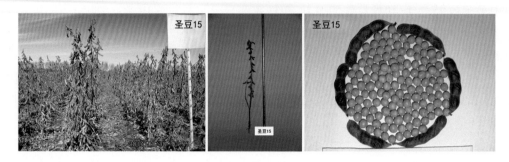

图 2 – 35　圣豆 15

品种来源:黑龙江圣丰种业有限公司、黑龙江省振北种业北疆农业科学研究所和黑河市振边农业科学研究所以黑交 99 – 1842 为母本、以华疆 22 – 2011 为父本,经有性杂交,采取系谱法选育而成。原代号:北疆 08 – 280。2015 年通过黑龙江省农作物品种审定委员会审定,品种审定编号:黑审豆 2015018。

特征特性:在适应区出苗至成熟生育日数 115 d 左右,需≥10 ℃活动积温 2 150 ℃左右;该品种为亚有限结荚习性,株高 95 cm 左右,有分枝,紫花,长叶,灰色茸毛,荚稍弯,成熟时呈褐色;种子圆形,种皮黄色,种脐浅黄色,有光泽,百粒重 20.0 g 左右;蛋白质含量 39.89%,脂肪含量 20.48%;接种鉴定中抗灰斑病。

产量表现:2012—2013 年区域试验平均产量为 2 436.7 kg/hm^2,较对照品种黑河 43 增产 8.8%;2014 年生产试验平均产量为 2 923.6 kg/hm^2,较对照品种黑河 43 增产 11.3%。

栽培技术要点:在适应区 5 月上中旬播种,选择中等肥力地块,采用"垄三"栽培方式,合理轮作,避免重茬,保苗 28 万株/公顷左右;一般栽培条件下施种肥磷酸二铵 150 kg/hm^2、尿素 40 kg/hm^2、钾肥 50 kg/hm^2 深施或分层施;生育期间及时铲耥,防治病虫害,拔大草 1 次或采用除草剂除草,及时收获;播前建议用种衣剂拌种。

适宜区域:适宜在黑龙江省第四积温带种植。

第三节　中早熟品种

一、中早熟品种生态分布

中早熟品种一般分布于黑龙江省的第三积温带,该地区包含松嫩平原、三江平原及部分山区,属于大豆主要种植区域,种植面积最大。该地区地处寒温带,土壤疏松、肥沃;气候冷凉,冬季、春初、秋末受西伯利亚冷高压控制,偏北风多,降雨量少,空气干燥,气候寒冷;春末、夏季、秋初多受南来暖空气、蒙古低压影响,多偏南风,气温高,降水集中,年降水量 400~700 ml,全年降水量 70%~80%,主要集中在 7、8、9 三个月份,无霜期 110~130 d,全年平均日照 2 300~2 500 h,适合大豆生产。

二、中早熟品种特性

中早熟品种一般生育期为 110~115 d,需 ≥10 ℃活动积温 2 200~2 300 ℃;多表现为中等株高,一般为 80~90 cm,百粒重为 20 g 左右,蛋白与脂肪含量相对均衡,蛋脂和可达 60%;品种类型比较丰富,依生态区的差异有所不同。

三、中早熟品种栽培要点

根据本地区的气候特点,大豆种植应选择中等以上土壤肥力的非重茬地块,进行深翻深松结合整地。深翻深度为 25 cm(或深松 25~28 cm),翻耙结合,无大土块和暗坷垃,耙茬深度为 12~15 cm。秋起垄,起垄后镇压,以保持土壤墒情,达到待播状态。垄体压实后垄沟到垄台的高度为 18 cm,误差为 ±2 cm 以内。

该地区适于垄作和大垄密植栽培,在标准化机械化程度高的地区,选用与玉米轮作地块,秋起 110 cm 大垄,垄上 3~4 行,5 月上旬播种,保苗 32 万~38 万株/公顷;在小面积、标准化机械化程度不高的地区可采用"垄三"栽培模式,5 月上旬播种,保苗 28 万~32 万株/公顷。可根据不同土壤条件测土施肥,一般土壤条件下施底肥尿素 25 kg/hm² 左右、磷酸二铵 150~200 kg/hm²、硫酸钾 40~50 kg/hm²。采用人工或化学除草,及时中耕,防治病虫害,成熟时及时收获。化学除草配方如下:

1. 大豆苗前封闭除草

900 g/L 乙草胺 133~150 ml + 15% 噻吩磺隆 10~15 g 或 25% 噻吩磺隆 8~10 g 或 75% 噻吩磺隆 1.5~2 g + 57% 2,4 – D 50~70 ml。

2. 茎叶处理

禾本科杂草 3~4 叶期,用 15% 精稳杀得或 5% 精禾草克等,用量为 0.75~1.0 L/hm² 兑水喷雾;阔叶杂草 1~3 叶期,用 25% 氟黄氨草醚或杂草焚水剂等,用量为 1.0 L/hm² 兑水喷雾。

四、近十年中早熟品种简介

1. 垦豆38(图2-36)

图2-36 垦豆38

品种来源:黑龙江省农垦科学院农作物开发研究所和北大荒垦丰种业股份有限公司以垦丰16为母本、以合丰48为父本,经有性杂交,采用系谱法选育而成。原代号:垦08-9007。2015年通过黑龙江省农作物品种审定委员会审定,品种审定编号:黑审豆2015016。

特征特性:抗病品种;在适应区出苗至成熟生育日数113 d左右,需≥10 ℃活动积温2 250 ℃左右;该品种为亚有限结荚习性,株高80 cm左右,无分枝,白花,尖叶,灰色茸毛,荚弯镰形,成熟时呈褐色;种子圆形,种皮黄色,种脐黄色,有光泽,百粒重20.0 g左右;蛋白质含量37.96%,脂肪含量21.87%;接种鉴定抗灰斑病。

产量表现:2012—2013年区域试验平均产量为2 855.7 kg/hm²,较对照品种合丰51增产9.2%;2014年生产试验平均产量为3 461.9 kg/hm²,较对照品种合丰51增产9.4%。

栽培技术要点:在适应区5月上中旬播种,选择中等以上肥力地块,采用"垄三"栽培方式,保苗约30.0万株/公顷;一般栽培条件下施磷酸二铵150 kg/hm²、钾肥40~50 kg/hm²、尿素40~50 kg/hm²,分层深施肥,有条件的地方可施有机肥1.5×10⁴ kg/hm²,开花期至鼓粒根据大豆长势情况喷施相应叶面肥或植物生长调节剂;生育期间采用土壤封闭除草,及时中耕管理,防治病虫害,及时收获;不宜种植在低洼易涝地块。

适宜区域:适宜在黑龙江省第三积温带种植。

2. 垦豆60(图2-37)

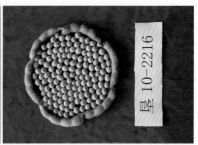

图2-37 垦豆60

品种来源:北大荒垦丰种业有限公司和黑龙江农垦科学院农作物开发研究所以绥农21为母本、以垦丰16为父本,采用系谱法选育而成。原代号:垦10-2216。2017年通过黑龙江省农垦总局品种审定委员会审定,品种审定编号:黑垦审豆2017007。

特征特性:在适应区出苗至成熟生育日数115 d左右,需≥10 ℃活动积温2 250 ℃左右;该品种为亚有限结荚习性,株高90 cm左右,无分枝,白花,尖叶,灰色茸毛,荚弯镰形,成熟时呈黄褐色;籽粒圆形,种皮淡黄色,有微光泽,种脐黄色,百粒重18.0 g左右;蛋白质含量39.63%,脂肪含量20.64%;接种鉴定中抗灰斑病。

产量表现:2013—2014年区域试验平均产量为2 672.3 kg/hm²,较对照品种丰收25增产12.3%;2015—2016年生产试验平均产量为2 884.0 kg/hm²,较对照品种丰收25增产8.1%。

栽培技术要点:该品种在适应区5月上中旬播种,选择土壤肥力中等以下地块种植,以"垄三"栽培方式为宜,按土壤肥力不同保苗33万~35万株/公顷;宜采用分层深施肥,一般栽培条件下施基肥磷酸二铵150~175 kg/hm²、尿素40~50 kg/hm²、钾肥50 kg/hm²,中等肥力地用下限,瘠薄地用上限;生育期间及时中耕管理,防治病虫害,采用播后苗前封闭除草,在开花至鼓粒期根据大豆长势情况喷施相应叶面肥或植物生长调节剂,成熟后及时收获;肥沃地种植宜保苗28万株/公顷左右。

适宜区域:适宜在黑龙江省第三积温带垦区西部地区种植。

3. 克豆29(图2-38)

图2-38 克豆29

品种来源:黑龙江省农业科学院克山分院以北豆14为母本、以嫩丰16为父本,经有性杂交,采用系谱法选育而成。原代号:克交11-1124。2018年通过黑龙江省农作物品种审定委员会审定,品种审定编号:黑审豆2018018。

特征特性:高油品种;在适应区出苗至成熟生育日数115 d左右,需≥10 ℃活动积温2 300 ℃左右;该品种为无限结荚习性,株高86 cm左右,有分枝,紫花,尖叶,灰色茸毛,荚弯镰形,成熟时呈褐色;籽粒圆形,种皮黄色,种脐黄色,有光泽,百粒重19.2 g左右;蛋白质含量38.59%,脂肪含量22.05%;接种鉴定中抗灰斑病。

产量表现:2015—2016年区域试验平均产量为2 786.3 kg/hm²,较对照品种北豆40增产8.9%;2017年生产试验平均产量为2 587.6 kg/hm²,较对照品种北豆40增产8.9%。

栽培技术要点:在适应区5月上旬播种,选择中等以上肥力地块种植,采用"垄三"栽培方式,保苗 30 万~35 万株/公顷;一般栽培条件下施磷酸二铵 150.0~187.5 kg/hm²、尿素 22.5~37.5 kg/hm²、钾肥 30~50 kg/hm²,在大豆开花始期或鼓粒初期,用尿素 5.0~7.5 kg/hm² 和磷酸二氢钾 1.0~1.5 kg/hm² 兑水 500 kg,叶面喷施;生育期间及时铲耥,防治病虫害,拔大草 1 次或采用化学除草,及时收获。

适宜区域:适宜在黑龙江省≥10 ℃活动积温 2 450 ℃区域种植。

4. 北豆 40(图 2-39)

图 2-39　北豆 40

品种来源:北安市华疆种业有限责任公司和黑龙江省农垦科研育种中心华疆科研所以北豆 5 号为母本、以北丰 16 为父本,经有性杂交,采用系谱法选育而成。品种原代号:华疆 3187。2013 年通过黑龙江省农作物品种审定委员会审定,品种审定编号:黑审豆 2013015。

特征特性:在适应区出苗至成熟生育日数 115 d 左右,需≥10 ℃活动积温 2 250 ℃左右;该品种为无限结荚习性,株高 90 cm 左右,有分枝,紫花,尖叶,灰色茸毛,荚弯镰形,成熟时呈褐色;种子圆形,种皮黄色,种脐黄色,有光泽,百粒重 18 g 左右;蛋白质含量 37.95%,脂肪含量 21.08%;接种鉴定中抗灰斑病。

产量表现:2011—2012 年生产试验平均产量为 2 421.4 kg/hm²,较对照品种丰收 25 增产 7.3%。

栽培技术要点:在适应区 5 月上旬播种,选择中、上等肥力地块种植,采用"垄三"栽培方式,保苗 30 万株/公顷,若肥沃地块种植,则保苗 22.5 万株/公顷;宜采用分层施肥,一般施磷酸二铵 150 kg/hm²、尿素 40 kg/hm²、钾肥 50 kg/hm²。

适宜区域:适宜在黑龙江省第三积温带种植。

5. 北豆54(图2-40)

图2-40 北豆54

品种来源:北大荒垦丰种业股份有限公司以北丰11为母本、以垦鉴豆28为父本,经有性杂交,采用系谱法选育而成。原代号:北垦7305。2014年通过黑龙江省农作物品种审定委员会审定,品种审定编号:黑审豆2014013。

特征特性:在适应区出苗至成熟生育日数113 d左右,需≥10 ℃活动积温2 250 ℃左右;该品种为无限结荚习性,株高100 cm左右,有分枝,白花,尖叶,灰色茸毛,荚弯镰形,成熟时呈褐色;种子圆形,种皮黄色,种脐黄色,有光泽,百粒重20.0 g左右;蛋白质含量37.50%,脂肪含量21.40%;接种鉴定中抗灰斑病。

产量表现:2011—2012年区域试验平均产量为2 745.3 kg/hm²,较对照品种合丰51增产6.4%;2013年生产试验平均产量为2 741.7 kg/hm²,较对照品种合丰51增产10.7%。

栽培技术要点:在适应区5月中上旬播种,选择中等肥力地块种植,采用"垄三"栽培方式,保苗30.0万株/公顷左右;一般栽培条件下施基肥磷酸二铵150 kg/hm²、尿素40 kg/hm²、钾肥50 kg/hm²,施种肥磷酸二铵55 kg/hm²,花、荚期分别追施磷酸二氢钾3 kg/hm²和尿素8 kg/hm²;生育期间及时铲趟,防治病虫害,采用除草剂除草,成熟后及时收获。

适宜区域:适宜在黑龙江省第三积温带种植。

6. 绥农38(图2-41)

图2-41 绥农38

品种来源:黑龙江省龙科种业集团有限公司以黑河31为母本、以绥农31为父本,经有性杂交,采用系谱法选育而成。原代号:绥07-536。2014年通过黑龙江省品种审定委员会审定,品种审定编号:黑审豆2014014。

特征特性:在适应区出苗至成熟生育日数113 d左右,需≥10 ℃活动积温2 250 ℃左右;该品种为无限结荚习性,株高80 cm左右,有分枝,白花,尖叶,灰色茸毛,荚弯镰形,成熟时呈褐色;籽粒圆形,种皮黄色,种脐黄色,有光泽,百粒重20.0 g左右;蛋白质含量37.80%,脂肪含量21.13%;接种鉴定中抗灰斑病。

产量表现:2011—2012年区域试验平均产量为2 769.3 kg/hm²,较对照品种合丰51增产9.2%;2013年生产试验平均产量为2 806.8 kg/hm²,较对照品种合丰51增产13.3%。

栽培技术要点:在适应区5月上旬播种,选择中等以上肥力地块种植,采用垄作栽培方式,保苗24.0万株/公顷左右;一般栽培条件下施种肥磷酸二铵135 kg/hm²、尿素20 kg/hm²、钾肥45 kg/hm²;播后苗前封闭除草,生育期间及时铲趟,防治病虫害,拔大草1~2次,成熟后及时收获。

适宜区域:适宜在黑龙江省第三积温带种植。

7. 绥农44(图2-42)

图2-42 绥农44

品种来源:黑龙江省农业科学院绥化分院和黑龙江省龙科种业集团有限公司以垦丰16为母本、以绥农22为父本杂交的F0,用⁶⁰Co-γ射线采取120 Gy辐射剂量处理,采用系谱法选育而成。原代号:绥辐095016。2016年通过黑龙江省品种审定委员会审定,品种审定编号:黑审豆2016009。

特征特性:在适应区出苗至成熟生育日数118 d左右,需≥10 ℃活动积温2 320 ℃左右;该品种为亚有限结荚习性,株高80 cm左右无分枝,白花,尖叶,灰色茸毛,荚弯镰形,成熟时呈褐色;籽粒圆形,种皮黄色,种脐黄色,无光泽,百粒重17.0 g左右;蛋白质含量39.59%,脂肪含量20.74%;接种鉴定中抗灰斑病。

产量表现:2013—2014年区域试验平均产量为3 137.6 kg/hm²,较对照品种合丰51

增产10.6%;2015年生产试验平均产量为3 311.8 kg/hm²,较对照品种合丰51增产8.1%。

栽培技术要点:在适应区5月上旬播种,选择中等以上肥力地块种植,采用垄作栽培方式保苗24万~30万株/公顷,窄行密植栽培保苗40万株/公顷左右;一般栽培条件下施种肥磷酸二铵135 kg/hm²、尿素20 kg/hm²、钾肥45 kg/hm²;播种后7 d内采用除草剂封闭除草,生育期间及时铲耥,防治病虫害,八月上旬拔大草1次,及时收获。

适宜区域:适宜在黑龙江省第三积温带种植。

8. 绥农48(图2-43)

图2-43　绥农48

品种来源:黑龙江省农业科学院绥化分院以绥农28为母本、以垦丰16为父本进行有性杂交,采用系谱法选育而成。原代号:绥10-7283。2017年通过黑龙江省品种审定委员会审定,品种审定编号:黑审豆2017017。

特征特性:在适应区出苗至成熟生育日数117 d左右,需≥10 ℃活动积温2 300 ℃左右;该品种为亚有限结荚习性,株高80 cm左右,无分枝,紫花,尖叶,灰色茸毛,荚微弯镰形,成熟时呈褐色;籽粒圆形,种皮黄色,种脐黄色,无光泽,百粒重20.0 g左右;蛋白质含量38.71%,脂肪含量21.55%;接种鉴定中抗灰斑病。

产量表现:2014—2015年区域试验平均产量为3 103.6 kg/hm²,较对照品种合丰51增产4.2%;2016年生产试验平均产量为3 172.2 kg/hm²,较对照品种合丰51增产8.1%。

栽培技术要点:该品种在适应区5月上中旬播种,选择中等及以上肥力地块种植,采用垄作栽培方式保苗24万~28万株/公顷,采用小垄密植栽培方式保苗32万~36万株/公顷;一般栽培条件下施种肥磷酸二铵130 kg/hm²、尿素20 kg/hm²、钾肥60 kg/hm²;播种后一周内采用除草剂封闭除草,生育期间及时铲耥,防治病虫害,8月上旬拔大草1次,及时收获。

适宜区域:适宜在黑龙江省第三积温带种植。

9. 东生 7 号（图 2-44）

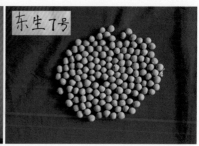

图 2-44　东生 7 号

品种来源：中国科学院东北地理与农业生态研究所以垦 364 为母本、以黑河 18 为父本，经有性杂交，采用系谱法选育而成。原代号：东生 6173。2012 年通过黑龙江省农作物品种审定委员会审定，品种审定编号：黑审豆 2012016。

特征特性：在适应区出苗至成熟生育日数 115 d 左右，需≥10 ℃活动积温 2 250 ℃左右；该品种为亚有限结荚习性，株高 70 cm 左右，无分枝，紫花，长叶，灰色茸毛，荚弯镰形，成熟时呈灰褐色；籽粒圆形，种皮黄色，种脐黄色，有光泽，百粒重 20 g 左右；蛋白质含量 40.67%，脂肪含量 21.11%；接种鉴定中抗灰斑病。

产量表现：2009—2010 年区域试验平均产量为 2 656.9 kg/hm²，较对照品种丰收 25 增产 8.6%；2011 年生产试验平均产量为 2 603.6 kg/hm²，较对照品种丰收 25 增产 9.2%。

栽培技术要点：在适应区 5 月上中旬播种，选择中等肥力地块种植，垄作栽培，保苗 28 万~30 万株/公顷；施磷酸二铵 150 kg/hm²、硫酸钾 55 kg/hm²、尿素 20~30 kg/hm²；在大豆初花期每用尿素 7.0 kg/hm² 加磷酸二氢铵 1.5 kg/hm²，兑水 550 kg/hm² 叶喷。

适宜区域：适宜在黑龙江省第三积温带种植。

10. 东生 8 号（图 2-45）

图 2-45　东生 8 号

品种来源：中国科学院东北地理与农业生态研究所以哈 94-4478 为母本、以黑河 18

为父本,经有性杂交,采用系谱法选育而成。原代号:海473。2013年通过黑龙江省农作物品种审定委员会审定,品种审定编号:黑审豆2013016。

特征特性:在适应区出苗至成熟生育日数115 d左右,需≥10 ℃活动积温2 250 ℃左右;该品种为亚有限结荚习性,株高80 cm左右,无分枝,紫花,圆叶,灰色茸毛,荚弯镰形,成熟时呈灰褐色;籽粒圆形,种皮黄色,种脐黄色,有光泽,百粒重20 g左右;蛋白质含量41.04%,脂肪含量19.57%;接种鉴定中抗灰斑病。

产量表现:2010—2011年区域试验平均产量为2 563.9 kg/hm²,较对照品种425增产8.0%;2012年生产试验平均产量为2 342.9 kg/hm²,较对照品种丰收25增产10.2%。

栽培技术要点:在适应区5月上中旬播种,选择中等肥力地块种植,采用垄作栽培方式,保苗28万～30万株/公顷;一般中等肥力地块施磷酸二铵180 kg/hm²、硫酸钾52 kg/hm²、尿素20～30 kg/hm²;在大豆初花期用尿素6.5 kg/hm²加磷酸二氢钾1.6 kg/hm²兑水580 kg/hm²叶喷。

适宜区域:适宜在黑龙江省第三积温带种植。

11. 合农69(图2－46)

图2－46　合农69

品种来源:黑龙江省农业科学院佳木斯分院和黑龙江省合丰种业有限公司以合交98－622为母本、以垦丰16为父本,经有性杂交,采用系谱法选育而成。原代号:合交05－648。2014年通过黑龙江省农作物品种审定委员会审定,品种审定编号:黑审豆2014015。

特征特性:抗病品种;在适应区出苗至成熟生育日数113 d左右,需≥10 ℃活动积温2 250 ℃左右;该品种为亚有限结荚习性,株高77 cm左右,无分枝,白花,尖叶,灰色茸毛,荚弯镰形,成熟时呈褐色;籽粒圆形,种皮黄色,种脐浅黄色,有光泽,百粒重19.5 g左右;蛋白质含量37.88%,脂肪含量21.09%;接种鉴定抗灰斑病。

产量表现:2011—2012年区域试验平均产量为2 771.4 kg/hm²,较对照品种合丰51增产9.4%;2013年生产试验平均产量为2 764.7 kg/hm²,较对照品种合丰51增产11.9%。

栽培技术要点:在适应区5月上中旬播种,选择中等肥力地块种植,采用垄作栽培方式,播前需对种子进行包衣处理,保苗30.0万株/公顷左右;一般栽培条件下施磷酸二铵

150 kg/hm²、尿素50 kg/hm²、钾肥70 kg/hm²；田间采用化学药剂除草或人工除草，中耕2~3次，拔大草1~2次；生育期间追施叶面肥1~2次，同时防治大豆食心虫，成熟后及时收获。

适宜区域：适宜在黑龙江省第三积温带种植。

12. 丰收27(图2-47)

图2-47 丰收27

品种来源：黑龙江省农业科学院克山分院以克交88223-1为母本、以白农5号为父本，经有性杂交，采用系谱法选育而成。原代号：克交02-7741。2009年通过黑龙江省农作物品种审定委员会审定，品种审定编号：黑审豆2009011。

特征特性：在适应区出苗至成熟生育日数113 d左右，需≥10 ℃活动积温2 300 ℃左右；该品种为无限结荚习性，株高94 cm左右，有分枝，紫花，长叶，灰色茸毛，荚镰刀形，成熟时呈褐色；籽粒圆形，种皮黄色，种脐无色，有光泽，百粒重19 g左右；蛋白质含量41.94%，脂肪含量19.34%；接种鉴定中抗灰斑病。

产量表现：2006—2007年区域试验平均产量为2 345.5 kg/hm²，较对照品种北丰9增产13.3%；2008年生产试验平均产量为2 212.2 kg/hm²，较对照品种北丰9增产11.2%。

栽培技术要点：在适应区5月上旬播种，选择平岗地块种植，采用"垄三"栽培方式，保苗30万株/公顷左右；根据当地生产水平施肥，施磷酸二铵150~187.5 kg/hm²、尿素22.5~37.5 kg/hm²；三铲三趟，防治病虫害，及时收获。

适宜区域：适宜在黑龙江省第三积温带种植。

13. 五豆188(图2-48)

图2-48 五豆188

品种来源:黑龙江省五大连池市富民种子集团有限公司以黑河 36 为母本、以北豆 14 为父本,经有性杂交,采用系谱法选育而成。原代号:克良 08 - 5833。2015 年通过黑龙江省农作物品种审定委员会审定,品种审定编号:黑审豆 2015015。

特征特性:在适应区出苗至成熟生育日数 115 d 左右,需≥10 ℃活动积温 2 250 ℃左右;该品种为亚有限结荚习性,株高 90 cm 左右,无分枝,白花,尖叶,灰色茸毛,荚弯镰形,成熟时呈褐色;籽粒圆形,种皮黄色,种脐黄色,有光泽,百粒重 18.8 g 左右;蛋白质含量 41.38%,脂肪含量 18.75%;接种鉴定中抗灰斑病。

产量表现:2011—2012 年区域试验平均产量为 2 406.1 kg/hm²,较对照品种丰收 25 增产 8.8%;2013—2014 年生产试验平均产量为 2 392.7 kg/hm²,较对照品种丰收 25 增产 9.6%。

栽培技术要点:在适应区 5 月上旬播种,选择中等肥力地块,采用"垄三"栽培方式,保苗 30 万 ~ 35 万株/公顷;一般栽培条件下施基肥磷酸二铵 150 kg/hm²、尿素 40 kg/hm²、钾肥 50 kg/hm²,施种肥磷酸二铵 3 kg/hm²、尿素 8 kg/hm²、钾肥 5 kg/hm²,追施氮肥 5 kg/hm²;生育期间及时铲趟,防治病虫害,拔大草 3 次或采用除草剂除草,及时收获。

适宜区域:适宜在黑龙江省第三积温带种植。

14. 东农 72(图 2 - 49)

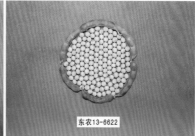

图 2 - 49　东农 72

品种来源:东北农业大学大豆科学研究所以东农 8784 为母本、以合 02 - 553 为父本,经有性杂交,采用混合选择法选育而成。原代号:东农 13 - 6622。2018 年通过黑龙江省农作物品种审定委员会审定,品种审定编号:黑审豆 2018022。

特征特性:在适应区出苗至成熟生育日数 115 d 左右,需≥10 ℃活动积温 2 300 ℃左右;该品种为无限结荚习性,株高 87 cm 左右,有分枝,紫花,尖叶,灰色茸毛,荚弯镰形,成熟时呈褐色;籽粒圆形,种皮黄色,种脐黄色,有光泽,百粒重 19.7 g 左右;蛋白质含量 41.05%,脂肪含量 20.24%;接种鉴定中抗灰斑病。

产量表现:2015—2016 年区域试验平均产量为 3 099.1 kg/hm²,较对照品种合丰 51 增产 9.2%;2017 年生产试验平均产量为 3 125.9 kg/hm²,较对照品种合丰 51 增产 13.0%。

栽培技术要点:在适应区 5 月上旬播种,选择中上等肥力地块种植,采用"垄三"栽培方式,保苗 30 万株/公顷左右;一般栽培条件下施基肥磷酸二铵 150 kg/hm²、尿素

30 kg/hm²、钾肥 45 kg/hm²，施种肥磷酸二铵 30 kg/hm²、尿素 15 kg/hm²、钾肥20 kg/hm²，花荚期追施磷酸二氢钾肥 8 kg；生育期间及时铲耥，防治病虫害，拔大草 1~2 次或采用除草剂除草，及时收获。

适宜区域：适宜在黑龙江省≥10 ℃活动积温 2 450 ℃区域种植。

15. 合农 59（图 2－50）

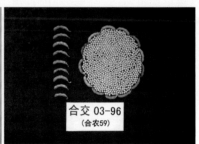

图 2－50　合农 59

品种来源：黑龙江省农业科学院佳木斯分院以合丰 39 为母本、以合交 98－1246（北丰 11 号×ELF）为父本，经有性杂交，采用系谱法选育而成。原代号：合交 03－96。2010年通过黑龙江省农作物品种审定委员会审定，品种审定编号：黑审豆 2010012。

特征特性：在适应区从出苗至成熟生育日数 113 d，需≥10 ℃活动积温 2 205 ℃左右；该品种为亚有限结荚习性，株高 65~75 cm，有分枝，白花，尖叶，灰色茸毛，荚弯镰形，成熟时呈黄褐色；籽粒圆形，种皮、种脐黄色，有光泽，百粒重 17~18 g；蛋白质含量 39.87％，脂肪含量 20.64％；接种鉴定中抗灰斑病。

产量表现：2007—2008 年区域试验平均产量为 2 627.0 kg/hm²，较对照品种宝丰 7 号增产 10.4％；2009 年生产试验平均产量为 2 561.5 kg/hm²，较对照品种合丰 51 增产 12.5％。

栽培技术要点：在适应区 5 月上中旬播种，选择中等肥力的地块种植，避免重茬种植，整地要进行伏翻或秋翻秋打垄或早春适时顶浆打垄，达到良好播种状态；保苗 30 万~35 万株/公顷；在一般栽培条件下，施底肥磷酸二铵 150 kg/hm²、尿素 25~30 kg/hm²、钾肥 50~60 kg/hm²，生育期间根据长势情况适当追肥；播前要对种子进行包衣处理，以防治地下病虫害；生育期间要三铲三耥，采用化学药剂除草，拔大草 2~3 次，追施叶面肥和防治食心虫 1~2 次；9 月下旬及时收获。

适宜区域：适宜黑龙江省第二积温带种植。

16. 合农77(图2-51)

图 2-51　合农 77

品种来源:黑龙江省农业科学院佳木斯分院以合丰 50 为母本、以合丰 42 为父本,经有性杂交,采用系谱法选育而成。原代号:合交 11-218。2018 年通过黑龙江省农作物品种审定委员会审定,品种审定编号:黑审豆 2018024。

特征特性:高油品种;在适应区出苗至成熟生育日数 115 d 左右,需≥10 ℃活动积温 2 300 ℃左右;该品种为亚有限结荚习性,株高 95 cm 左右,有分枝,紫花,尖叶,灰色茸毛,荚弯镰形,成熟时呈褐色;籽粒圆形,种皮黄色,种脐黄色,有光泽,百粒重 19.2 g 左右;蛋白质含量 35.24%,脂肪含量 24.13%;接种鉴定中抗灰斑病。

产量表现:2015—2016 年区域试验平均产量为 3 120.6 kg/hm²,较对照品种合丰 51 增产 9.8%;2017 年生产试验平均产量为 3 006.3 kg/hm²,较对照品种合丰 51 增产 8.8%。

栽培技术要点:在适应区 5 月上中旬播种,选择中等肥力地块种植,采用垄作栽培方式,保苗 28 万~30 万株/公顷;一般栽培条件下,施磷酸二铵 150 kg/hm²、尿素 25 kg/hm²、钾肥 75 kg/hm²;播前要对种子进行包衣处理,以防治地下病虫害;生育期间及时铲趟,防治病虫害,拔大草 1~2 次或采用除草剂除草,及时收获。

适宜区域:适宜在黑龙江省≥10 ℃活动积温 2 450 ℃区域种植。

17. 龙达 4 号(图2-52)

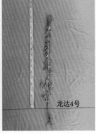

图 2-52　龙达 4 号

品种来源:北安市大龙种业有限责任公司以哈北 46 - 1 为母本、以北疆 05 - 38 为父本,经有性杂交,采用系谱法选育而成。原代号:龙达 11 - 612。2018 年通过黑龙江省农作物品种审定委员会审定,品种审定编号:黑审豆 2018016。

特征特性:在适应区出苗至成熟生育日数 115 d 左右,需≥10 ℃活动积温 2 300 ℃左右;该品种为亚有限结荚习性,株高 85 cm 左右,有分枝,白花,尖叶,灰色茸毛,荚弯镰形,成熟时呈褐色;籽粒圆形,种皮黄色,种脐黄色,有光泽,百粒重 19.4 g 左右;蛋白质含量 41.84%,脂肪含量 19.68%;接种鉴定中抗灰斑病。

产量表现:2015—2016 年区域试验平均产量为 2 737.7 kg/hm²,较对照品种北豆 40 增产 8.9%;2017 年生产试验平均产量为 2 614.7 kg/hm²,较对照品种北豆 40 增产 10.2%。

栽培技术要点:在适应区 5 月上中旬播种,选择中上肥力地块种植,采用"垄三"栽培方式,保苗 28 万 ~ 30 万株/公顷;一般栽培条件下施磷酸二铵 150 kg/hm²、尿素 50 kg/hm²、钾肥 50 kg/hm²;生育期间及时铲趟,防治病虫害,拔大草 1 次或采用除草剂除草,及时收获。

适宜区域:适宜在黑龙江省≥10 ℃活动积温 2 450 ℃区域种植。

第四节 中 熟 品 种

一、中熟品种生态分布

中熟品种主要分布于黑龙江省第一、二积温带,该地区全年平均降水量为 400 ~ 600 ml,降水主要集中在 6 ~ 9 月,平均降水量占全年的 60% ~ 70%,无霜期为 120 ~ 140 d,全年平均日照 2 500 ~ 2 700 h。

二、中熟品种特性

中熟品种一般生育期较长,以 118 ~ 125 d 为主,需有效积温 2 350 ~ 2 600 ℃;品种多表现为植株高大,株高一般为 90 ~ 100 cm,单株光合作用强,叶片宽大,以大卵圆叶或宽尖叶为主,百粒重较大(20 ~ 23 g);蛋白质含量与脂肪含量相对较高,蛋脂和(蛋白质含量 + 脂肪含量)平均为 60%,高蛋白品种蛋白可达 44% 以上,高油品种油分可达 22% 以上。

三、中熟品种栽培要点

根据本地区的气候特点,大豆种植多采用"垄三"栽培模式或 130 cm 大垄密植,常规垄宽为 65 ~ 70 cm,垄上双行,双行间小行距 10 ~ 12 cm。5 月上旬播种,根据积温不同,保苗 22 万 ~ 30 万株/公顷。可根据土壤条件测土配方施肥,采用化学或人工除草,及时防治病虫害,成熟后及时收获。

1. 选地整地

选择地势平坦、中等以上肥力、保水保肥性能良好、排灌方便、前茬未使用长残留除草剂的非大豆重茬地块,采取合理轮作豆－玉－豆或玉－玉－豆等的模式。耕整地以耙茬深松为主,以耕翻为辅。秋整地地块耙茬深松,深度为30～40 cm,翻后耙耢、起垄;春原垄卡种(免耕);春整地地块采取旋耕灭茬、深松、起垄(65 cm)、镇压连续作业,做到无漏耕、无立垡、无坷垃。

2. 种子处理

用35%多福克大豆超微粉体种衣剂1∶250拌种(加水量为种子质量的1%),或用35%多福克大豆悬浮种衣剂1∶80拌种,防治大豆根腐病、根潜蝇、孢囊线虫、蛴螬等病虫害。

3. 施肥

提倡根据测土配方平衡施肥,增施有机肥,做到氮、磷、钾及中、微量元素合理搭配,每亩施500 kg腐熟有机肥,每亩施底肥磷酸二铵10～15 kg、硫酸钾2～3 kg,或氮磷钾三元复合肥15 kg。初花期每亩追施氮磷钾三元复合肥10 kg,因地制宜施入生物菌肥50 kg,也可根据需要增施1～2遍叶面肥,能有效增产、保质、增效。

4. 播种

5月上旬,当5～10 cm耕层地温稳定通过10 ℃时,抢墒播种。一般播深3～5 cm,播种后要镇压。根据品种特性、水肥条件确定栽培方式和播种密度。

(1)130 cm大垄密植

与玉米轮作,秸秆还田,秋翻秋起垄,垄上3～4行,保苗25万～30万株/公顷。

(2)"垄三"栽培模式

保苗22万～25万株/公顷。播前需要用种衣剂拌种,以防大豆根部病虫害。

5. 化学除草

根据气候条件和土壤墒情选择合适的除草方式。雨水多、土壤墒情较好的年份,以土壤封闭除草为主,以苗后茎叶处理为辅;雨水少、土壤墒情差的年份,或者雨水过多、低洼内涝地块,要以苗后茎叶处理为主。苗前除草:于播后苗前每亩施900 g/L的乙草胺125～150 g＋57%的2－4 D 50～60 g＋75%的噻吩磺隆2.5～3 g/亩,兑40～60 kg水均匀喷于土壤表面。苗后除草:于大豆苗后3～5叶期,每亩用5%的精喹禾灵80～100 kg＋25%的氟磺胺草醚100～120 g＋48%的苯达松150～200 g(刺菜等),兑40～60 kg水,或36%的松·喹·氟磺胺(三元合剂)100～150 g,兑40～60 kg水,或精喹禾灵100～125 g＋2.5%的氟磺胺草醚100～125 g(40%的苯达松200 g),机械喷液量为150～200 L/hm²为宜。

6. 病虫害防治

(1)地下病虫害

用35%多福克大豆超微粉体种衣剂1∶250拌种(加水量为种子质量的1%),或用35%多福克大豆悬浮种衣剂1∶80拌种,防治大豆根腐病、根潜蝇、孢囊线虫、蛴螬等病虫害。

（2）大豆蚜虫

6月中旬至7月中旬，发现蚜虫呈点片危害时，应立即进行防治。当卷叶率达到3%时，进行全面防治。用300 ml/hm² 来福灵稀释后喷雾，或用40%乐果乳油1 000、1 500倍液1 200 kg/hm²雾防治1~2次，以上两种药剂交替使用效果更好。

（3）草地螟

每亩用5%氯氰聚酯100 g，在大豆田出现幼虫时开始防治。

（4）大豆食心虫

8月上旬，在成虫初盛期用300 ml/hm² 来福灵稀释后进行喷雾，或用40%的敌敌畏乳油4.5 kg/hm²喷施，也可用敌敌畏原液浸禾本科秆600~750根插地田间熏蒸防治。

（5）病害防治

大豆灰斑病：每亩用70%多菌灵50 g或福佳30 g或多福宝蓝50 g叶面喷施，每7~10 d防治一次。大豆病毒病：发现病株及时拔除，并消灭传毒介体蚜虫，常用5%拷红乳油1 000倍液或10%吡虫啉可视性分级3 000倍液等药剂喷雾防治。根腐病：用35%多克福+益微拌种，在发病初期喷施40%多福千叶+凯润800倍液。胞囊线虫病：抗病品种、轮作、保根菌剂、施宝克+康凯（叶喷）防治；或生防，每亩用禾甲安50 ml+碧护3 g+益护30 ml在大豆1~2片复叶、开花前喷雾。菌核病：每亩用克朵、菌核净、氟格、嘉穗、靓彩等20~30 g，发病初期喷一次，隔7~10 d再喷一次，可加少量芸苔素内酯，促进植株尽快恢复生长，提高防治效果。霜霉病：播种前每亩可用72.2%霜霉威盐酸盐、35%甲霜灵拌种；发病初期用祛霜20 g、丙新生25~50 g叶面喷雾，每隔7~10 d喷一次，注意规避阴雨、大风、炎热天气。疫霉病：用雷多米尔、百得富、克露防治。

四、近十年中熟品种简介

1. 黑农64（图2-53）

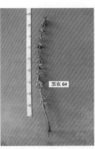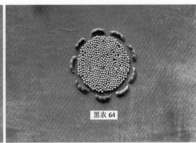

图2-53 黑农64

品种来源：黑龙江省农业科学院大豆研究所以哈94-4478为母本、以吉8883-84为父本，经有性杂交，采用系谱法选育而成。原代号：哈03-1042。2010年通过黑龙江省农作物品种审定委员会审定，品种审定编号：黑审豆2010007。

特征特性：高油品种；在适应区出苗至成熟生育日数118 d左右，需≥10 ℃活动积温2 400 ℃左右；该品种为亚有限结荚习性，株高80 cm左右，分枝少，白花，圆叶，灰色茸毛，荚微弯镰形,成熟时呈褐色;籽粒椭圆形,种皮、种脐黄色,微光泽,百粒重21 g;蛋白质含量38.1%,脂肪含量22.79%;接种鉴定中抗灰斑病、中抗花叶病毒病。

产量表现:2006—2007 年区域试验平均产量为 2 538.0 kg/hm²,较对照品种绥农 14 增产 14.6%;2008 年生产试验平均产量为 2 801.1 kg/hm²,较对照品种绥农 28 增产 12.6%。

栽培技术要点:在适应区 5 月上旬播种,选择中等肥力地块种植,采用穴播或条播栽培方式,保苗 20 万 ~22 万株/公顷;施磷酸二铵 150 kg/hm²、钾肥 40 kg/hm²;生育期间三铲三趟或化学除草,及时防治病虫害,及时收获。

适宜区域:适宜在黑龙江省第二积温带种植。

2. 黑农 68(图 2 - 54)

图 2 - 54　黑农 68

品种来源:黑龙江省农业科学院大豆研究所以黑农 44 为母本、以绥农 14 为父本,经有性杂交,采用系谱法选育而成。原代号:哈 05 - 9408。2011 年通过黑龙江省农作物品种审定委员会审定,品种审定编号:黑审豆 2011009。

特征特性:在适应区出苗至成熟生育日数 115 d,需≥10 ℃活动积温 2 350 ℃左右;该品种为亚有限结荚习性,株高 80 cm 左右,无分枝,白花,圆叶,灰色茸毛,荚微弯镰形,成熟时呈褐色;籽粒椭圆形,种皮黄色,种脐黄色,无光泽,百粒重 21 g 左右;蛋白质含量 37.14%,脂肪含量 22.33%;接种鉴定中抗灰斑病。

产量表现:2008—2009 年区域试验平均产量为 2 360.7 kg/hm²,较对照品种合丰 50 增产 11.3%;2010 年生产试验平均产量为 3 118.5 kg/hm²,较对照品种合丰 50 增产 11.1%。

栽培技术要点:在适应区 5 月上旬播种,选择平整中等肥力地块种植,采用穴播或条播栽培方式,行距 60 ~ 70 cm,保苗 20 万 ~22 万株/公顷;施磷酸二铵 150 kg/hm²、钾肥 40 kg/hm²;生育期间三铲三趟或化学除草,拔大草 2 次,及时防治病虫害,及时收获。

适宜区域:黑龙江省第二积温带。

3. 黑农 69(图 2 – 55)

图 2 – 55　黑农 69

品种来源:黑龙江省农业科学院大豆研究所和黑龙江菽锦科技有限责任公司以黑农44 为母本、以垦农 19 为父本,经有性杂交,采用系谱法选育而成。原代号:哈 06 – 1939。2012 年通过黑龙江省农作物品种审定委员会审定,品种审定编号:黑审豆 2012001。

特征特性:高油品种;在适应区出苗至成熟生育日数 125 d,需 ≥10 ℃活动积温2 600 ℃左右;该品种为亚有限结荚习性,株高 90 cm 左右,有分枝,紫花,尖叶,灰色茸毛,荚微弯镰形,成熟时呈褐色;籽粒椭圆形,种皮黄色,种脐黄色,有光泽,百粒重 20 g 左右;蛋白质含量 40.63%,脂肪含量 21.94%;接种鉴定中抗灰斑病、中抗病毒病。

产量表现:2009—2010 年区域试验平均产量为 2 969.4 kg/hm²,较对照品种黑农 51增产 9.3%;2011 年生产试验平均产量为 3 043.7 kg/hm²,较对照品种黑农 53 增产 10.8%。

栽培技术要点:在适应区 5 月上旬播种,选择中等肥力地块种植,穴播或条播栽培,保苗 20 万 ~22 万株/公顷;施磷酸二铵 150 kg/hm²、钾肥 40 kg/hm²;生育期间三铲三趟或化学除草,拔大草 2 次,及时防治病虫害,及时收获。

适宜区域:适宜在黑龙江省第一积温带种植。

4. 黑农 80(图 2 – 56)

图 2 – 56　黑农 80

品种来源:黑龙江省农业科学院大豆研究所用⁶⁰Co – γ 射线 120 Gy 处理(黑农44 × 科新 3 号)F1 的风干种子,采用杂交与辐射相结合的方法选育而成。原代号:哈 12 – 4891。2018 年通过黑龙江省品种审定委员会审定,品种审定编号:黑审豆 2018003。

特征特性:在适应区出苗至成熟生育日数 125 d,需≥10 ℃活动积温 2 600 ℃左右;该品种为无限结荚习性,株高 110 cm 左右,有分枝,紫花,尖叶,灰色茸毛,荚弯镰形,成熟时呈褐色;籽粒椭圆形,种皮黄色,种脐黄色,有光泽,百粒重 22 g 左右;蛋白质含量 38.87%,脂肪含量 21.84%;接种鉴定抗灰斑病、中抗病毒病。

产量表现:2014 年参加黑龙江省第一积温带预备试验,2015—2016 年区域试验平均产量为 3 129.4 kg/hm²,较对照品种黑农 61 增产 10.0%;2017 年生产试验平均产量为 3 149.3 kg/hm²,较对照品种黑农 61 增产 10.8%。

栽培技术要点:在适应区 5 月上旬播种,选择中上等肥力地块种植,采用垄作栽培方式,保苗 22 万~24 万株/公顷;一般栽培条件下施磷酸二铵 150 kg/hm²、钾肥 40 kg/hm²;生育期间及时铲趟,防治病虫害,拔大草 2 次或采用除草剂除草,及时收获。

适宜区域:适宜在黑龙江省≥10 ℃活动积温 2 700 ℃以上南部区种植。

5. 黑农 83(图 2-57)

图 2-57 黑农 83

品种来源:黑龙江省农业科学院大豆研究所用 ^{60}Co-γ 射线 120 Gy 处理黑农 37 的突变体哈交 96-9 为母本、以综合性状优良的品系合 97-793 为父本进行杂交,采用系谱法选育而成。2017 年通过国家农作物品种审定委员会审定,品种审定编号:国审豆 20170008。

特征特性:高油品种;在适宜种植区域出苗至成熟生育日数 122 d,需≥10 ℃活动积温 2 500 ℃左右;该品种为亚有限结荚习性,株高 83 cm,少分枝,白花,尖叶,灰色茸毛,荚较长且呈微弯镰形,成熟时呈灰褐色;籽粒呈椭圆形,种皮黄色,有光泽,种脐黄色,百粒重 22 g 左右;蛋白质含量 38.39%,粗脂肪含量 21.88%,蛋脂总和为 60.27%;接种鉴定中抗灰斑病、中抗病毒病。

产量表现:2014—2015 年参加国家东北春大豆中早熟组区域试验,平均产量为 3 154.5 kg/hm²,比对照 A 组平均值增产 4.0%;2016 年生产试验平均产量为 2 850.0 kg/hm²,比对照合交 02-69 增产 7.8%。

栽培技术要点:在适应区 5 月上旬播种,选择平整中等肥力地块,采用垄作栽培方式,保苗 22.0 万~24.0 万株/公顷;一般栽培条件下施基肥或种肥磷酸二铵 150 kg/hm²、钾肥 40 kg/hm²;生育期间及时铲趟,及时防治病虫害,拔大草 2 次或采用除草剂除草,及时收获。

适宜区域:适宜在北方春大豆中早熟区种植,即适宜在黑龙江省第一、二积温带,以及吉林东部半山区、内蒙古兴安盟地区、新疆昌吉州等地区春播种植。

6. 黑农84(图2-58)

图2-58 黑农84

品种来源:黑龙江省农业科学院大豆研究所以黑农51为母本、以黑农51与聚合杂交｛[(黑农41×91R3-301)×(黑农39×9674)]×(黑农33×灰皮支)｝的中选个体的杂交F1为父本进行回交,采用分子标记辅助选择与常规育种相结合的方法选育而成。原代号:哈11-4142。2017年通过黑龙江省农作物品种审定委员会审定,品种审定编号:黑审豆2017005。

特征特性:在适应区出苗至成熟生育日数119 d左右,需≥10 ℃活动积温2 400 ℃左右;该品种为亚有限结荚习性,株高100 cm左右,少分枝,紫花,尖叶,灰色茸毛,荚微弯镰形,成熟时呈褐色;籽粒圆形,种皮黄色,种脐黄色,有光泽,百粒重22 g左右;蛋白质含量42.58%,脂肪含量19.82%;接种鉴定高抗病毒病、中抗灰斑病、耐胞囊线虫病。

产量表现:2014—2015年区域试验平均产量为3 135.2 kg/hm²,较对照品种绥农28增产12.2%;2016年生产试验平均产量为2 890.8 kg/hm²,较对照品种绥农28增产13.0%。

栽培技术要点:该品种在适应区5月上中旬播种,选择平整中等以上肥力地块种植,可采用垄作或大垄密植栽培方式,"垄三"栽培条件下保苗22万~24万株/公顷,130 cm大垄密植3~4行可保苗25万~27万株/公顷。一般栽培条件下施底肥磷酸二铵150 kg/hm²、钾肥40 kg/hm²;生育期间及时铲趟,防治病虫害,拔大草2次或采用除草剂除草,及时收获。

适宜区域:适宜在黑龙江省第二积温带种植。

7. 黑农 85(图 2 - 59)

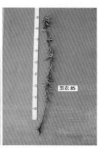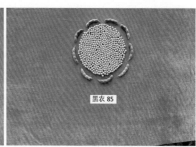

图 2 - 59 黑农 85

品种来源:黑龙江省农业科学院大豆研究所以黑农 54 为母本、以用^{60}Co - γ 射线 120 Gy处理(黑农 37 × 垦鉴豆 23)F1 的突变体为父本进行杂交,采用杂交与辐射相结合的方法选育而成。原代号:哈 11 - 2541。2017 年通过黑龙江省农作物品种审定委员会审定,品种审定编号:黑审豆 2017009。

特征特性:在适应区出苗至成熟生育日数 118 d,需≥10 ℃活动积温 2 400 ℃左右;该品种亚有限结荚习性,株高 90 cm 左右,少分枝,紫花,尖叶,灰色茸毛,荚微弯镰形,成熟时呈褐色;籽粒圆形,种皮黄色,种脐黄色,有光泽,百粒重 22 g 左右;蛋白质含量 39.50%,脂肪含量 20.90%;接种鉴定抗灰斑病、中抗病毒病。

产量表现:2014—2015 年区域试验平均产量为 2 940.2 kg/hm^2,较对照品种合丰 55 增产 10.0%;2016 年生产试验平均产量为 2 836.0 kg/hm^2,较对照品种合丰 55 增产 11.1%。

栽培技术要点:该品种在适应区 5 月上中旬播种,选择平整、中等以上肥力地块种植,采用条播或穴播栽培方式,保苗 22 万～24 万株/公顷;一般栽培条件下施底肥磷酸二铵 150 kg/hm^2、钾肥 40 kg/hm^2;生育期间及时铲趟,防治病虫害,拔大草 2 次或采用除草剂除草,及时收获。

适宜区域:适宜在黑龙江省第二积温带种植。

8. 黑农 87(图 2 - 60)

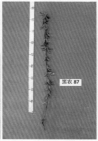

图 2 - 60 黑农 87

品种来源:黑龙江省农业科学院大豆研究所和黑龙江省农业科学院耕作栽培研究所以合丰 50 为母本、以用 $^{60}Co-\gamma$ 射线 120 Gy 处理黑农 44 的 M4 为父本,采用杂交与辐射相结合的方法选育而成。原代号:哈 11 - 3646。2017 年通过黑龙江省农作物品种审定委员会审定,品种审定编号:黑审豆 2017014。

特征特性:高油品种;在适应区出苗至成熟生育日数 115 d 左右,需≥10 ℃活动积温 2 350 ℃左右;该品种为亚有限结荚习性,株高 90 cm 左右,少分枝,紫花,尖叶,灰色茸毛,荚微弯镰形,成熟时呈褐色;籽粒圆形,种皮黄色,种脐黄色,有光泽,百粒重 22 g 左右;蛋白质含量 36.35%,脂肪含量 23.19%;接种鉴定中抗灰斑病、中抗病毒病。

产量表现:2014—2015 年区域试验平均产量为 3 054.7 kg/hm²,较对照品种合丰 50 增产 6.2%;2016 年生产试验平均产量为 2 942.0 kg/hm²,较对照品种合丰 50 增产 10.5%。

栽培技术要点:该品种在适应区 5 月上旬播种,选择平整、中等以上肥力地块种植,可采用垄作或大垄密植栽培方式,"垄三"栽培条件下保苗 22 万~24 万株/公顷,130 cm 大垄密植 3~4 行可保苗 25 万~27 万株/公顷;一般栽培条件下施底肥磷酸二铵 150 kg/hm²、钾肥 40 kg/hm²;生育期间及时铲趟,防治病虫害,拔大草 2 次或采用除草剂除草,及时收获。

适宜区域:适宜在黑龙江省第二积温带种植。

9. 中龙 606(图 2 - 61)

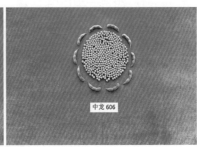

图 2 - 61 中龙 606

品种来源:黑龙江省农业科学院大豆研究所、中国农业科学院作物科学研究所和黑龙江省龙科种业集团有限公司以黑农 44 为母本、以(黑农 44×绥农 14 突变体)F1 为父本进行回交转育,采用系谱法选育而成。原代号:中龙 3224。2018 年通过黑龙江省农作物品种审定委员会审定,品种审定编号:黑审豆 2018011。

特征特性:高油品种;在适应区出苗至成熟生育日数 120 d 左右,需≥10 ℃活动积温 2 450 ℃左右;该品种为亚有限结荚习性,株高 90 cm 左右,有分枝,白花,圆叶,灰色茸毛,荚弯镰形,成熟时呈褐色;籽粒椭圆形,种皮黄色,种脐黄色,有光泽,百粒重 22 g 左右;蛋白质含量 37.60%,脂肪含量 22.70%;接种鉴定中抗灰斑病、中抗病毒病。

产量表现:2015—2016 年区域试验平均产量为 2 877.9 kg/hm²,较对照品种合丰 55 增产 8.9%;2017 年生产试验平均产量为 2 851.7 kg/hm²,较对照品种合丰 55 增产 9.0%。

栽培技术要点:在适应区 5 月上旬播种,选择中上等肥力地块种植,采用垄作栽培方式,保苗 22 万～24 万株/公顷;一般栽培条件下施基肥磷酸二铵 150 kg/hm²、钾肥 45 kg/hm²;生育期间及时铲趟,防治病虫害,拔大草 2 次或采用除草剂除草,及时收获。

适宜区域:适宜在黑龙江省≥10 ℃活动积温 2 600 ℃区域种植。

10. 中龙豆 1 号(图 2 - 62)

图 2 - 62　中龙豆 1 号

品种来源:黑龙江省农业科学院耕作栽培研究所和南京农业大学以黑农 44 为母本、以(合丰 50×黑农 51)F1 为父本,经有性杂交,采用系谱法选育而成。原代号:龙哈 10 - 4139。2018 年通过黑龙江省农作物品种审定委员会审定,品种审定编号:黑审豆 2018001。

特征特性:高油品种;在适应区出苗至成熟生育日数 125 d 左右,需≥10 ℃活动积温 2 600 ℃左右;该品种为亚有限结荚习性,株高 100 cm 左右,无分枝,白花,圆叶,灰色茸毛,荚弯镰形,成熟时呈褐色;籽粒圆形,种皮黄色,种脐黄色,有光泽,百粒重 22.0 g 左右;蛋白质含量 38.38%,脂肪含量 22.20%;接种鉴定中抗灰斑病。

产量表现:2015—2016 年区域试验平均产量为 3 086.9 kg/hm²,较对照品种黑农 61 增产 8.3%;2017 年生产试验平均产量为 3 184.7 kg/hm²,较对照品种黑农 61 增产 11.7%。

栽培技术要点:在适应区 5 月上旬播种,选择中等以上肥力的地块种植,采用垄作栽培方式,保苗 20 万～23 万株/公顷;一般栽培条件下施基肥磷酸二铵 150 kg/hm²、钾肥 40 kg/hm²;生育期间及时铲趟,防治病虫害,拔大草 1 次或采用除草剂除草,及时收获。

适宜区域:适宜在黑龙江省≥10 ℃活动积温 2 700 ℃以上南部区种植。

11. 绥农26(图2-63)

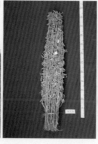

图2-63 绥农26

品种来源:黑龙江省农业科学院绥化分院以绥农15为母本、以绥96-81029为父本,经有性杂交,采用系谱法选育而成。原代号:绥99-3213。2008年通过黑龙江省品种审定委员会审定,品种审定编号:黑审豆2008013。

特征特性:在适应区出苗至成熟生育日数120 d左右,需≥10 ℃活动积温2 400 ℃左右;该品种为无限结荚习性,株高100 cm左右,有分枝,紫花,长叶,灰色茸毛,荚微弯镰形,成熟时呈褐色;籽粒圆形,种皮黄色,种脐浅黄色,无光泽,百粒重21 g左右;蛋白质含量38.80%,脂肪含量21.59%;接种鉴定中抗灰斑病。

产量表现:2005—2006年区域试验平均产量为2 683.4 kg/hm²,较对照品种合丰25增产13.5%;2007年生产试验平均产量为2 718.5 kg/hm²,较对照品种合丰25增产9.7%。

栽培技术要点:在适应区5月上旬播种,选择中等以上肥水条件地块种植,采用大垄栽培方式,保苗24万株/公顷左右;采用精量点播机垄底侧深施肥方法,施大豆复合肥240 kg/hm²左右;及时铲趟,遇旱灌水,防治病虫害,适时收获。

适宜区域:适宜在黑龙江省第二积温带种植。

12. 绥农29(图2-64)

图2-64 绥农29

品种来源:黑龙江省农业科学院绥化分院以绥农10为母本、以绥农14为父本,经有性杂交,采用系谱法选育而成。原代号:绥02－282。2009年通过黑龙江省品种审定委员会审定,品种审定编号:黑审豆2009008。

特征特性:在适应区出苗至成熟生育日数120 d左右,需≥10 ℃活动积温2 400 ℃左右;该品种为无限结荚习性,株高100 cm左右,有分枝,白花,尖叶,灰色茸毛,荚微弯镰形,成熟时呈褐色;籽料圆形,种皮黄色,种脐浅黄色,无光泽,百粒重21 g左右;蛋白质含量41.92%,脂肪含量21.28%;接种鉴定中抗灰斑病。

产量表现:2006—2007年区域试验平均产量为2 653.7 kg/hm²,较对照品种合丰25增产12.4%;2008年生产试验平均产量为2 734.7 kg/hm²,较对照品种合丰45增产10.3%。

栽培技术要点:5月上旬播种,选择中等以上肥水条件地块种植,采用大垄栽培方式,保苗24万株/公顷左右;采用精量点播机垄底侧深施肥方法,施磷酸二铵种肥135 kg/hm²左右、尿素45 kg/hm²、钾肥60 kg/hm²;适时播种,及时铲趟,遇旱灌水,防治病虫害,完熟收获。

适宜区域:适宜在黑龙江省第二积温带种植。

13. 绥农34(图2－65)

图2－65　绥农34

品种来源:黑龙江省农业科学院绥化分院、黑龙江省龙科种业集团有限公司以绥农28为母本、以黑农44为父本,经有性杂交,采用系谱法选育而成。原代号:绥06－8794。2012年通过黑龙江省品种审定委员会审定,品种审定编号:黑审豆2012006。

特征特性:在适应区出苗至成熟生育日数120 d左右,需≥10 ℃活动积温2 450 ℃左右;该品种为亚有限结荚习性,株高80 cm左右,有分枝,白花,圆叶,灰色茸毛,荚微弯镰形,成熟时呈褐色;籽粒圆形,种皮黄色,种脐浅黄色,无光泽,百粒重20 g左右;蛋白质含量37.72%,脂肪含量22.41%;接种鉴定中抗灰斑病。

产量表现:2009—2010年区域试验平均产量为2 640.0 kg/hm²,较对照品种黑农44增产7.1%;2011年生产试验平均产量为2 369.1 kg/hm²,较对照品种合丰55增产9.1%。

栽培技术要点:在适应区5月上旬播种,选择中等以上肥水条件地块种植,垄作栽培,保苗 24 万株/公顷左右;采用精量点播机垄底侧深施肥,施肥量为磷酸二铵 135 kg/hm^2、尿素 45 kg/hm^2、钾肥 60 kg/hm^2;及时铲趟,遇旱灌水,防治虫害,完熟收获。

适宜区域:适宜在黑龙江省第二积温带种植。

14. 绥农 35(图 2 - 66)

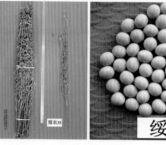

图 2 - 66　绥农 35

品种来源:黑龙江省农业科学院绥化分院、黑龙江省龙科种业集团有限公司以绥农 10 为母本、以绥 02 - 315 为父本,经有性杂交,采用系谱法选育而成。原代号:绥 06 - 8529。2012 年通过黑龙江省品种审定委员会审定,品种审定编号:黑审豆 2012015。

特征特性:在适应区出苗至成熟生育日数 120 d 左右,需≥10 ℃活动积温 2 450 ℃左右;该品种为无限结荚习性,株高 90 cm 左右,有分枝,白花,长叶,灰色茸毛,荚微弯镰形,成熟时呈褐色;籽粒圆形,种皮黄色,种脐浅黄色,无光泽,百粒重 22 g 左右;蛋白质含量 39.42%,脂肪含量 21.77%;接种鉴定中抗灰斑病。

产量表现:2009—2010 年区域试验平均产量为 3 064.8 kg/hm^2,较对照品种合丰 45 增产 7.1%;2011 年生产试验平均产量为 2 430.2 kg/hm^2,较对照品种绥农 26 增产 10.7%。

栽培技术要点:在适应区 5 月上旬播种,选择中等以上肥水条件地块种植,垄作栽培,保苗 24 万株/公顷左右;采用精量点播机垄底侧深施肥,施磷酸二铵 135 kg/hm^2、尿素 45 kg/hm^2、钾肥 60 kg/hm^2;及时铲趟,遇旱灌水,防治虫害,完熟收获。

适宜区域:适宜在黑龙江省第二积温带种植。

15. 绥农 36(图 2 -67)

图 2 - 67　绥农 36

品种来源:黑龙江省龙科种业集团有限公司以绥农 28 为母本、以黑农 44 为父本,经有性杂交,采用系谱法选育而成。原代号:绥育 06 - 8790。2014 年通过黑龙江省品种审定委员会审定,品种审定编号:黑审豆 2014009。

特征特性:高油品种;在适应区出苗至成熟生育日数 115 d 左右,需≥10 ℃活动积温 2 350 ℃左右;该品种为亚有限结荚习性,株高 90 cm 左右,无分枝,白花,圆叶,灰色茸毛,荚弯镰形,成熟时呈褐色;籽粒圆形,种皮黄色,种脐黄色,有光泽,百粒重 19.0 g 左右;蛋白质含量 37.09%,脂肪含量 22.12%;接种鉴定中抗灰斑病。

产量表现:2010—2011 年区域试验平均产量为 2 983.8 kg/hm²,较对照品种合丰 45、绥农 26 增产 7.6%;2012—2013 年生产试验平均产量为 3 231.2 kg/hm²,较对照品种绥农 26 增产 9.5%。

栽培技术要点:在适应区 5 月上旬播种,选择中等以上肥力地块种植,采用垄作栽培方式,保苗 24 万株/公顷左右;一般栽培条件下施种肥磷酸二铵 135 kg/hm²、尿素 20 kg/hm²、钾肥 45 kg/hm²;播后苗前封闭灭草,生育期间及时铲趟,防治病虫害,拔大草 1～2 次,成熟后及时收获。

适宜区域:适宜在黑龙江省第二积温带种植。

16. 绥中作 40(图 2 - 68)

图 2 - 68　绥中作 40

品种来源:黑龙江省农业科学院绥化分院和中国农业科学院作物科学研究所以绥农 14 为母本、以(绥农 14 × 红丰 11)F2 为父本,经有性杂交,采用系谱法选育而成。原代号:绥交 08 - 5262。2015 年通过黑龙江省品种审定委员会审定,品种审定编号:黑审豆 2015007。

特征特性:在适应区出苗至成熟生育日数 117 d 左右,需≥10 ℃活动积温 2 400 ℃左右;该品种为亚有限结荚习性,株高 90 cm 左右,有分枝,紫花,尖叶,灰色茸毛,荚弯镰形,成熟时呈褐色;籽粒圆形,种皮黄色,种脐黄色,无光泽,百粒重 19.0 g 左右;蛋白质含量 38.48%,脂肪含量 21.88%;接种鉴定中抗灰斑病。

产量表现:2012—2013 年区域试验平均产量为 2 789.3 kg/hm²,较对照品种合丰 50 增产 8.6%;2014 年生产试验平均产量为 3 331.1 kg/hm²,较对照品种合丰 50 增产 11.7%。

栽培技术要点:在适应区 5 月上旬播种,选择中等以上肥水条件地块,采用垄作栽培方式,保苗 25.0 万株/公顷左右;采用精量点播机垄底侧深施肥方法,一般栽培条件下施种肥磷酸二铵 135 kg/hm²、尿素 20 kg/hm²、钾肥 45 kg/hm²;播种后 7 d 内采用除草剂封闭灭草,8 月上旬拔大草 1 次,生育期间及时铲趟,防治病虫害,及时收获。

适宜区域:适宜在黑龙江省第二积温带种植。

17. 绥农 42(图 2-69)

图 2-69 绥农 42

品种来源:黑龙江省农业科学院绥化分院以合 03-1099 为母本、以绥 02-339 为父本,经有性杂交,采用系谱法选育而成。原代号:绥 09-3690。2016 年通过黑龙江省品种审定委员会审定,品种审定编号:黑审豆 2016005。

特征特性:在适应区出苗至成熟生育日数 118 d 左右,需≥10 ℃活动积温 2 400 ℃左右;该品种为无限结荚习性,株高 90 cm 左右,有分枝,紫花,尖叶,灰色茸毛,荚弯镰形,成熟时呈褐色;籽粒圆形,种皮黄色,种脐黄色,无光泽,百粒重 21.0 g 左右;蛋白质含量 40.68%,脂肪含量 20.00%;接种鉴定中抗灰斑病。

产量表现:2013-2014 年区域试验平均产量为 2 742.4 kg/hm²,较对照品种合丰 55 增产 8.6%;2015 年生产试验平均产量为 3 078.5 kg/hm²,较对照品种合丰 55 增产 11.0%。

栽培技术要点:在适应区 5 月上旬播种,选择中等以上肥力地块种植,采用垄作栽培方式,保苗 22 万～26 万株/公顷;一般栽培条件下施种肥磷酸二铵 135 kg/hm²、尿素 20 kg/hm²、钾肥 45 kg/hm²;播种后 7 d 内采用除草剂封闭灭草,生育期间及时铲趟,防治病虫害,8 月上旬拔大草 1 次,及时收获。

适宜区域:适宜在黑龙江省第二积温带种植。

18. 东农 55(图 2 - 70)

图 2 - 70　东农 55

品种来源:东北农业大学大豆科学研究所以东农 42 为母本、以绥农 14 为父本,经有性杂交,采用系谱法选育而成。原代号:东农 98 - 300。2009 年通过黑龙江省农作物品种审定委员会审定,品种审定编号:黑审豆 2009002。

特征特性:在适应区出苗至成熟生育日数 123 d 左右,需≥10 ℃活动积温 2 580 ℃左右;该品种为亚有限结荚习性,株高 120 cm 左右,有分枝,紫花,长叶,灰色茸毛,荚弯镰形,成熟时呈褐色;籽粒圆形,种皮黄色,种脐无色,无光泽,百粒重 20 g 左右;蛋白质含量 44.33%,脂肪含量 18.74%;接种鉴定中抗灰斑病。

产量表现:2006—2007 年区域试验平均产量为 2 652.3 kg/hm²,较对照品种黑农 37 增产 9.9%;2008 年生产试验平均产量为 2 416.9 kg/hm²,较对照品种黑农 37 增产 9.7%。

栽培技术要点:4 月末 5 月初播种,9 月中、下旬收获;适合垄距 60～65 cm,垄上双行种植,保苗 22.5 万株/公顷;中等肥力地块种植,施种肥磷酸二铵 225 kg/hm²、钾肥 30 kg/hm²,花期追施尿素 35 kg/hm²,有条件的应以有机肥作基肥;及时三铲三趟,及时防治病、虫、草害。

适宜区域:适宜在黑龙江省第一积温带种植。

19. 东农 56(图 2 - 71)

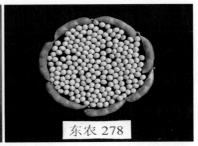

图 2 - 71　东农 56

品种来源:东北农业大学大豆科学研究所以合丰 25 为母本、以 L – 5 为父本,经有性杂交,采用系谱法选育而成。原代号:东农 278。2010 年通过黑龙江省农作物品种审定委员会审定,品种审定编号:黑审豆 2010019。

特征特性:在适应区出苗至成熟生育日数 119 d 左右,需 ≥10 ℃活动积温 2 430 ℃左右;该品种为亚有限结荚习性,株高 77 cm 左右,有分枝,紫花,尖叶,灰色茸毛,荚弯镰形,成熟时呈褐色;籽粒圆形,种皮黄色,种脐黑色,有光泽,百粒重 19 g 左右;蛋白质含量 43.88%,脂肪含量 19.07%;接种鉴定中抗灰斑病、中抗花叶病毒病。

产量表现:2007—2008 年区域试验平均产量为 2 302.2 kg/hm²,较对照品种绥无腥豆 1 号增产 8.6%;2009 年生产试验平均产量为 2 259.3 kg/hm²,较对照品种绥无腥豆 1 号增产 8.3%。

栽培技术要点:在适应区 4 月末播种,选择中上等肥力地块种植,采用"垄三"栽培方式,保苗 22 万株/公顷;深施肥,种肥隔离 3 cm 以上,施磷酸二铵 225 kg/hm²、尿素 30 kg/hm²、磷酸二氢钾 45 kg/hm²;封闭灭草,三铲三趟,完熟时及时收获。

适宜区域:适宜在黑龙江省第二积温带种植。

20. 东农 59(图 2 – 72)

图 2 – 72　东农 59

品种来源:东北农业大学大豆科学研究所以合丰 25 为母本、以 Bayfield 为父本,经有性杂交,采用系谱法选育而成。原代号:东农 785。2012 年通过黑龙江省农作物品种审定委员会审定,品种审定编号:黑审豆 2012024。

特征特性:在适应区出苗至成熟生育日数 116 d 左右,需 ≥10 ℃活动积温 2 350 ℃左右;该品种为无限结荚习性,株高 105 cm 左右,有分枝,紫花,长叶,灰色茸毛,荚微弯镰形,成熟时呈褐色;籽粒圆形,种皮黄色,种脐黄色,有光泽,百粒重 19 g 左右;α – 维生素 E 含量 2.88 IU/100 g;蛋白质含量 40.98%,脂肪含量 22.53%;接种鉴定中抗灰斑病。

产量表现:2009—2010 年区域试验平均产量为 2 511.0 kg/hm²,较对照品种合丰 45 增产 7.5%;2011 年生产试验平均产量为 2 360.8 kg/hm²,较对照品种合丰 45 增产 7.2%。

栽培技术要点:在适应区 5 月上旬播种,选择中等肥力地块种植,"垄三"栽培,保苗 25 万株/公顷左右;施磷酸二铵 130 kg/hm²、尿素 40 kg/hm²、钾肥 60 kg/hm²;及时铲趟、灭草,防治病虫害,及时收获。

适宜区域:适宜在黑龙江省第二积温带种植。

21. 东农 69(图 2 - 73)

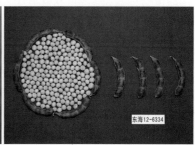

图 2 - 73 东农 69

品种来源:东北农业大学大豆科学研究所以合丰 50 为母本、以北交 922 为父本,经有性杂交,采用混合选择法选育而成。原代号:东海 12 - 6334。2017 年通过黑龙江省农作物品种审定委员会审定,品种审定编号:黑审豆 2017016。

特征特性:高油品种;在适应区出苗至成熟生育日数 120 d 左右,需 ≥10 ℃ 活动积温 2 430 ℃ 左右;该品种为亚有限结荚习性,株高 96 cm 左右,无分枝,紫花,尖叶,灰色茸毛,荚弯镰形,成熟时呈褐色;籽粒圆形,种皮黄色,种脐黄色,有光泽,百粒重 19.8 g 左右;蛋白质含量 37.35%,脂肪含量 22.59%;接种鉴定中抗灰斑病。

产量表现:2014—2015 年区域试验平均产量为 3 155.1 kg/hm²,较对照品种绥农 26 增产 6.9%;2016 年生产试验平均产量为 2 431.9 kg/hm²,较对照品种绥农 26 增产 9.8%。

栽培技术要点:该品种在适应区 5 月上旬播种,选择中上等肥力地块种植,采用"垄三"栽培方式,保苗 22 万 ~25 万株/公顷;一般栽培条件下施基肥磷酸二铵225 kg/hm²、尿素 30 kg/hm²、钾肥 45 kg/hm²,施种肥磷酸二铵 60 kg/hm²、尿素30 kg/hm²、钾肥 40 kg/hm²,花荚期追施磷酸二氢钾 12 kg/hm²;生育期间及时铲趟,防治病虫害,拔大草 2 次或采用除草剂除草,及时收获。

适宜区域:适宜在黑龙江省第二积温带下限种植。

22. 东生 3 号(图 2 - 74)

图 2 - 74 东生 3 号

品种来源:中国科学院东北地理与农业生态研究所以绥农 14 为母本、以北 95 - 313 为父本,经有性杂交,采用系谱法选育而成。2008 年通过国家农作物品种审定委员会审定,品种审定编号:国审豆 2008021。

特征特性:该品种平均生育期 119 d;长叶、紫花,亚有限结荚习性,株高 87.6 cm,单株有效荚数 36.6 个,百粒重 19.7 g;籽粒圆形,种皮黄色,种脐黄色;粗蛋白质含量 40.07%,粗脂肪含量 20.54%;接种鉴定中抗大豆灰斑病、中抗 SMV1 号株系、感 SMV3 号株系。

产量表现:2005 年参加北方春大豆中早熟组品种区域试验,平均产量为 3 277.5 kg/hm²,比对照绥农 14 增产 7.6%;2006 年续试,平均产量为 3 120.0 kg/hm²,比对照增产 2.7%;两年区域试验平均产量为 3 199.5 kg/hm²,比对照增产 5.2%;2007 年生产试验平均产量为 2 536.5 kg/hm²,比对照增产 6.7%。

栽培技术要点:选择中等肥力地块种植,保苗 30 万株/公顷;分层施肥,施磷酸二铵 150 kg/hm²、尿素 30 kg/hm²、硫酸钾 75 kg/hm²。

适宜区域:适宜在黑龙江省第二积温带和第三积温带上限、吉林省敦化地区春播种植。

23. 东生 6 号(图 2 - 75)

图 2 - 75　东生 6 号

品种来源:中国科学院东北地理与农业生态研究所以黑河 95 - 750 为母本、以垦 95 - 3345 为父本,经有性杂交,采用系谱法选育而成。2011 年通过国家农作物品种审定委员会审定,品种审定编号:国审豆 2011002。

特征特性:生育期平均 120 d;株型收敛,亚有限结荚习性,株高 88.9 cm,主茎 14.1 节,有效分枝 0.3 个,底荚高度 14.1 cm,单株有效荚数 34.5 个,单株粒数 82.0 粒,单株粒重 17.4 g,百粒重 22 g,尖叶,紫花,灰毛;籽粒椭圆形,种皮黄色,种脐黄色,不裂荚;粗蛋白质含量 40.42%,粗脂肪含量 20.37%;接种鉴定中感花叶病毒病 1 号株系、感花叶病毒病 3 号株系、中抗灰斑病。

产量表现:2009—2010 年参加北方春大豆中早熟品种区域试验,两年平均产量为 2 955.0 kg/hm²,比对照平均增产 5.1%;2010 年生产试验平均产量为 3 205.5 kg/hm²,比对照绥农 14 增产 5.0%。

栽培技术要点:5 月上旬播种,条播行距 8 ~ 10 cm,高肥力地块种植密度为

25.5 万株/公顷,中等肥力地块种植密度为 30 万株/公顷,低肥力地块种植密度为 33 万株/公顷;施氮磷钾三元复合肥 300 kg/hm² 作基肥,初花期追施氮磷钾三元复合肥 75 kg/hm²。

适宜区域:适宜在黑龙江省第二积温带、吉林省东部山区、内蒙古兴安盟地区春播种植。

24. 东生 10 号(图 2 –76)

图 2 –76　东生 10 号

品种来源:中国科学院东北地理与农业生态研究所以北 99 –39 为母本、以垦农 18 为父本杂交育成。原代号:海 635。2014 年通过国家农作物品种审定委员会审定,品种审定编号:国审豆 2014005。

特征特性:高油品种;出苗至成熟 117 d,无限结荚习性,株型收敛,株高 105.2 cm,主茎 16.8 节,有效分枝 0.8 个,圆叶,紫花,灰毛,底荚高度 14.6 cm,单株有效荚数 37.1 个,单株粒数 85.6 粒,单株粒重 15.9 g;籽粒椭圆形,种皮黄色、微光,种脐黄色,百粒重 19.5 g;籽粒粗蛋白含量 38.45%,粗脂肪含量 22.06%;人工接种鉴定中感花叶病毒 1 号株系和灰斑病、感花叶病毒 3 号株系。

产量表现:2011—2012 年参加北方春大豆中早熟组品种区域试验,平均产量为 2 851.5 kg/hm²,比对照品种增产 3.4%;2013 年生产试验平均产量为 2 791.5 kg/hm²,比对照品种增产 3.0%。

栽培技术要点:一般 5 月上中旬播种,条播行距 65 cm,保苗 22.5 万 ~30 万株/公顷;一般施底肥腐熟农肥 15 t/hm²,种肥氮磷钾三元复合肥 225 kg/hm²,开花结荚期喷施叶面肥 1 ~2 次。

适宜区域:适宜在黑龙江省第二积温带、吉林省东部山区、内蒙古兴安盟中南部和新疆昌吉地区种植,大豆花叶病毒病重发区慎用。

25. 东生77(图2-77)

图 2-77　东生 77

品种来源:中国科学院东北地理与农业生态研究所和黑龙江省农业科学院牡丹江分院以黑农48×垦鉴35 的 F2 为母本、以垦鉴35 为父本,经有性杂交,采用系谱法选育而成。原代号:牡 602。2015 年通过黑龙江省农作物品种审定委员会审定,品种审定编号:黑审豆 2015012。

特征特性:在适应区出苗至成熟生育日数 119 d 左右,需≥10 ℃活动积温 2 400 ℃左右;该品种为亚有限结荚习性,株高 90 cm 左右,有分枝,紫花,尖叶,灰色茸毛,荚弯镰形,成熟时呈褐色;种子圆形,种皮黄色,种脐黄色,有光泽,百粒重 20.7 g 左右;蛋白质含量40.36%,脂肪含量21.45%;接种鉴定中抗灰斑病。

产量表现:2012—2013 年区域试验平均产量为 3 226.3 kg/hm²,较对照品种绥农 26 增产 7.3%;2014 年生产试验平均产量为 3 407.1 kg/hm²,较对照品种绥农 26 增产 6.9%。

栽培技术要点:在适应区 5 月上旬播种,选择中等肥力地块,采用"垄三"栽培方式,保苗25.0 万株/公顷左右;采用精量播种机垄底侧深施肥方法,施磷酸二铵150 kg/hm²、尿素40 kg/hm²、钾肥 50 kg/hm²;生育期间及时铲趟,防治病虫草害,及时收获。

适宜区域:适宜黑龙江省第二积温带种植。

26. 东生78(图2-78)

图 2-78　东生 78

品种来源:中国科学院东北地理与农业生态研究所和黑龙江省农业科学院牡丹江分院以黑农48为母本、以黑河46为父本,经有性杂交,采用系谱法选育而成。原代号:圣牡406。2017年通过黑龙江省农作物品种审定委员会审定,品种审定编号:黑审豆2017012。

特征特性:在适应区出苗至成熟生育日数117 d左右,需≥10 ℃活动积温2 340 ℃左右;该品种为亚有限结荚习性,株高91 cm左右,无分枝,紫花,尖叶,灰色茸毛,荚弯镰形,成熟时呈褐色;籽粒圆形,种皮黄色,种脐黄色,有光泽,百粒重20.6 g左右;蛋白质含量40.25%,脂肪含量21.22%;接种鉴定中抗灰斑病。

产量表现:2013—2014年区域试验平均产量为3 124.2 kg/hm²,较对照品种绥农28增产9.9%;2015—2016年生产试验平均产量为2 820.4 kg/hm²,较对照品种绥农28增产9.6%。

栽培技术要点:该品种在适应区5月上旬播种,选择中等肥力地块种植,采用"垄三"栽培方式,保苗25万株/公顷左右;采用精量播种机垄底侧深施肥的方法,施肥量为磷酸二铵150 kg/hm²、尿素45 kg/hm²、钾肥50 kg/hm²;生育期间及时铲趟,防治病虫害,拔大草1~2次或采用除草剂除草,及时收获。

适宜区域:适宜黑龙江省第二积温带种植。

27. 东生79(图2-79)

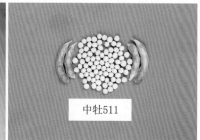

图2-79 东生79

品种来源:中国科学院东北地理与农业生态研究所和黑龙江省农业科学院牡丹江分院以哈04-1824为母本、以绥02-282为父本,经有性杂交,采用系谱法选育而成。原代号:中牡511。2018年通过黑龙江省农作物品种审定委员会审定,品种审定编号:黑审豆2018013。

特征特性:高油品种;在适应区出苗至成熟生育日数118 d左右,需≥10 ℃活动积温2 350 ℃左右;该品种为亚有限结荚习性,株高101 cm左右,有分枝,白花,尖叶,灰色茸毛,荚弯镰形,成熟时呈褐色;种皮黄色,种脐黄色,有光泽,百粒重18.8 g左右;蛋白质含量36.33%,脂肪含量24.16%;接种鉴定中抗灰斑病。

产量表现:2015—2016年区域试验平均产量为2 996.6 kg/hm²,较对照品种合丰50增产8.0%;2017年生产试验平均产量为2 868.1 kg/hm²,较对照品种合丰50增产9.5%。

栽培技术要点:在适应区5月上旬播种,选择中等肥力地块种植,采用"垄三"栽培方式,保苗25万株/公顷;一般栽培条件下施磷酸二铵150 kg/hm²、尿素45 kg/hm²、钾肥50 kg/hm²;采用播后苗前除草剂除草,生育期间及时铲趟,中耕2~3次,防治病虫害,生育后期拔大草1~2次,成熟及时收获。

适宜区域:适宜在黑龙江省≥10 ℃活动积温2 500 ℃区域种植。

28. 牡豆8号(图2-80)

图2-80 牡豆8号

品种来源:黑龙江省农业科学院牡丹江分院以垦农19为母本、以滴2003为父本,经有性杂交,采用系谱法选育而成。原代号:牡06-310。2012年通过黑龙江省农作物品种审定委员会审定,品种审定编号:黑审豆2012005。

特征特性:在适应区出苗至成熟生育日数120 d左右,需≥10 ℃活动积温2 450 ℃左右;该品种为亚有限结荚习性,株高100 cm左右,无分枝,紫花,尖叶,灰色茸毛,荚弯镰形,成熟时呈褐色;籽粒圆形,种皮黄色,种脐黄色,有光泽,百粒重20 g左右;蛋白质含量37.56%,脂肪含量21.24%;接种鉴定中抗灰斑病。

产量表现:2009—2011年区域试验平均产量为2 572.3 kg/hm²,较对照品种黑农44、合丰55增产8.0%;2011年生产试验平均产量为2 429.3 kg/hm²,较对照品种合丰55增产9.1%。

栽培技术要点:在适应区5月上中旬播种,选择中等肥力地块种植,垄作栽培,保苗23万~26万株/公顷;采用秋施肥或施用种肥,施用磷酸二铵180 kg/hm²、尿素20~30 kg/hm²、钾肥50~70 kg/hm²;生育期间三铲三趟,拔大草2次,或采用化学除草,根据田间长势喷施叶面肥,防治大豆食心虫1~2次;9月下旬成熟,及时收获。

适宜区域:适宜在黑龙江省第二积温带种植。

29. 牡豆 9 号 (图 2 - 81)

图 2 - 81 牡豆 9 号

品种来源:黑龙江省农业科学院牡丹江分院以(黑农 48 × 绥 04 - 5474)的 F1 为母本、以黑农 48 为父本,经有性杂交,采用系谱法选育而成。原代号:牡 404。2015 年通过黑龙江省农作物品种审定委员会审定,品种审定编号:黑审豆 2015006。

特征特性:在适应区出苗至成熟生育日数 116 d 左右,需≥10 ℃活动积温 2 330 ℃左右;该品种为亚有限结荚习性,株高 81 cm 左右,有分枝,紫花,尖叶,灰色茸毛,荚弯镰形,成熟时呈褐色;籽粒圆形,种皮黄色,种脐黄色,有光泽,百粒重 20.1 g 左右;蛋白质含量 40.70%,脂肪含量 21.23%;接种鉴定中抗灰斑病。

产量表现:2012—2013 年区域试验平均产量为 2 799.2 kg/hm²,较对照品种绥农 28 增产 8.6%;2014 年生产试验平均产量为 2 871.3 kg/hm²,较对照品种绥农 28 增产 8.2%。

栽培技术要点:在适应区 5 月上旬播种,选择中等肥力地块,采用"垄三"栽培方式,保苗 25.0 万株/公顷左右;采用精量播种机垄底侧深施肥方法,施磷酸二铵150 kg/hm²、尿素 45 kg/hm²、钾肥 50 kg/hm²;生育期间及时铲趟,防治病虫草害,及时收获。

适宜区域:适宜在黑龙江省第二积温带种植。

30. 牡豆 10 号 (图 2 - 82)

图 2 - 82 牡豆 10 号

品种来源:黑龙江省农业科学院牡丹江分院以黑农 48 为母本、以黑河 46 为父本,采用系谱法选育而成。原代号:牡 407。2016 年通过黑龙江省农作物品种审定委员会审定,品种审定编号:黑审豆 2016004。

特征特性:在适应区出苗至成熟生育日数 116 d 左右,需≥10 ℃活动积温 2 325 ℃左右;该品种为亚有限结荚习性,株高 90 cm 左右,有分枝,紫花,尖叶,灰色茸毛,荚弯镰形,成熟时呈褐色;籽粒圆形,种皮黄色,种脐黄色,有光泽,百粒重 20.8 g 左右;蛋白质含量 40.24%,脂肪含量 21.35%;接种鉴定中抗灰斑病。

产量表现:2013—2014 年区域试验平均产量为 3 125.0 kg/hm²,较品种绥农 28 增产 9.9%;2015 年生产试验平均产量为 2 918.1 kg/hm²,较对照品种绥农 28 增产 12.9%。

栽培技术要点:在适应区 5 月上旬播种,选择中等肥力地块种植,采用"垄三"栽培方式,保苗 25 万株/公顷左右;采用精量播种机垄底测深施肥方法,施磷酸二铵150 kg/hm²、尿素 45 kg/hm²、钾肥 50 kg/hm²;生育期间及时铲趟,防治病虫害,拔大草 1~2 次或采用除草剂除草,及时收获。

适宜区域:适宜在黑龙江省第二积温带种植。

31. 牡试 1 号(图 2-83)

图 2-83 牡试 1 号

品种来源:南京农业大学和黑龙江省农业科学院牡丹江分院以(黑农 37×垦丰 16)为母本、以垦丰 16 为父本,经有性杂交,采用系谱法选育而成。原代号:牡试 401。2015 年通过黑龙江省农作物品种审定委员会审定,品种审定编号:黑审豆 2015003。

特征特性:高油品种;在适应区出苗至成熟生育日数 118 d 左右,需≥10 ℃活动积温 2 350 ℃左右;该品种为亚有限结荚习性,株高 82 cm 左右,有分枝,白花,圆叶,灰色茸毛,荚弯镰形,成熟时呈褐色;籽粒圆形,种皮黄色,种脐黄色,无光泽,百粒重 20.2 g 左右;蛋白质含量 37.79%,脂肪含量 22.62%;接种鉴定中抗灰斑病。

产量表现:2012—2013 年区域试验平均产量为 2 736.8 kg/hm²,较对照品种绥农 28 增产 6.0%;2014 年生产试验平均产量为 3 010.9 kg/hm²,较对照品种绥农 28 增产 13.8%。

栽培技术要点:在适应区 5 月上旬播种,选择中等肥力地块,采用"垄三"栽培方式,保苗 25.0 万株/公顷左右;采用精量播种机垄底侧深施肥方法,施磷酸二铵150 kg/hm²、尿素 40 kg/hm²、钾肥 50 kg/hm²,开花至鼓粒期根据大豆长势喷施叶面肥一次;生育期间及时铲趟,及时防治病虫草害,及时收获。

适宜区域:适宜在黑龙江省第二积温带种植。

32. 牡豆 12(图 2-84)

图 2-84 牡豆 12

品种来源:黑龙江省农业科学院牡丹江分院以黑农 41 为母本、以绥 03-3068 为父本,经有性杂交,采用系谱法选育而成。原代号:牡 310。2018 年通过黑龙江省农作物品种审定委员会审定,品种审定编号:黑审豆 2018010。

特征特性:在适应区出苗至成熟生育日数 120 d 左右,需≥10 ℃活动积温 2 450 ℃左右;该品种为亚有限结荚习性,株高 90 cm 左右,有分枝,紫花,尖叶,灰色茸毛,荚弯镰形,成熟时呈褐色;籽粒圆形,种皮黄色,种脐黄色,有光泽,百粒重 21.0 g 左右;蛋白质含量 40.75%,脂肪含量 20.87%;接种鉴定中抗灰斑病。

产量表现:2015—2016 年区域试验平均产量为 2 904.4 kg/hm²,较对照品种合丰 55 增产 9.7%;2017 年生产试验平均产量为 2 866.8 kg/hm²,较对照品种合丰 55 增产 9.1%。

栽培技术要点:在适应区 5 月上旬播种,选择中等肥力地块种植,采用"垄三"栽培方式,保苗 25 万株/公顷;一般栽培条件下施基肥磷酸二铵 150 kg/hm²、尿素 45 kg/hm²、钾肥 50 kg/hm²;生育期间及时铲趟,防治病虫害,拔大草 1~2 次或采用除草剂除草,及时收获。

适宜区域:适宜在黑龙江省≥10 ℃活动积温 2 600 ℃区域种植。

33. 牡试 2 号(图 2-85)

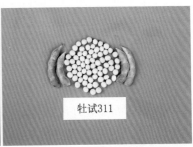

图 2-85 牡试 2 号

品种来源:南京农业大学和黑龙江省农业科学院牡丹江分院以哈北46-1为母本、以东生4805为父本,经有性杂交,采用系谱法选育而成。原代号:牡试311。2018年通过黑龙江省农作物品种审定委员会审定,品种审定编号:黑审豆2018009。

特征特性:在适应区出苗至成熟生育日数120 d左右,需≥10 ℃活动积温2 450 ℃左右;该品种为无限结荚习性,株高106 cm左右,有分枝,白花,尖叶,灰色茸毛,荚弯镰形,成熟时呈褐色;籽粒圆形,种皮黄色,种脐黄色,有光泽,百粒重21.5 g左右;蛋白质含量38.17%,脂肪含量21.83%;接种鉴定中抗灰斑病。

产量表现:2015—2016年区域试验平均产量为2 936.9 kg/hm²,较对照品种合丰55增产11.1%;2017年生产试验平均产量为2 904.5 kg/hm²,较对照品种合丰55增产10.9%。

栽培技术要点:在适应区5月上旬播种,选择中等肥力地块种植,采用"垄三"栽培方式,保苗25万株/公顷;一般栽培条件下施基肥磷酸二铵150 kg/hm²、尿素45 kg/hm²、钾肥50 kg/hm²;生育期间及时铲趟,防治病虫害,拔大草1~2次或采用除草剂除草,及时收获。

适宜区域:适宜在黑龙江省≥10 ℃活动积温2 600 ℃区域种植。

34. 合丰55(图2-86)

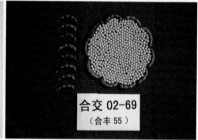

图2-86 合丰55

品种来源:黑龙江省农业科学院合江农业科学研究所以北丰11为母本、以绥农4号为父本,经有性杂交,采用系谱法选育而成。原代号:合交02-69。2008年通过黑龙江省农作物品种审定委员会审定,品种审定编号:黑审豆2008010。

特征特性:高油品种;在适应区出苗至成熟生育日数117 d左右,需≥10 ℃活动积温2 365.8 ℃左右;该品种为无限结荚习性,株高90~95 cm,有分枝,紫花,尖叶,灰色茸毛,荚熟弯镰形,成熟时呈褐色;籽粒圆形,种皮黄色,种脐黄色,有光泽,百粒重22~25 g;蛋白质含量39.35%,脂肪含量22.61%;接种鉴定中抗灰斑病、抗疫霉病、抗花叶病毒病SMV1号株系。

产量表现:2005—2006年区域试验平均产量为2 531.6 kg/hm²,较对照品种合丰47增产12.6%;2007年生产试验平均产量为2 568.4 kg/hm²,较对照品种合丰47增产 18.2%。

栽培技术要点:在适应区 5 月上中旬播种,选择中上等肥力的地块种植,采用"垄三"栽培方式,保苗 25 万株/公顷左右;生育期间三铲三趟,拔大草二次,追施叶面肥和防治食心虫 1~2 次或采用化学药剂除草。

适宜区域:适宜在黑龙江省第二积温带种植。

35. 合农 114(图 2 - 87)

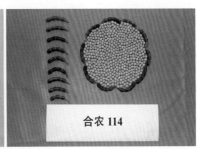

图 2 - 87　合农 114

品种来源:黑龙江省农业科学院佳木斯分院以黑农 51 为母本、以合丰 50 为父本,经有性杂交,采用系谱法选育而成。2018 年通过国家农作物品种审定委员会审定,品种审定编号:国审豆 20180011。

特征特性:高油品种;在北方春播生育期平均 117 d,比对照合交 02 - 69 早 2 d;该品种为亚有限结荚习性,株型收敛,株高 83.2 cm,主茎 17.4 节,有效分枝 0.3 个,底荚高度 12.8 cm,单株有效荚数 39.3 个,单株粒数 91.4 粒,单株粒重 16.3 g;尖叶、紫花、灰毛;籽粒圆形,种皮黄色、微光,种脐黄色,百粒重 18.7 g;籽粒粗蛋白含量 38.13%,粗脂肪含量 21.24%;接种鉴定抗花叶病毒 1 号株系、中抗灰斑病、中感花叶病毒 3 号株系。

产量表现:2016—2017 年参加北方春大豆中早熟组品种区域试验,平均产量为 3 102.0 kg/hm²,比对照合交 02 - 69 增产 9.6%;2017 年生产试验平均产量为 3 222.0 kg/hm²,比对照合交 02 - 69 增产 9.3%。

栽培技术要点:5 月上旬至中旬播种,采用垄作栽培方式,垄距 65 cm,高肥力地块保苗 24 万~25.5 万株/公顷,中等肥力地块保苗 27 万~30 万株/公顷,低肥力地块保苗 31.5 万~33 万株/公顷;施底肥腐熟农肥 30 t/hm²、氮磷钾三元复合肥225 kg/hm² 或磷酸二铵 150 kg/hm²、尿素 75 kg/hm²、硫酸钾 75 kg/hm²,初花期追施氮磷钾三元复合肥 150 kg/hm² 或叶面喷肥 1~2 次。

适宜区域:适宜在黑龙江省第二积温带和第三积温带上限、吉林省东部山区、内蒙古兴安盟中南部、新疆昌吉地区春播种植。

36. 合农 60(图 2 - 88)

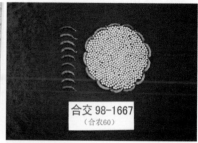

图 2 - 88　合农 60

品种来源:黑龙江省农业科学院佳木斯分院以北丰 11 为母本、以美国矮秆品种 Hobbit 为父本,经有性杂交,采用系谱法选育而成。原代号:合交 98 - 1667。2010 年通过黑龙江省农作物品种审定委员会审定,品种审定编号:黑审豆 2010010。

特征特性:高油品种;在适应区出苗至成熟生育日数 117 d 左右,需 ≥10 ℃活动积温 2 290 ℃左右;该品种为有限结荚习性,垄作栽培株高 40 ~ 50 cm,窄行密植栽培株高 65 ~ 70 cm,多有小分枝,白花,尖叶,棕色茸毛,荚弯镰形,成熟时呈棕褐色;籽粒圆形,种皮、种脐黄色,有光泽,百粒重 17 ~ 20 g;蛋白质含量 38.47%,脂肪含量 22.25%;中抗灰斑病。

产量表现:2007—2008 年区域试验(45 cm 垄距,双行)平均产量为 3 608.9 kg/hm²,较对照品种合丰 47(70 cm 垄作栽培)增产 24.3%;2009 年生产试验(45 cm 垄距,双行)平均产量为 3 909.8 kg/hm²,较对照品种合丰 50(70 cm 垄作栽培)增产 25.3%。

栽培技术要点:不适宜常规垄作栽培(65 ~ 70 cm 垄距),需采用窄行密植栽培模式,保苗 40 万 ~ 45 万株/公顷;选择地势平坦、土质肥沃或中上等肥力的地块种植,避免重茬种植;一般栽培条件下施磷酸二铵 150 ~ 200 kg/hm²、尿素 25 ~ 30 kg/hm²、钾肥 30 ~ 50 kg/hm²,生育期间根据长势情况适当追施叶面肥;整地时应进行伏翻或秋翻秋打垄或早春适合顶浆打垄,达到良好播种状态;选择窄行密植专用播种机进行播种;播前要对种子进行包衣处理,以防地下病虫害;5 月上中旬播种,9 月中旬成熟,10 月上旬收获;采用化学药剂封闭除草或苗后茎叶处理,生育期间拔大草 2 ~ 3 次,在花荚盛期追施叶面肥的同时防治 1 ~ 2 次,注意防治菌核病。

适宜区域:适宜在黑龙江省第二积温带种植。

37. 合农 64(图 2-89)

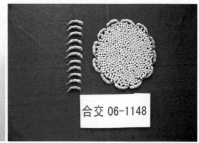

图 2-89 合农 64

品种来源:黑龙江省农业科学院佳木斯分院和黑龙江省合丰种业有限责任公司以 HOBBIT 为母本、以九丰 10 号为父本,经有性杂交,采用系谱法选育而成。原代号:合交 06-1148。2013 年通过黑龙江省农作物品种审定委员会审定,品种审定编号:黑审豆 2013010。

特征特性:高油品种;在适应区出苗至成熟生育日数 115 d 左右,需≥10 ℃活动积温 2 350 ℃左右;该品种为无限结荚习性,株高 87 cm 左右,有分枝,白花,圆叶,灰色茸毛,荚弯镰形,成熟时呈黄褐色;籽粒圆形,种皮黄色,种脐浅黄色,有光泽,百粒重 19 g 左右;蛋白质含量 38.28%,脂肪含量 21.90%;接种鉴定抗灰斑病。

产量表现:2010—2011 年区域试验平均产量为 2 892.7 kg/hm²,较对照品种合丰 50 增产 11.0%;2012 年生产试验平均产量为 2 501.7 kg/hm²,较对照品种合丰 50 增产 13.8%。

栽培技术要点:在适应区 5 月上旬播种,选择中等肥力地块种植,采用"垄三"栽培方式,保苗 25 万~30 万株/公顷;建议播前对种子进行包衣处理;一般栽培条件下施磷酸二铵 100~150 kg/hm²、尿素 20~25 kg/hm²、钾肥 50~70 kg/hm²,生育中后期根据长势情况追施叶面肥 1~2 次;田间管理采用化学药剂除草或人工除草,中耕 2~3 次,拔大草 1~2 次,追施叶面肥和防治食心虫 1~2 次,9 月下旬成熟,9 月末 10 月初收获。

适宜区域:适宜在黑龙江省第二积温带种植。

38. 合农 68(图 2-90)

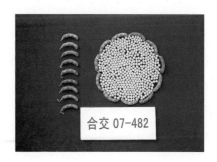

图 2-90 合农 68

品种来源:黑龙江省农业科学院佳木斯分院和黑龙江省合丰种业有限责任公司以合丰50为母本、以绥02-529为父本,经有性杂交,采用系谱法选育而成。原代号:合交07-482。2014年通过黑龙江省农作物品种审定委员会审定,品种审定编号:黑审豆2014007。

特征特性:在适应区出苗至成熟生育日数115 d左右,需≥10 ℃活动积温2 350 ℃左右;该品种为亚有限结荚习性,株高88 cm左右,有分枝,紫花,尖叶,灰色茸毛,荚弯镰形,成熟时呈褐色;籽粒圆形,种皮黄色,种脐浅黄色,有光泽,百粒重19.7 g左右;蛋白质含量37.75%,脂肪含量21.68%;接种鉴定中抗灰斑病。

产量表现:2011—2012年区域试验平均产量为2 664.1 kg/hm²,较对照品种合丰50增产13.4%;2013年生产试验平均产量为2 955.6 kg/hm²,较对照品种合丰50增产12.9%。

栽培技术要点:在适应区5月上中旬播种,选择中等肥力地块种植,采用垄作栽培方式,保苗25万~30万株/公顷;一般栽培条件下施磷酸二铵150 kg/hm²、尿素30 kg/hm²、钾肥70 kg/hm²;田间采用化学药剂除草或人工除草,中耕2~3次,拔大草1~2次,生育期间追施叶面肥1~2次,同时防治大豆食心虫;成熟后及时收获;建议播前对种子进行包衣处理。

适宜区域:适宜在黑龙江省第二积温带种植。

39. 合农71(图2-91)

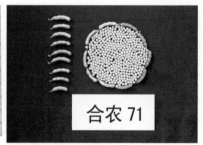

图2-91　合农71

品种来源:黑龙江省农业科学院佳木斯分院以swsi-1(swsi×rocki)F2为材料,经⁶⁰Co-γ射线辐射处理后,采用系谱法选育而成。2017年通过黑龙江省农作物品种审定委员会审定,品种审定编号:黑审豆2017001。

特征特性:在适应区出苗至成熟生育日数125 d左右,需≥10 ℃活动积温2 600 ℃左右;该品种为无限结荚习性,株高89 cm左右,有分枝,紫花,圆叶,棕色茸毛,荚直形,成熟时呈棕色;籽粒圆形,种皮黄色,种脐浅黄色,有光泽,百粒重18.5 g左右;蛋白质含量39.28%,脂肪含量20.41%;接种鉴定中抗灰斑病。

产量表现:2015—2016年生产试验平均产量为2 979.1 kg/hm²,较对照品种黑农61

增产 11.3% 。

栽培技术要点:该品种在适应区 5 月上旬播种,选择中等肥力地块种植,采用垄作栽培方式,播种前要对种子进行包衣处理,保苗 25 万 ~ 30 万株/公顷;一般栽培条件下施基肥磷酸二铵 150 kg/hm²、尿素 30 ~ 50 kg/hm²、钾肥 70 ~ 75 kg/hm²;生育期间及时铲趟,防治病虫害,拔大草 2 ~ 3 次或采用除草剂除草,及时收获。

适宜区域:适宜在黑龙江省第一积温带种植。

40. 合农 75(图 2 - 92)

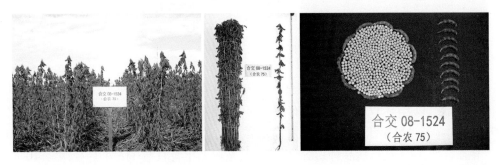

图 2 - 92　合农 75

品种来源:黑龙江省农业科学院佳木斯分院和黑龙江省合丰种业有限责任公司以合丰 50 为母本、以抗线虫 4 号为父本,经有性杂交,采用系谱法选育而成。原代号:合交 08 - 1524。2015 年通过黑龙江省农作物品种审定委员会审定,品种审定编号:黑审豆 2015004。

特征特性:高油品种;在适应区出苗至成熟生育日数 118 d 左右,需 ≥10 ℃ 活动积温 2 400 ℃ 左右;该品种为亚有限结荚习性,株高 86 cm 左右,有分枝,紫花,尖叶,灰色茸毛,荚弯镰形,成熟时呈褐色;籽粒圆形,种皮黄色,种脐浅黄色,有光泽,百粒重 19.5 g 左右;蛋白质含量 36.43%,脂肪含量 22.92%;接种鉴定中抗灰斑病。

产量表现:2012—2013 年区域试验平均产量为 2 923.2 kg/hm²,较对照品种绥农 28 增产 14.0%;2014 年生产试验平均产量为 3 000.5 kg/hm²,较对照品种绥农 28 增产 12.8%。

栽培技术要点:在适应区 5 月上中旬播种,选择上中等肥力地块,采用垄作栽培方式,保苗 25 万 ~ 30 万株/公顷;一般栽培条件下施磷酸二铵 150 kg/hm²、尿素 30 kg/hm²、钾肥 70 kg/hm²;田间采用化学药剂除草或人工除草,中耕 2 ~ 3 次,拔大草 1 ~ 2 次,生育期间追施叶面肥 1 ~ 2 次,防治大豆食心虫,及时收获;建议播前对种子进行包衣处理。

适宜区域:适宜在黑龙江省第二积温带种植。

41. 合农 76(图 2 - 93)

图 2 - 93　合农 76

品种来源:黑龙江省农业科学院佳木斯分院和黑龙江省合丰种业有限责任公司以垦农 19 为母本、以合丰 57 为父本,经有性杂交,采用系谱法选育而成。原代号:合交07 - 707。2015 年通过黑龙江省农作物品种审定委员会审定,品种审定编号:黑审豆 2015021。

特征特性:耐密植抗病品种;在适应区出苗至成熟生育日数 115 d 左右,需 ≥10 ℃活动积温 2 350 ℃左右;该品种为亚有限结荚习性,株高 72 cm 左右,有分枝,紫花,尖叶,灰色茸毛,荚弯镰形,成熟时呈褐色;籽粒圆形,种皮黄色,种脐浅黄色,有光泽,百粒重 19.3 g左右;蛋白质含量41.98%,脂肪含量20.43%;接种鉴定抗灰斑病。

产量表现:2012—2013 年区域试验平均产量为 3 046.5 kg/hm²,较对照品种合丰 50 增产 15.2%;2014 年生产试验平均产量为 3 311.9 kg/hm²,较对照品种合丰 50 增产 16.1%。

栽培技术要点:在适应区 5 月上中旬播种,选择上中等肥力地块,采用垄作和窄行密植两种栽培方式,保苗 35 万 ~ 40 万株/公顷;一般栽培条件下施磷酸二铵 150 ~ 200 kg/hm²、尿素 30 ~ 50 kg/hm²、钾肥 50 ~ 70 kg/hm²;田间采用化学药剂除草或人工除草,中耕 2 ~ 3 次,拔大草 1 ~ 2 次,生育期间追施叶面肥 1 ~ 2 次,同时防治大豆食心虫,及时收获;建议播前对种子进行包衣处理。

适宜区域:适宜在黑龙江省第二积温带种植。

42. 合农 85(图 2 - 94)

图 2 - 94　合农 85

品种来源:黑龙江省农业科学院佳木斯分院以合丰55为母本、以黑农54为父本,经有性杂交,采用系谱法选育而成。原代号:合交2010-37。2017年通过黑龙江省农作物品种审定委员会审定,品种审定编号:黑审豆2017006。

特征特性:高油品种;在适应区出苗至成熟生育日数118 d左右,需≥10 ℃活动积温2 400 ℃左右;该品种为亚有限结荚习性,株高84 cm左右,无分枝,紫花,尖叶,灰色茸毛,荚微弯镰形,成熟时呈褐色;籽粒圆形,种皮黄色,种脐黄色,有光泽,百粒重21.5 g左右;蛋白质含量38.40%,脂肪含量22.60%;接种鉴定中抗灰斑病。

产量表现:2014—2015年区域试验平均产量为3 020.8 kg/hm²,较对照品种合丰55增产12.6%;2016年生产试验平均产量为2 864.69 kg/hm²,较对照品种合丰55增产12.0%。

栽培技术要点:该品种在适应区5月上中旬播种,选择中等肥力地块种植,采用垄作栽培方式,播前要对种子进行包衣处理,保苗25万~30万株/公顷;一般栽培条件下施基肥磷酸二铵100~150 kg/hm²、尿素25~30 kg/hm²、钾肥70~75 kg/hm²,生育期间及时铲趟,防治病虫害,拔大草2~3次或采用除草剂除草,及时收获。

适宜区域:适宜在黑龙江省第二积温带种植。

43. 合农91(图2-95)

  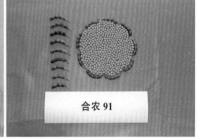

图2-95 合农91

品种来源:黑龙江省农业科学院佳木斯分院以Hobbit为母本、以疆莫豆1号为父本,经有性杂交,采用系谱法选育而成。2018年通过黑龙江省农作物品种审定委员会审定,品种审定编号:黑审豆2018048。

特征特性:矮秆、耐密植高油品种;在适应区出苗至成熟生育日数120 d左右,需≥10 ℃活动积温2 450 ℃左右;该品种为有限结荚习性,株高69 cm左右,有分枝,紫花,尖叶,灰色茸毛,荚弯镰形,成熟时呈褐色;籽粒圆形,种皮黄色,种脐黄色,有光泽,百粒重18.0 g左右;蛋白质含量36.73%,脂肪含量22.71%;接种鉴定中抗灰斑病。

产量表现:2015—2016年区域试验平均产量为3 146.5 kg/hm²,较对照品种合农60增产16.1%;2017年生产试验平均产量为3 216.4 kg/hm²,较对照品种合农60增产17.6%。

栽培技术要点:在适应区5月上中播种,选择中等肥力地块种植,采用窄行密植栽培方式,保苗40万~45万株/公顷;一般栽培条件下施磷酸二铵150~200 kg/hm²、尿素50 kg/hm²、钾肥100 kg/hm²;生育期间及时防治病虫害;田间采用化学药剂除草,拔大草2~3次,及时收获;建议播种前对种子进行包衣处理。

适宜区域:适宜在黑龙江省≥10 ℃活动积温2 600 ℃区域种植。

44. 垦豆33(图2-96)

图2-96　垦豆33

品种来源:黑龙江省农垦科学院农作物开发研究所以垦丰9号为母本、以垦丰16为父本,经有性杂交,采用系谱法选育而成。原代号:垦04-8579。2012年通过黑龙江省农作物品种审定委员会审定,品种审定编号:黑审豆2012012。

特征特性:在适应区出苗至成熟生育日数115 d左右,需≥10 ℃活动积温2 350 ℃左右;该品种为无限结荚习性,株高90 cm左右,有分枝,白花,尖叶,灰色茸毛,荚弯镰形,成熟时呈黄褐色;籽粒圆形,种皮淡黄色,种脐无色,有光泽,百粒重18 g左右;蛋白质含量38.58%,脂肪含量22.17%;接种鉴定中抗灰斑病。

产量表现:2009—2010年区域试验平均产量为2 842.8 kg/hm²,较对照品种合丰50增产11.1%;2011年生产试验平均产量为2 501.9 kg/hm²,较对照品种合丰50增产12.1%。

栽培技术要点:在适应区5月上中旬播种,选择中等肥力以上地块种植,"垄三"栽培,保苗22.5万~25.5万株/公顷;采用分层深施肥,施磷酸二铵150 kg/hm²、钾肥50 kg/hm²、尿素40~50 kg/hm²;开花至鼓粒期根据大豆长势情况,喷施相应叶面肥或植物生长调节剂。

适宜区域:适宜在黑龙江省第二积温带种植。

45. 垦豆36(图2－97)

图2－97　垦豆36

品种来源:北大荒垦丰种业股份有限公司以垦丰6号为母本、以垦丰16为父本,经有性杂交,采用系谱法选育。原代号:垦06－700。2013年通过黑龙江省农作物品种审定委员会审定,品种审定编号:黑审豆2013014。

特征特性:在适应区出苗至成熟生育日数115 d左右,需≥10 ℃活动积温2 350 ℃左右;该品种为无限结荚习性,株高90 cm左右,有分枝,白花,尖叶,灰色茸毛,荚弯镰形,成熟时呈黄褐色;籽粒圆形,种皮黄色,种脐黄色,有光泽,百粒重19 g左右;蛋白质含量40.17%,脂肪含量20.39%;接种鉴定中抗灰斑病。

产量表现:2010—2011年区域试验平均产量为2 850.9 kg/hm²,较对照品种合丰50增产9.6%;2012年生产试验平均产量为2 463.3 kg/hm²,较对照品种合丰50增产12.3%。

栽培技术要点:在适应区5月上中旬播种,选择中等肥力地块种植,采用"垄三"栽培方式,保苗30万株/公顷;若肥沃地块种植,则保苗22.5万株/公顷;宜采用分层深施肥,一般施磷酸二铵150 kg/hm²、尿素30～40 kg/hm²、钾肥50 kg/hm²。

适宜区域:适宜在黑龙江省第二积温带种植。

46. 垦丰23(图2－98)

图2－98　垦丰23

品种来源:黑龙江省农垦科学院农作物开发研究所以合丰35号为母本、以九交90－102为父本,经有性杂交,采用系谱法选育而成。原代号:垦02－625。2009年通过黑龙江省农作物品种审定委员会审定,品种审定编号:黑审豆 2009005。

特征特性:在适应区出苗至成熟生育日数 117 d 左右,需≥10 ℃活动积温 2 350 ℃左右;该品种为亚有限结荚习性,株高 80 cm 左右,无分枝,尖叶,紫花,灰色茸毛,荚弯镰形,成熟时呈褐色;籽粒圆形,种皮黄色,种脐黄色,有光泽,百粒重 18 g 左右;蛋白质含量 42.44%,脂肪含量 20.09%;接种鉴定中抗灰斑病。

产量表现:2006—2007 年区域试验平均产量为 2 368.9 kg/hm²,较对照品种合丰 47 增产 11.8%;2008 年生产试验平均产量为 2 158.0 kg/hm²,较对照品种合丰 50 增产 13.7%。

栽培技术要点:5 月上、中旬播种,选择中等以上肥力地块种植,采用"垄三"栽培方式,保苗 25 万~30 万株/公顷;采用分层深施肥,施磷酸二铵 150 kg/hm²、钾肥 50 kg/hm²、尿素 40~50 kg/hm²;开花至鼓粒期根据大豆长势喷施相应叶面肥 2 遍以上;不宜种植在瘠薄地块。

适宜区域:适宜在黑龙江省第二积温带种植。

47. 垦豆 43(图 2-99)

图 2-99 垦豆 43

品种来源:黑龙江省农垦科学院农作物开发研究所和北大荒垦丰种业股份有限公司以垦 97-151 为母本、以垦豆 18 为父本,经有性杂交,采用系谱法选育而成。原代号:垦 08-8546。2015 年通过黑龙江省农作物品种审定委员会审定,品种审定编号:黑审豆 2015011。

特征特性:在适应区出苗至成熟生育日数 115 d 左右,需≥10 ℃活动积温 2 350 ℃左右;该品种为无限结荚习性,株高 95 cm 左右,有分枝,紫花,尖叶,灰色茸毛,荚弯镰形,成熟时呈黄褐色;籽粒圆形,种皮淡黄色,种脐黄色,有光泽,百粒重 23.0 g 左右;蛋白质含量 38.83%,脂肪含量 21.16%;接种鉴定中抗灰斑病。

产量表现:2012—2013 年区域试验平均产量为 3 250.6 kg/hm²,较对照品种绥农 26 增产 7.0%;2014 年生产试验平均产量为 3 444.9 kg/hm²,较对照品种绥农 26 增产 8.3%。

栽培技术要点:在适应区 5 月上中旬播种,采用"垄三"栽培方式,按土壤肥力不同保苗 25 万~32 万株/公顷;一般栽培条件下施磷酸二铵 150 kg/hm²、尿素 40~50 kg/hm²、钾肥 50 kg/hm²,分层深施,在开花期至鼓粒期根据大豆长势情况喷施相应叶面肥或植物生长调节剂;除草采用土壤封闭除草为主、茎叶处理为辅;生育期间及时中耕管理,防治病虫害,及时收获。

适宜区域:适宜在黑龙江省第二积温带种植。

48. 华庆豆103(图2-100)

图2-100 华庆豆103

品种来源:宾县华庆农业研究所以黑农44为母本、以黑农56为父本,经有性杂交,采用系谱法选育而成。原代号:华庆12-036。2018年通过黑龙江省农作物品种审定委员会审定,品种审定编号:黑审豆2018008。

特征特性:在适应区出苗至成熟生育日数120 d左右,需≥10 ℃活动积温2 450 ℃左右;该品种为亚有限结荚习性,株高93 cm左右,有分枝,白花,圆叶,灰色茸毛,荚弯镰形,成熟时呈褐色;籽粒圆形,种皮黄色,种脐黄色,有光泽,百粒重19.8 g左右;蛋白质含量38.84%,脂肪含量21.28%;接种鉴定中抗灰斑病。

产量表现:2015—2016年区域试验平均产量为2 921.7 kg/hm²,较对照品种合丰55增产10.2%;2017年生产试验平均产量为2 897.8 kg/hm²,较对照品种合丰55增产11.0%。

栽培技术要点:在适应区5月上旬播种,选择中等肥力地块种植,采用"垄三"栽培方式,保苗18万～22万株/公顷;一般栽培条件下施基肥磷酸二铵200 kg/hm²、尿素30 kg/hm²、钾肥80 kg/hm²;生育期间及时铲趟,防治病虫害,拔大草1次或采用除草剂除草,及时收获。

适宜区域:适宜在黑龙江省≥10 ℃活动积温2 600 ℃区域种植。

49. 垦豆66(图2-101)

图2-101 垦豆66

品种来源:北大荒垦丰种业股份有限公司和黑龙江省农垦科学院农作物开发研究所以建 97 - 825 为母本、以垦丰 15 为父本,经有性杂交,采用系谱法选育而成。原代号:垦11 - 6662。2018 年通过黑龙江省农作物品种审定委员会审定,品种审定编号:黑审豆 2018015。

特征特性:在适应区出苗至成熟生育日数 120 d 左右,需≥10 ℃活动积温 2 450 ℃左右;该品种为亚无限结荚习性,株高 85 cm 左右,无分枝,紫花,尖叶,灰色茸毛,荚弯镰形,成熟时呈褐色;籽粒圆形,种皮黄色,种脐黄色,有光泽,百粒重 20 g 左右;蛋白质含量39. 29%,脂肪含量 21. 16%;接种鉴定中抗灰斑病。

产量表现:2015—2016 年区域试验平均产量为 2 779. 0 kg/hm²,较对照品种绥农 26增产 14. 1%;2017 年生产试验平均产量为 2 908. 6 kg/hm²,较对照品种绥农 26 增产 9. 4%。

栽培技术要点:在适应区 5 月上、中旬播种,选择中等肥力以上地块种植,采用“垄三”栽培方式,保苗 25 万 ~28 万株/公顷;宜采用分层深施肥,一般施磷酸二铵150 kg/hm²、尿素 40 ~50 kg/hm²、钾肥 50 kg/hm²;生育期间及时铲趟,防治病虫害,拔大草 1 ~2 次或采用除草剂除草,及时收获。

适宜区域:适宜在黑龙江省≥10 ℃活动积温 2 600 ℃区域种植。

50. 富豆 6 号(图 2 -102)

图 2 -102　富豆 6 号

品种来源:齐齐哈尔市富尔农艺有限公司和黑龙江省农业科学院大庆分院以绥 00 -187 为母本、以安 03 - 329 为父本,经有性杂交,采用系谱法选育而成。原代号:安 09 -513。2015 年通过黑龙江省农作物品种审定委员会审定,品种审定编号:黑审豆 2015002。

特征特性:抗病品种;在适应区出苗至成熟生育日数 119 d 左右,需≥10 ℃活动积温2 500 ℃左右;该品种为亚有限结荚习性,株高 80 cm 左右,无分枝,白花,圆叶,灰色茸毛,荚微镰形,成熟时呈黄色;籽粒圆形,种皮黄色,种脐黄色,有光泽,百粒重 20. 4 g 左右;蛋白质含量 39. 08%,脂肪含量 21. 59%;接种鉴定抗胞囊线虫病。

产量表现:2012—2013 年区域试验平均产量为 2 257. 9 kg/hm²,较对照品种抗线虫 6号增产 6. 4%;2014 年生产试验平均产量为 2 458. 7 kg/hm²,较对照品种抗线虫 6 号增产 11. 5%。

栽培技术要点:在适应区 5 月中上旬播种,选择中等肥力地块种植,采用"垄三"栽培方式,保苗 22.5 万~25 万株/公顷;一般栽培条件下施种肥磷酸二铵 300 kg/hm²、尿素 120 kg/hm²、钾肥 75 kg/hm²,做到种、肥分开,花期追施叶面肥 30 kg/hm²;生育期间及时铲趟,防治病虫害,拔大草 2 次或采用除草剂除草,及时收获。

适宜区域:适宜在黑龙江省第一积温带种植。

51. 抗线虫 12(图 2-103)

图 2-103　抗线虫 12

品种来源:黑龙江省农业科学院大庆分院以黑抗 002-24 为母本、以农大 5129 为父本,经有性杂交,采用系谱法选育而成。原代号:庆农 07-1133。2012 年通过黑龙江省农作物品种审定委员会审定,品种审定编号:黑审豆 2012003。

特征特性:在适应区出苗至成熟生育日数 123 d 左右,需≥10 ℃活动积温 2 550 ℃左右;该品种为亚有限结荚习性,株高 90 cm 左右,有分枝,紫花,圆叶,灰色茸毛,荚弯镰形,成熟时呈褐色;籽粒椭圆形,种皮黄色,种脐黑色,有光泽,百粒重 19 g 左右;蛋白质含量 39.77%,脂肪含量 20.89%;接种鉴定抗大豆胞囊线虫病 1、3、14 号生理小种。

产量表现:2009—2010 年区域试验平均产量为 2 480.3 kg/hm²,较对照品种抗线 3 号增产 12.0%;2011 年生产试验平均产量为 2 513.3 kg/hm²,较对照品种抗线虫 6 号增产 11.2%。

栽培技术要点:在适应区 5 月上旬播种,选择中等肥力地块种植,"垄三"栽培,保苗 22.5 万株/公顷左右;施种肥磷酸二铵 150 kg/hm²、硫酸钾 50 kg/hm²、尿素 30 kg/hm²,种肥隔离 3~5 cm;及时除草、铲趟,完全成熟时及时收获;重迎茬种植注意大豆胞囊线虫以外的病虫害防治,根据土壤情况增施肥料及微量元素。

适宜区域:适宜在黑龙江省第一积温带种植。

52. 抗线虫 9 号(图 2 – 104)

图 2 – 104 抗线虫 9 号

品种来源:黑龙江省农业科学院大庆分院以黑农 37 为母本、以安 95 – 1409 为父本,经有性杂交,采用系谱法选育而成。原代号:安 01 – 1423。2009 年通过黑龙江省农作物品种审定委员会审定,品种审定编号:黑审豆 2009003。

特征特性:在适应区出苗至成熟生育日数 121 d 左右,需≥10 ℃活动积温 2 500 ℃左右;该品种为亚有限结荚习性,株高 85 cm 左右,有 1 分枝,白花,圆叶,灰色茸毛,荚微镰形,成熟时呈褐色;籽粒圆形,种皮黄色,种脐褐色,有光泽,百粒重 20 g 左右;蛋白质含量 40.09%,脂肪含量 21.22%;接种鉴定中抗胞囊线虫病。

产量表现:2006—2007 年区域试验平均产量为 2 062.7 kg/hm²,较对照品种抗线虫 2 号增产 10.6%;2008 年生产试验平均产量为 2 106.8 kg/hm²,较对照品种抗线虫 3 号增产 11.3%。

栽培技术要点:在 5 月上、中旬播种,选择地势平坦、肥力中上等地块种植,采用普通高产栽培方式,保苗 22.5 万株/公顷;基肥结合秋整地施农家肥 15 000 kg/hm² 以上,种肥施磷酸二铵 225 ~ 300 kg/hm²、硫酸钾 75 kg/hm²,种、肥分开;及时铲趟,视土壤墒情合理灌溉;对大豆胞囊线虫以外的病虫害要及时预防,根据地力情况酌情选择播种量,肥力宜稀。

适宜区域:适宜在黑龙江省第一积温带种植。

53. 农菁豆 1 号(图 2 – 105)

图 2 – 105 农菁豆 1 号

品种来源:黑龙江省农业科学院作物育种研究所和黑龙江省菁菁草业有限责任公司以黑农 37 为母本、以长农 13 为父本,经有性杂交,采用系谱法选育而成。原代号:菁0402。2010 年通过黑龙江省农作物品种审定委员会审定,品种审定编号:黑审豆 201004。

特征特性:在适应区出苗至成熟生育日数 125 d 左右,需 ≥10 ℃活动积温 2 600 ℃左右;该品种为亚有限结荚习性,株高 90 cm 左右,有分枝,白花,尖叶,灰色茸毛,荚弯镰形,成熟时呈黄褐色;籽粒圆形,种皮、种脐黄色,有光泽,百粒重 18 ~ 20 g;蛋白质含量 41.63%,脂肪含量 19.88%;接种鉴定中抗灰斑病。

产量表现:2007—2008 年区域试验平均产量为 2 296.4 kg/hm²,较对照品种黑农 37 增产 12.6%;2009 年生产试验平均产量为 2 895.4 kg/hm²,较对照品种黑农 51 增产 11.5%。

栽培技术要点:在适应区 5 月上中旬播种,选择中等肥力的地块种植,采用垄作栽培方式,保苗 22 万 ~25 万株/公顷;一般采用秋施肥或施用种肥,中等肥力地块施磷酸二铵 150 kg/hm²、尿素 25 ~ 30 kg/hm²、钾肥 50 ~ 60 kg/hm²;生育期间三铲三趟,拔大草 2 次,追施叶面肥和防治食心虫 1 ~ 2 次或采用化学药剂除草,9 月下旬成熟,10 月上旬收获;有条件的可对种子进行包衣处理。

适宜区域:适宜在黑龙江省第一积温带种植。

54. 农庆豆 24(图 2 – 106)

图 2 – 106　农庆豆 24

品种来源:黑龙江省农业科学院大庆分院和齐齐哈尔市富尔农艺有限公司以(丰豆 3 ×003 – 8)F1 为母本、以抗线虫 12 为父本,经有性杂交,采用系谱法选育而成。2018 年通过黑龙江省农作物品种审定委员会审定,品种审定编号:黑审豆 2018007。

特征特性:抗病品种;在适应区出苗至成熟生育日数 123 d 左右,需 ≥10 ℃活动积温 2 550 ℃左右;该品种为亚有限结荚习性,株高 90 cm 左右,有分枝,白花,长叶,灰色茸毛,荚弯镰形,成熟时呈黑褐色;籽粒圆形,种皮黄色,种脐淡褐色,无光泽,百粒重 22.0 g 左右;蛋白质含量 42.58%,脂肪含量 21.14%;接种鉴定抗孢囊线虫病。

产量表现:2015—2016 年区域试验平均产量为 2 467.1 kg/hm²,较对照品种嫩丰 18 增产 9.1%;2017 年生产试验平均产量为 2 550.8 kg/hm²,较对照品种嫩丰 18 增产 8.6%。

栽培技术要点:在适应区 5 月上旬播种,选择中等肥力地块种植,采用"垄三"栽培方式,保苗 22 万株/公顷;一般栽培条件下施基肥磷酸二铵 150 kg/hm²、尿素 30 kg/hm²、钾肥 75 kg/hm²;生育期间及时铲耥,防治病虫害,拔大草 1 次或采用除草剂除草,及时收获。

适宜区域:适宜在黑龙江省≥10 ℃活动积温 2 700 ℃以上西部区域种植。

55. 齐农 3 号(图 2 - 107)

图 2 - 107 齐农 3 号

品种来源:黑龙江省农业科学院齐齐哈尔分院以合 03 - 14 为母本、以丰豆 1 号为父本,经有性杂交,采用系谱法选育而成。原代号:齐 0502787。2017 年通过黑龙江省农作物品种审定委员会审定,品种审定编号:黑审豆 2017003。

特征特性:在适应区出苗至成熟生育日数 119 d 左右,需≥10 ℃活动积温 2 580 ℃左右;该品种为亚有限结荚习性,株高 93 cm 左右,有分枝,紫花,圆叶,灰色茸毛,荚弯镰形,成熟时呈黄褐色;籽粒椭圆形,种皮黄褐色,种脐褐色,有光泽,百粒重 19.7 g 左右;蛋白质含量 39.02%,脂肪含量 21.61%;接种鉴定中抗胞囊线虫病。

产量表现:2014—2015 年区域试验平均产量为 2 622.6 kg/hm²,较对照品种嫩丰 18 增产 13.4%;2016 年生产试验平均产量为 2 627.6 kg/hm²,较对照品种嫩丰 18 增产 13.4%。

栽培技术要点:该品种适应在 5 月上旬播种,选择中上等土壤肥力地块种植,采用"垄三"栽培方式,保苗 25 万 ~28 万株/公顷;一般栽培条件下施磷酸二铵 130 ~150 kg/hm²、尿素 40 kg/hm²、钾肥 50 kg/hm²,生育期间根据生长势喷施叶面肥 1 ~2 次;田间采用化学药剂或人工除草,中耕 2 ~3 次,秋后拔大草 1 ~2,及时防治大豆食心虫,成熟时及时收获。

适宜区域:适宜黑龙江省第一积温带种植。

56. 齐农 5 号(图 2 - 108)

图 2 - 108 齐农 5 号

品种来源:黑龙江省农业科学院齐齐哈尔分院以合丰25为母本、以丰豆3号为父本,经有性杂交,采用系谱法选育而成。2018年通过黑龙江省农作物品种审定委员会审定,品种审定编号:黑审豆2018006。

特征特性:抗病品种;在适应区出苗至成熟生育日数123 d左右,需≥10 ℃活动积温2 550 ℃左右;该品种为无限结荚习性,株高100 cm左右,有分枝,白花,尖叶,灰色茸毛,荚弯镰形,成熟时呈褐色;籽粒圆形,种皮褐色,种脐淡褐色,有光泽,百粒重19.4 g左右;蛋白质含量39.05%,脂肪含量21.91%;接种鉴定抗胞囊线虫病。

产量表现:2015—2016年区域试验平均产量为2 615.2 kg/hm²,较对照品种嫩丰18增产11.2%;2017年生产试验平均产量为2 611.1 kg/hm²,较对照品种嫩丰18增产10.9%。

栽培技术要点:在适应区5月上旬播种,选择中上等肥力地块种植,采用"垄三"栽培方式,保苗25万~28万株/公顷;一般栽培条件下施基肥磷酸二铵130~150 kg/hm²、尿素30 kg/hm²,钾肥50 kg/hm²,生育期间根据长势喷施叶面肥1~2次;生育期间及时铲趟,防治病虫害,拔大草1~2次或采用除草剂除草,及时收获。

适宜区域:适宜在黑龙江省≥10 ℃活动积温2 700 ℃以上西部区域种植。

56. 庆豆13(图2-109)

图2-109　庆豆13

品种来源:黑龙江省农业科学院大庆分院和沈阳农业大学北方线虫研究所以黑抗002-24为母本、以农大5129为父本,经有性杂交,采用系谱法选育而成。原代号:庆农07-1115。2013年通过黑龙江省农作物品种审定委员会审定,品种审定编号:黑审豆2013007。

特征特性:抗病品种;在适应区出苗至成熟生育日数123 d左右,需≥10 ℃活动积温2 550 ℃左右;该品种为亚有限结荚习性,株高90 cm左右,有分枝,紫花,圆叶,灰色茸毛,荚弯镰形,成熟时呈黑褐色;籽粒椭圆形,种皮黄色,种脐黑色,有光泽,百粒重19 g左右;蛋白质含量41.46%,脂肪含量21.09%;接种鉴定抗大豆胞囊线虫病。

产量表现:2010—2011年区域试验平均产量为2 536.5 kg/hm²,较对照品种嫩丰18增产10.7%;2012年生产试验平均产量为2 247.3 kg/hm²,较对照品种嫩丰18增产11.2%。

栽培技术要点:在适应区5月上旬播种,选择中上等肥力地块种植,采用"垄三"栽培方式,保苗22.5万株/公顷;一般栽培条件下施磷酸二铵150 kg/hm²、硫酸钾50 kg/hm²、尿素30 kg/hm²;及时除草,铲趟2~3次,完全成熟时及时收获;建议重迎茬种植需注意大豆胞囊线虫病防治、根据土壤情况增施肥料及微量元素。

适宜区域:适宜在黑龙江省第一积温带种植。

57. 佳密豆6号(图2-110)

图2-110 佳密豆6号

品种来源:黑龙江省农业科学院佳木斯分院以合农60为母本、以垦丰16为父本,采用系谱法选育而成。原代号:佳0411-10。2016年通过黑龙江省农作物品种审定委员会审定,品种审定编号:黑审豆2016019。

特征特性:耐密植品种;在适应区出苗至成熟生育日数114 d左右,需≥10 ℃活动积温2 320 ℃左右;有限结荚习性,株高72 cm左右,有分枝,白花,尖叶,灰色茸毛,荚弯镰形,成熟时呈浅褐色;籽粒圆形,种皮黄色,种脐黄色,有光泽,百粒重18.0 g左右;蛋白质含量40.8%,脂肪含量20.9%;接种鉴定中抗灰斑病。

产量表现:2013—2014年区域试验平均产量为2 893.0 kg/hm²,较对照品种合农60增产12.30%;2015年生产试验平均产量为3 299.0 kg/hm²,较对照品种合农60增产11.4%。

栽培技术要点:在适应区5月上中旬播种,采用"窄行密植"栽培方式,即大垄窄行密植(130 cm种6行)、小垄窄行密植(45 cm种2行)和平作窄行密植(19~30 cm行距,单行),保苗40万~45万株/公顷;一般栽培条件下施磷酸二铵150~200 kg/hm²、尿素30~50 kg/hm²、钾肥50~70 kg/hm²;田间采用化学药剂除草或人工除草,中耕2~3次,拔大草1~2次,生育期间追施叶面肥1~2次,同时防治大豆食心虫,成熟后要及时收获;建议播前对种子进行包衣处理;9月中下旬成熟,10月上旬收获。

适宜区域:适宜在黑龙江省第二积温带种植。

58. 农菁豆4号(图2-111)

图2-111　农菁豆4号

品种来源:黑龙江省农业科学院草业研究所以垦农18为母本、以绥农14为父本,经有性杂交,采用系谱法选育而成。品种原代号:菁06-2。2013年通过黑龙江省农作物品种审定委员会审定,品种审定编号:黑审豆2013009。

特征特性:在适应区出苗至成熟生育日数118 d左右,需≥10 ℃活动积温2 400 ℃左右;该品种为亚有限结荚习性,株高70~90 cm,紫花,尖叶,灰色茸毛,荚弯镰形,成熟时呈褐色;籽粒圆形,种皮黄色,种脐黄色,有光泽,百粒重18.2 g左右;蛋白质含量39.69%,脂肪含量21.80%;接种鉴定中抗灰斑病。

产量表现:2010—2011年区域试验平均产量为2 764.1 kg/hm²,较对照品种绥农28增产10.4%;2012年生产试验平均产量为2 588.8 kg/hm²,较对照品种绥农28增产7.5%。

栽培技术要点:在适应区5月上旬播种,选择中等肥力地块种植,采用垄作栽培方式,保苗20万~22万株/公顷;一般采用秋施肥或施用种肥,中等肥力地块要求施磷酸二铵130 kg/hm²、尿素25~30 kg/hm²、钾肥50~60 kg/hm²;生育期间及时铲趟,拔大草2次,追施叶面肥和防治食心虫1~2次或采用化学药剂除草,9月下旬成熟,及时收获;建议播前对种子进行包衣处理。

适宜区域:适宜在黑龙江省第二积温带种植。

59. 鹏豆158(图2-112)

图2-112　鹏豆158

品种来源:黑龙江省农业科学院大庆分院以(东农 46×9902)F1 为母本、以农大 5129 为父本,经有性杂交,采用系谱法选育而成。原代号:庆农 09-1594。2015 年通过黑龙江省农作物品种审定委员会审定,品种审定编号:黑审豆 2015009。

特征特性:高油品种;在适应区出苗至成熟生育日数 115 d 左右,需≥10 ℃活动积温 2 350 ℃左右;该品种为亚有限结荚习性,株高 80 cm 左右,无分枝,白花,长叶,灰色茸毛,荚弯镰形,成熟时呈褐色;籽粒圆形,种皮黄色,种脐淡褐色,有光泽,百粒重 22.0 g 左右;蛋白质含量 39.08%,脂肪含量 22.16%;接种鉴定中抗胞囊线虫病、中抗灰斑病。

产量表现:2012—2013 年区域试验平均产量为 3 338.6 kg/hm^2,较对照品种绥农 26 增产 9.5%;2014 年生产试验平均产量为 3 502.4 kg/hm^2,较对照品种绥农 26 增产 9.8%。

栽培技术要点:在适应区 5 月上旬播种,选择中等肥力地块,采用"垄三"栽培方式,保苗 28 万~30 万株/公顷;一般栽培条件下施种肥磷酸二铵 150 kg/hm^2、硫酸钾 50 kg/hm^2、尿素 30 kg/hm^2;生育期间及时铲耥,防治病虫害,拔大草 1 次或采用除草剂除草,及时收获。

适宜区域:适宜在黑龙江省第二积温带种植。

第五节　特用大豆品种

大豆是重要的油料和高蛋白粮饲兼用作物,其蛋白质含量丰富,氨基酸组成平衡,脂质中易于被人体消化吸收的不饱和脂肪酸所占比例高,同时含有各种有益健康的生理活性物质(维生素、矿物质、大豆低聚糖、异黄酮、皂苷等),有健脑益智、养颜护肤、降糖降脂等保健功能,素有"田中之肉、营养之王"的美誉。近年来,随着人们消费意识的提高,健康、合理摄入营养的理念已深入人心,人们对大豆食品的品质和风味要求也越来越高。国产大豆超过 80% 被加工成豆制品、调味品,多元化的大豆品种需求是国内外市场发展的必然,因而产生了"特用大豆品种"的概念,主要指的是具有独特品性、满足特定需求的大豆品种,即面向特定用途并保持特定品性品种的原料大豆。特用大豆品种主要适用于食用豆,其包括菜用型大豆(又称毛豆)、小粒大豆(用作生产豆芽及纳豆)、黑大豆(具有药用价值),涉及高大豆异黄酮、脂肪氧化酶缺失、低亚麻酸的新型豆制品的专用品种,以及高蛋白和高油等传统豆制品加工的专用品种等。

目前,我国已成为全球最大的大豆消费国与进口国,进口依存度达到 85%,严重影响了我国大豆产业的安全。黑龙江省是我国重要的大豆主产区,也是大豆商品生产和供给基地,利用黑龙江省大豆产区原生态、寒地黑土、冬季自然休耕、病虫害少等特色优势,培育和生产绿色有机高蛋白、高油、无腥味、小粒豆、芽豆、豆浆豆等专用品种,可以满足多元化市场的需求。近年来,黑龙江省在特用大豆种质创新和新品种选育方面做了大量基础工作,已经培育出众多不同类型的特用大豆品种。本节重点介绍近十年黑龙江省已审定的特用大豆品种及其特征特性。

1. 广兴黑大豆 1 号(图 2 - 113)

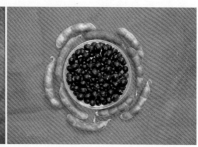

图 2 - 113　广兴黑大豆 1 号

品种来源:黑龙江省克山农业科技研究所和黑龙江省孙吴县北旱种业有限责任公司以地方品种农家黑为母本、以地方品种农家红为父本,经有性杂交,采用系谱法选育而成。原代号:黑大豆 02 - 206。2013 年通过黑龙江省农作物品种审定委员会审定,品种审定编号:黑审豆 2013020。

特征特性:黑大豆品种;该品种为黑皮黄仁食用型黑大豆品种,亚有限结荚习性;在适应区出苗至成熟生育日数 105 d 左右,需≥10 ℃活动积温 2 100 ℃左右;株高 55 cm 左右,有分枝,白花,尖叶,棕色茸毛,荚镰刀形,成熟时呈棕色;籽粒圆形,种皮黄色,种脐淡褐色,有光泽,百粒重 12 g 左右;蛋白质含量 39.06%,脂肪含量 19.02%;接种鉴定中抗灰斑病。

产量表现:2009—2010 年区域试验平均产量为 3 033.8 kg/hm²,较对照品种东农 44 增产 13.3%;2011—2012 年生产试验平均产量为 2 980.1 kg/hm²,较对照品种东农 44 增产 12.3%。

栽培技术要点:在适应区 5 月上旬播种,选择中等肥力地块种植,采用小垄窄行密植栽培模式(45 cm 垄上双条播)或大垄密植栽培方式,保苗 45 万株/公顷左右;一般施磷酸二铵 160～180 kg/hm²、尿素 46.5～58.5 kg/hm²;及时铲趟,秋后拔大草 1 次;生育期注意防治病虫害,及时收获,注意防混杂。

适宜区域:适宜在黑龙江省第五积温带种植。

2. 合丰 54(图 2 - 114)

图 2 - 114　合丰 54

品种来源:黑龙江省农业科学院合江农业科学研究所以龙9777为母本、以日本小粒豆为父本,经有性杂交,采用系谱法选育而成。原代号:合交05-1478。2008年通过黑龙江省农作物品种审定委员会审定,品种审定编号:黑审豆2008020。

特征特性:小粒品种;在适应区出苗至成熟生育日数115 d左右,需≥10 ℃活动积温2 320 ℃左右;该品种为无限结荚习性,株高90~95 cm,有分枝,白花,尖叶,灰色茸毛,荚熟直形,成熟时呈灰褐色;籽粒圆形,种皮黄色,种脐黄色,有光泽,百粒重9 g左右;蛋白质含量42.29%,脂肪含量19.30%,可溶性糖8.00%;接种鉴定中抗灰斑病。

产量表现:2006—2007年区域试验平均产量为2 201.6 kg/hm²,较对照品种绥小粒豆1号增产13.2%;2007年生产试验平均产量为2 211.6 kg/hm²,较对照品种绥小粒豆1号增产13.0%。

栽培技术要点:在适应区5月上中旬播种,选择中下等肥力的地块种植,采用"垄三"栽培方式,保苗25万株/公顷左右;生育期间要求三铲三趟,拔大草2次,追施叶面肥和防治食心虫1~2次或采用化学药剂除草;九月中旬成熟,9月下旬收获。

适宜区域:适宜在黑龙江省第二积温带种植。

3. 合农58(图2-115)

图2-115　合农58

品种来源:黑龙江省农业科学院佳木斯分院以龙9777为母本、以日本小粒豆品种为父本,经有性杂交,采用系谱法选育而成。原代号:合交05-1483。2010年通过黑龙江省农作物品种审定委员会审定,品种审定编号:黑审豆2010020。

特征特性:芽豆或纳豆专用品种;在适应区出苗至成熟生育日数114 d左右,需≥10 ℃活动积温2 260 ℃左右;该品种为亚有限结荚习性,株高75~85 cm,多分枝,白花,尖叶,灰色茸毛,荚直形,成熟时呈褐色;籽粒圆形,种皮、种脐黄色,有光泽,百粒重9.5 g左右;蛋白质含量42.75%,脂肪含量19.14%,可溶性糖8.17%;接种鉴定中抗灰斑病。

产量表现:2007—2008年区域试验平均产量为2 291.7 kg/hm²,较对照品种绥小粒豆1号增产16.2%;2009年生产试验平均产量为2 273.3 kg/hm²,较对照品种绥小粒豆1号增产14.2%。

栽培技术要点:在适应区5月上中旬播种,选择中等肥力地块种植,避免重茬种植,整地要求进行伏翻或秋翻秋打垄或早春适时顶浆打垄,达到良好播种状态;一般栽培条件下施磷酸二铵 100 kg/hm²、尿素 20 kg/hm²、钾肥 30 kg/hm²,生育期间根据长势情况追施叶面肥 1~2 次,同时防治食心虫;播前要对种子进行包衣处理,以防治地下病虫害;保苗 25 万~30 万株/公顷;9 月中旬成熟,9 月下旬收获;生育期间三铲三趟,采用化学药剂除草,拔大草 2~3 次。

适宜区域:适宜黑龙江省第二积温带种植。

4. 恒科绿 1 号(图 2-116)

图 2-116 恒科绿 1 号

品种来源:讷河市增丰农业科研所和黑龙江省农垦总局九三科研所以北丰 9 号为母本、以广石绿大豆 1 号为父本,经有性杂交,采用系谱法选育而成。原代号:增绿丰 5717。2014 年通过黑龙江省农作物品种审定委员会审定,品种审定编号:黑审豆 2014022。

特征特性:小粒绿大豆品种;在适应区出苗至成熟生育日数 112 d 左右,需≥10 ℃活动积温 2 200 ℃左右;该品种为亚有限结荚习性,株高 80 cm 左右,有分枝,紫花,尖叶,灰色茸毛,荚弯镰形,成熟时呈褐色;籽粒圆形,种皮绿色,种脐黄绿色,有光泽,百粒重 11.0 g 左右;蛋白质含量 42.76%,脂肪含量 17.36%;接种鉴定中抗灰斑病。

产量表现:2011—2012 年区域试验平均产量为 1 928.5 kg/hm²,较对照品种广石绿大豆 1 号增产 8.9%;2013 年生产试验平均产量为 2 006.5 kg/hm²,较对照品种广石绿大豆 1 号增产 10.4%。

栽培技术要点:在适应区 5 月上中旬播种,选择中上等肥力地块种植,采用"垄三"栽培方式,保苗 33 万株/公顷左右;一般栽培条件下施磷酸二铵 120 kg/hm²、尿素 40 kg/hm²、硫酸钾 50 kg/hm²;生育期间及时铲趟,防治病虫害,田间除草采用人工或化学灭草。

适宜区域:适宜在黑龙江省第四积温带种植。

5. 顺豆小粒豆1号(图2-117)

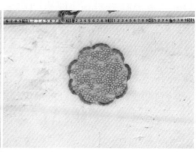

图2-117　顺豆小粒豆1号

品种来源:黑龙江省风调雨顺种业有限公司以东农小粒豆为母本、以抗线1号为父本,经有性杂交,采用系谱法选育而成。原代号:黑抗008-31。2013年通过黑龙江省农作物品种审定委员会审定,品种审定编号:黑审豆2013021。

特征特性:小粒品种;在适应区出苗至成熟生育日数123 d左右,需≥10 ℃活动积温2 550 ℃左右;该品种为亚有限结荚习性;株高80 cm左右,分枝1~2个,紫花,长叶,灰色茸毛,荚微弯形,成熟时呈褐色;籽粒圆形,种皮黄色,种脐淡褐色,百粒重10 g左右;蛋白质含量42.44%,脂肪含量18.59%;接种鉴定中抗灰斑病。

产量表现:2010—2011年区域试验平均产量为1 961.8 kg/hm²,较对照品种东农690增产12.6%;2012年生产试验平均产量为1 870.8 kg/hm²,较对照品种东农690增产21.8%。

栽培技术要点:在适应区5月上中旬播种,选择中等肥力地块种植,采用"垄三"栽培方式,保苗22.5万株/公顷,不宜过密;施硫酸型NPK复合肥300 kg/hm²;适时早播,及时中耕,药剂灭草,适时收获。

适宜区域:适宜在黑龙江省第二积温带种植。

6. 绥无腥豆3号(图2-118)

图2-118　绥无腥豆3号

品种来源:黑龙江省农业科学院绥化分院以合丰50为母本、以(绥03-31019-1×

绥04－5474)F1 为父本,经有性杂交,采用系谱法选育而成。2018 年通过黑龙江省农作物品种审定委员会审定,品种审定编号:黑审豆2018047。

特征特性:无腥豆品种;在适应区出苗至成熟生育日数 115 d 左右,需≥10 ℃活动积温 2 300 ℃左右;该品种为亚有限结荚习性,株高 85 cm 左右,无分枝,紫花,长尖,灰色茸毛,荚弯镰形,成熟时呈褐色;籽粒圆形,种皮黄色,种脐黄色,无光泽,百粒重 19 g 左右;蛋白质含量 37.37%,脂肪含量 21.81%,缺失脂肪氧化酶 Lox－2;接种鉴定中抗灰斑病。

产量表现:2015—2016 年区域试验平均产量为 2 722.6 kg/hm²,较对照品种无腥豆 2 号增产 12.0%;2017 年生产试验平均产量为 2 755.3 kg/hm²,较对照品种无腥豆 2 号增产 10.8%。

栽培技术要点:在适应区 5 月上旬播种,选择中等肥力地块种植,采用"垄三"栽培方式,保苗 25 万株/公顷左右;一般栽培条件下施基肥磷酸二铵 130 kg/hm²、尿素 20 kg/hm²、钾肥 60 kg/hm²;生育期间及时铲耥,防治病虫害,拔大草 1~2 次或采用除草剂除草,及时收获。

适宜区域:适宜在黑龙江省≥10 ℃活动积温 2 450 ℃区域种植。

7. 五芽豆 1 号(图 2－119)

图 2－119 五芽豆 1 号

品种来源:黑龙江省五大连池市富民种子集团有限公司以东农 690 为母本、以绥小粒豆为父本,经有性杂交,采用系谱法选育而成。2018 年通过黑龙江省农作物品种审定委员会审定,品种审定编号:黑审豆2018044。

特征特性:芽豆品种;在适应区出苗至成熟生育日数 110 d 左右,需≥10 ℃活动积温 2 150 ℃左右;该品种为亚有限结荚习性,株高 90 cm 左右,有分枝,紫花,尖叶,灰色茸毛,荚弯镰形,成熟时呈黄褐色;籽粒圆形,种皮黄色,种脐黄色,有光泽,百粒重 10 g 左右;蛋白质含量 44.43%,脂肪含量 16.23%;接种鉴定中抗灰斑病。

产量表现:2015—2016 年区域试验平均产量为 2 360.5 kg/hm²,较对照品种东农 60 增产 6.9%;2017 年生产试验平均产量为 2 349.8 kg/hm²,较对照品种东农 60 增产 6.9%。

栽培技术要点:在适应区 5 月上旬播种,选择中等以上肥力地块种植,采用大垄双行栽培方式,保苗 28 万株/公顷左右;一般栽培条件下施基肥磷酸二铵 150 kg/hm²、尿素 40 kg/hm²、钾肥 50 kg/hm²,施种肥磷酸二铵 3 kg/hm²、尿素 8 kg/hm²、钾肥 5 kg/hm²,追施氮肥 5 kg/hm²;生育期间及时铲趟,防治病虫害,拔大草 3 次或采用除草剂除草,及时收获。

适宜区域:适宜在黑龙江省≥10 ℃活动积温 2 250 ℃区域种植。

8. 中龙小粒豆 1 号(图 2-120)

图 2-120 中龙小粒豆 1 号

品种来源:黑龙江省农业科学院耕作栽培研究所以龙品 8601 为母本、以 ZYY39 为父本,采用系谱方法选育而成。原代号:龙哈 0821。2016 年通过黑龙江省农作物品种审定委员会审定,品种审定编号:黑审豆 2016018。

特征特性:小粒高蛋白品种;在适应区出苗至成熟生育日数 114 d 左右,需≥10 ℃活动积温 2 260 ℃左右;该品种为亚有限结荚习性,株高 70 cm 左右,无分枝,白花,圆叶,灰色茸毛,荚弯镰形,成熟时呈褐色;籽粒圆形,种皮黄色,种脐黄色,有光泽,百粒重 11.0 g 左右;蛋白质含量 44.77%,脂肪含量 17.37%;接种鉴定中抗灰斑病。

产量表现:2013—2014 年区域试验平均产量为 2 303.1 kg/hm²,较对照品种龙小粒豆 1 号增产 11.4%;2015 年生产验平均产量为 2 471.4 kg/hm²,较对照品种龙小粒豆 1 号增产 9.1%。

栽培技术要点:在适应区 5 月上旬播种,选择中等以上肥力地块种植,采用垄作栽培方式,保苗 30 万～35 万株/公顷;秋施肥、施磷酸二铵 150 kg/hm² 左右、尿素 30～40 kg/hm²,钾肥 50～60 kg/hm²;三铲三趟或化学除草,生育后期拔大草 1 次;成熟后于 9 月下旬至 10 月初人工或机械收获;大豆生育期、鼓粒期注意防止大豆蚜虫和食心虫。

适宜区域:适宜在黑龙江省第二积温带种植。

9. 中龙小粒豆 2 号（图 2 - 121）

图 2 - 121　中龙小粒豆 2 号

品种来源：黑龙江省农业科学院耕作栽培研究所以绥小粒豆 2 号为母本、以龙品 03 - 123 为父本，采用系谱法选育而成。2019 年通过黑龙江省农作物品种审定委员会审定，品种审定编号：黑审豆 2019 - 1 - 0186。

特征特性：高蛋白、特种品种；在适应区出苗至成熟生育日数 110 d 左右，需 ≥10 ℃ 活动积温 2 250 ℃ 左右；该品种为亚有限结荚习性，株高 85 cm 左右，无分枝，紫花，尖叶，灰色茸毛，荚弯镰形，成熟时呈褐色；籽粒圆形，种皮黄色，种脐黄色，有光泽，百粒重 11 g 左右。两年平均品质分析结果：蛋白质含量 46.96%；脂肪含量 16.02%。两年抗病接种鉴定结果：中抗灰斑病。其他特性：秆强有韧性、抗倒伏、根系发达，抗旱性好，稳产性好，适应性广。

产量表现：2017—2018 年区域试验平均产量为 3 026.3 kg/hm²，较对照品种龙小粒豆 1 号增产 9.7%；2016 年生产试验平均产量为 1 671.1 kg/hm²，较对照品种龙小粒豆 1 号增产 8.9%。

栽培技术要点：该品种在适应区 5 月上旬播种，选择中等以上肥力地块种植，采用垄作栽培方式，保苗 22 万 ~27 万株/公顷；秋施肥，施基肥磷酸二铵 150 kg/hm² 左右、钾肥 50 ~60 kg/hm²。三铲三趟或化学除草，成熟后于九月下旬至十月初人工或机械收获。

适宜区域：适宜在黑龙江省第一、二、三积温带种植。

10. 中龙黑大豆 1 号（图 2 - 122）

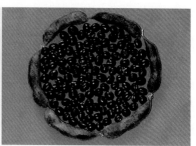

图 2 - 122　中龙黑大豆 1 号

品种来源:黑龙江省农业科学院耕作栽培研究所以黑 02 - 78 为母本、以龙哈 05 - 478 为父本,采用系谱法选育而成。2019 年通过黑龙江省农作物品种审定委员会审定,品种审定编号:黑审豆 2019 - 1 - 0169。

特征特性:特种品种;在适应区出苗至成熟生育日数 118 d 左右,需 ≥10 ℃ 活动积温 2 450 ℃ 左右;该品种为亚有限结荚习性,株高 70 cm 左右,有分枝,紫花,圆叶,棕色茸毛,荚弯镰形,成熟时呈黑色;籽粒圆形,种皮黑色,种脐黑色,有光泽,百粒重 20 g 左右。三年平均品质分析结果:蛋白质含量 43.20%;脂肪含量 19.55%。三年抗病接种鉴定结果:中抗灰斑病。其他特性:秆强有韧性、抗倒伏,根系发达,抗旱性好,稳产性好,适应性广。

产量表现:2016—2017 年区域试验平均产量为 2 748.7 kg/hm²,较对照品种龙黑大豆 1 号增产 8.9%;2018 年生产试验平均产量为 3 168.4 kg/hm²,较对照品种龙黑大豆 1 号增产 12.4%。

栽培技术要点:该品种在适应区 5 月上旬播种,选择中等以上肥力地块种植,采用垄作栽培方式,保苗 22 万 ~27 万株/公顷;秋施肥,施基肥磷酸二铵 150 kg/hm² 左右、钾肥 50 ~60 kg/hm²;三铲三趟或化学除草,成熟后于九月下旬至十月初人工或机械收获;生产上注意控制密度,不宜密植。

适宜区域:适宜在黑龙江省第一、二积温带种植。

11. 中龙黑大豆 2 号(图 2 - 123)

图 2 - 123 中龙黑大豆 2 号

品种来源:黑龙江省农业科学院耕作栽培研究所以黑 02 - 78 为母本、以龙品 03 - 311 为父本,采用系谱法选育而成。2019 年通过黑龙江省农作物品种审定委员会审定,品种审定编号:黑审豆 2019 - 1 - 0187。

特征特性:特种品种;在适应区出苗至成熟生育日数 115 d 左右,需 ≥10 ℃ 活动积温 2 450 ℃ 左右;该品种为亚有限结荚习性,株高 80 cm 左右,有分枝,紫花,圆叶,灰色茸毛,荚弯镰形,成熟时呈黑色;籽粒圆形,种皮黑色,种脐黑色,有光泽,百粒重 18 g 左右。两年平均品质分析结果:蛋白质含量 43.02%;脂肪含量 19.62%。两年抗病接种鉴定结果:中抗灰斑病。其他特性:秆强有韧性、抗倒伏,根系发达,抗旱性好,稳产性好,适应性广。

产量表现:2017—2018 年区域试验平均产量为 3 031.4 kg/hm²,较对照品种龙黑大豆

1 号增产 10.9%。

栽培技术要点:该品种在适应区 5 月上旬播种,选择中等以上肥力地块种植,采用垄作栽培方式,保苗 25 万 ~ 30 万株/公顷;秋施肥,施基肥磷酸二铵 150 kg/hm² 左右、钾肥 50 ~ 60 kg/hm²;三铲三趟或化学除草,成熟后于九月下旬至十月初人工或机械收获;生产上注意控制密度,不宜密植。

适宜区域:适宜在黑龙江省第一、二积温带种植。

12. 华菜豆 3 号(图 2 - 124)

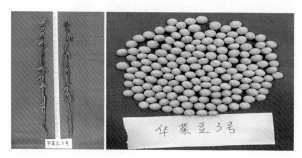

图 2 - 124　华菜豆 3 号

品种来源:北安市华疆种业有限责任公司以华疆 0116 为母本、以华疆 404 为父本,经有性杂交,采用系谱法选育而成。2018 年通过黑龙江省农作物品种审定委员会审定,品种审定编号:黑审豆 2018046。

特征特性:菜用品种;在适应区出苗至成熟生育日数 105 d 左右,需 ≥10 ℃活动积温 2 100 ℃左右;该品种为亚有限结荚习性,株高 80 cm 左右,无分枝,紫花,尖叶,灰色茸毛,荚弯镰形,成熟时呈褐色;籽粒圆形,种皮黄色,种脐黄色,有光泽,百粒重 26 g 左右;蛋白质含量 41.56%,脂肪含量 19.916%;接种鉴定中抗灰斑病。

产量表现:2015—2016 年区域试验平均产量为 2 540.0 kg/hm²,较对照品种黑河 45 增产 9.3%;2017 年生产试验平均产量为 2 704.1 kg/hm²,较对照品种黑河 45 增产 9.2%。

栽培技术要点:在适应区 5 月上旬播种,选择中等以上肥力地块种植,采用"垄三"栽培方式,保苗 30 万株/公顷左右;一般栽培条件下施基肥磷酸二铵 150 kg/hm²、尿素 40 kg/hm²、钾肥 50 kg/hm²;生育期间及时铲趟,防治病虫害,采用除草剂除草,及时收获。

适宜区域:适宜在黑龙江省 ≥10 ℃活动积温 2 150 ℃区域种植。

13. 合农 92(图 2 –125)

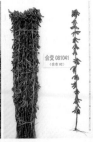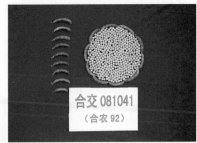

图 2 –125　合农 92

品种来源:黑龙江省农业科学院以合丰 34 为母本、以九丰 10 为父本,经有性杂交,采用系谱法选育而成。原代号:合交 081041。2016 年通过黑龙江省农作物品种审定委员会审定,品种审定编号:黑审豆 2016017。

特征特性:小粒品种;在适应区出苗至成熟生育日数 111 d 左右,需≥10 ℃活动积温 2 250 ℃左右;该品种为亚有限结荚习性,株高 81 cm 左右,有分枝,紫花,尖叶,灰色茸毛,荚弯镰形,成熟时呈褐色;籽粒圆形,种皮黄色,种脐黄色,有光泽,百粒重 15.0 g 左右;蛋白质含量 38.61%,脂肪含量 22.20%;接种鉴定中抗灰斑病。

产量表现:2013—2014 年区域试验平均产量为 2 595.4 kg/hm²,较对照品种合农 58 增产 13.5%;2015 年生产试验平均产量为 2 681.5 kg/hm²,较对照品种合农 58 增产 15.2%。

栽培技术要点:在适应区 5 月上中旬播种,选择中等肥力地块种植,采用"垄三"栽培方式,保苗 30 万株/公顷左右;一般栽培条件下施磷酸二铵 100~150 kg/hm²、尿素 25~30 kg/hm²、钾肥 50~70 kg/hm²;生育期间及时铲耥,防治病虫害,拔大草 2~3 次或采用除草剂除草,及时收获。

适宜区域:适宜在黑龙江省第三积温带下限及第四积温带上限种植。

14. 东农 60(图 2 –126)

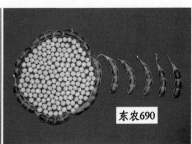

图 2 –126　东农 60

品种来源:东北农业大学大豆科学研究所以日本小粒豆为母本、以东农小粒豆845为父本,经有性杂交,采用系谱法选育而成。原代号:东农690。2013年通过黑龙江省农作物品种审定委员会审定,品种审定编号:黑审豆2013023。

特征特性:小粒高蛋白品种;在适应区出苗至成熟生育日数115 d左右,需≥10℃活动积温2 250℃左右;该品种为亚有限结荚习性,株高90 cm左右,有分枝,紫花,长叶,灰色茸毛,荚弯镰形,成熟时呈褐色;籽粒圆形,种皮深黄色,种脐无色,有光泽,百粒重9 g左右;蛋白质含量47.09%,脂肪含量17.02%;接种鉴定中抗灰斑病。

产量表现:2010—2011年区域试验平均产量为2 298.2 kg/hm²,较对照品种东农50增产7.4%;2012年生产试验平均产量为2 274.2 kg/hm²,较对照品种东农50增产7.1%。

栽培技术要点:在适应区5月上旬播种,适于平川漫岗地或中等肥力地块种植,避免低洼地块种植,采用"垄三"栽培方式,保苗22万株/公顷;施磷酸二铵100~120 kg/hm²、尿素30 kg/hm²、钾肥30 kg/hm²;在大豆结荚鼓粒期注意防治大豆食心虫。

适宜区域:适宜在黑龙江省第三积温带种植。

15. 昊疆13号(图2-127)

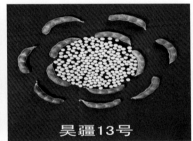

图2-127 昊疆13号

品种来源:北安市昊疆农业科学技术研究所以昊疆829为母本、以昊疆711为父本,经有性杂交,采用系谱法选育而成。2018年通过黑龙江省农作物品种审定委员会审定,品种审定编号:黑审豆2018042。

特征特性:芽豆品种;在适应区出苗至成熟生育日数110 d左右,需≥10℃活动积温2 200℃左右;该品种为亚有限结荚习性,株高82 cm左右,无分枝,白花,尖叶,灰色茸毛,荚弯镰形,成熟时呈褐色;籽粒圆形,种皮黄色,种脐黄色,有光泽,百粒重14.0 g左右;蛋白质含量39.71%,脂肪含量20.55%;接种鉴定中抗灰斑病。

产量表现:2015—2016年区域试验平均产量为2 728.9 kg/hm²,较对照品种东农60增产12.4%;2017年生产试验平均产量为2 950.1 kg/hm²,较对照品种东农60增产14.2%。

栽培技术要点:在适应区5月上旬播种,选择中等肥力地块种植,采用"垄三"栽培方式,保苗 30 万株/公顷左右;一般栽培条件下施基肥磷酸二铵 120 kg/hm²、尿素 25 kg/hm²、钾肥 40 kg/hm²,施种肥磷酸二铵 36 kg/hm²、尿素 15 kg/hm²、钾肥 25 kg/hm²,花期、结荚期分别追施磷酸二氢钾 2 kg/hm² 和尿素 5 kg/hm²;生育期间及时铲耥,防治病虫害,拔大草 2~3 次,及时收获。

适宜区域:适宜在黑龙江省≥10 ℃活动积温 2 250 ℃区域种植。

参考文献

[1] 王萍,武琦,吕世翔,等.2018 年黑龙江审定推广的大豆品种Ⅱ[J].大豆科学,2018,37(6):989-998.

[2] 吕世翔,武琦,王萍,等.2018 年黑龙江审定推广的大豆品种Ⅰ[J].大豆科学,2018,37(5):820-828.

[3] 孙明明,武琦,王萍,等.2017 年黑龙江审定推广的大豆品种Ⅱ[J].大豆科学,2017,36(6):980-986.

[4] 王萍,武琦,孙明明,等.2017 年黑龙江省审定推广的大豆品种[J].大豆科学,2017,36(5):824-830.

[5] 孙明明,王萍,吕世翔.2016 年黑龙江省审定推广的大豆品种[J].大豆科学,2016,35(5):875-880.

[6] 孙明明,王萍,吕世翔.2015 年黑龙江省审定推广的大豆品种Ⅱ[J].大豆科学,2015,34(6):1100-1102.

[7] 孙明明,王萍,吕世翔.2015 年黑龙江省审定推广的大豆品种Ⅰ[J].大豆科学,2015,34(5):918-920.

[8] 王萍,孙明明.2014 年黑龙江省审定推广的大豆品种Ⅱ[J].大豆科学,2014,33(4):626-628.

[9] 孙明明,王萍.2014 年黑龙江省审定推广的大豆品种Ⅰ[J].大豆科学,2014,33(3):463-466.

[10] 王萍.2013 年黑龙江省审定推广的大豆新品种Ⅱ[J].大豆科学,2013,32(4):576-579.

[11] 王萍.2013 年黑龙江省审定推广的大豆新品种Ⅰ[J].大豆科学,2013,32(3):429-432.

[12] 宋显军.2012 年黑龙江省审定推广的大豆新品种[J].大豆科学,2012,31(3):504-510.

[13] 董国忠.2012 年黑龙江省审定推广的水稻品种[J].中国稻米,2012,18(3):71-79.

[14] 孙明明.2011 年黑龙江省审定推广的大豆新品种[J].大豆科学,2011,30(4):713-718.

[15] 孙明明.2009 年黑龙江省审定推广的大豆新品种[J].大豆科学,2011,30(3):

532 - 536.

[16] 宋显军. 2010 年黑龙江省审定推广的大豆新品种[J]. 大豆科学,2011,30(1): 171 - 176.

[17] 赵璇,金素娟,牛宁,等. 特用大豆的发展前景及展望[J]. 河北农业科学,2018,22 (6):93 - 95.

[18] 刘璐. 我国特用大豆种植情况及产业分析[D]. 南京:南京农业大学,2014.

[19] 何庸,黄忠文,高占民,等. 黑龙江垦区大豆生态区划研究(续)[J]. 现代化农业, 1992(11):8 - 10.

[20] 何庸,黄忠文,高占民,等. 黑龙江垦区大豆生态区划研究[J]. 现代化农业,1992 (10):7 - 9.

[21] 许佳琦,郭立峰,殷世平,等. 黑龙江省大豆不同生育阶段适宜温度与降水量化指 标研究[J]. 东北农业大学学报,2017,48(8):33 - 44.

[22] 于福明. 黑龙江省大豆生产中存在的问题及解决思路[J]. 农民致富之友,2018 (9):72.

[23] 顾红,杜春英,高永刚,等. 黑龙江省近48年积温和降水的变化及其对作物种植带 的影响[J]. 安徽农业科学,2010,38(34):19602 - 19603,19622.

[24] 季生太,杨明,纪仰慧,等. 黑龙江省近45年积温变化及积温带的演变趋势[J]. 中国农业气象,2009,30(2):133 - 137.

[25] 王金陵. 大豆的生态类型与大豆的栽培和育种[J]. 中国农业科学,1961(1): 24 - 27.

[26] 杨显峰,杨德光,汤艳辉,等. 黑龙江省年有效积温变化趋势和大豆温度生态适宜 性种植区划[J]. 作物杂志,2010(2):62 - 65.

[27] 赵璇,金素娟,牛宁,等. 特用大豆的发展前景及展望[J]. 河北农业科学,2018,22 (6):93 - 95.

[28] 刘璐. 我国特用大豆种植情况及产业分析[D]. 南京:南京农业大学,2014.

第三章 黑龙江大豆种质基础与骨干亲本

第一节 大豆种质资源利用概况

大豆原产于中国,我国大豆种植已有 5 000 多年的历史。大豆属(Glycine)基本上由 Glycine 亚属和 Soja 亚属组成。Glycine 亚属一般认为含有 16 个野生种,Soja 亚属具有两个种,即栽培大豆 G. max 及野生大豆 G. soja,两者都为一年生,是大豆最重要的亚属,包含大豆 90% 以上的种质资源。在长期的种植过程中,经过自然选择和人工选择,我国形成了类型各异的大豆种质资源,其丰富程度在世界上是独一无二的。国际植物遗传资源委员会统计,共 70 个国家收集、保存了较多的大豆种质资源,共计 17 万份育成品种和地方品种,一年生及多年生的野生种质分别为约 10 000 份和 3 000 多份。我国栽培大豆和野生大豆种质资源最为丰富,仅栽培大豆品种就有 2 万余份,其次是美国、日本和俄罗斯等国家。澳大利亚保存有 Glycine 亚属 22 个多年生野生种质 2 000 余份。

《中国大豆品种资源目录》一书共收集大豆种质资源 22 637 份。如此多的大豆品种,对其进行系统的分类十分必要。大豆种质资源的分类是在农艺性状鉴定的基础上进行的,是和品种的性状相联系的。早在 1987 年,王国勋在《中国栽培大豆品种分类研究》一文中就提出了大豆品种分类的原则、模式、要素和标准,并对《中国大豆品种资源目录》中的 6 506 份材料进行了分类,周新安等(1998 年)对《中国大豆品种资源目录》中的 22 595 份材料进行了分类。我国于 1956 年、1979 年、1990 年在全国范围内共收集栽培大豆遗传资源 23 587 份,占世界栽培大豆遗传资源的 23%;收集到不同类型的野生、半野生大豆种质资源 6 000 多份,占世界野生大豆资源的 90% 以上。这些丰富的核心种质资源对拓宽大豆育种的遗传基础,解决大豆栽培生产上抗病、抗虫等优良基因缺乏等问题具有重要的意义。

与栽培大豆相比,一年生野生大豆为二倍体,多具有主茎与分枝不明显、无限结荚、缠绕性强、叶小狭窄、日性强短、裂荚等特性,且多为紫花棕毛,还具有籽粒小、黑色种皮、具有泥膜、吸水慢、种子蛋白质含量高和油分含量低等特点。野生大豆在长期选择过程中基因不断发生变异,经过长期积累形成栽培大豆,经过长期的自然和人工选择,形成了具有丰富表型性状的 23 587 个地方品种。这些品种在中国的黑龙江、吉林、广东、广西等省区仍是大豆生产中的主栽品种,而且已作为直接或间接亲本用于品种选育和资源创新,在中国、美国、巴西、日本等世界大豆主产国的育种和生产中发挥了重要作用。分析表明,6 个

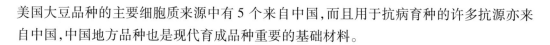

美国大豆品种的主要细胞质来源中有 5 个来自中国,而且用于抗病育种的许多抗源亦来自中国,中国地方品种也是现代育成品种重要的基础材料。

一、黑龙江大豆种质资源

黑龙江大豆种质资源目前有 5 000 多份,其中栽培资源 2 000 多份,野生资源 3 000 多份。黑龙江省大豆栽培历史悠久,在复杂多样的生态条件影响下,大豆种质资源经历了长期的自然演化和人工选择,形成了多种多样的生态类型品种和突出的抗逆、抗病虫性品种等,丰富的大豆种质资源为省内外育种家和遗传研究者们所关注。黑龙江省育种研究处于国内领先水平,育成的黑农号、合丰号、绥农号、东农号等系列大豆优良品种,对我国大豆生产起到重要的推动作用。

根据大豆品种的有效积温,可将黑龙江省的大豆种质资源大致分为 6 类:适应第一积温带(积温在 2 500 ℃以上)品种,生育期为 120～125 d,主要是哈尔滨地区;适应第二积温带(积温为 2 300～2 500 ℃)品种,生育期为 115～118 d,主要位于齐齐哈尔、大庆、牡丹江等部分地区;第三积温带(积温为 2 100～2 300 ℃)品种,生育期为 110～115 d,主要分布在绥化明水县、绥棱县等部分县市;适应第四积温带(积温为 2 100～2 300 ℃)品种,生育期为 100～115 d;适应第五积温带(积温为 1 900～2 100 ℃)品种,生育期为 90～100 d;适应第六积温带(积温为 1 900～2 100 ℃)品种,生育期为 80～90 d,主要分布在孙吴县辰清镇、大兴安岭地区、龙门农场、长水河农场、大岭农场、沿北农场。按百粒重大小,黑龙江省大豆种质资源可分为:大粒,百粒重 18.0 g 以上;中粒,百粒重 12.0～17.9 g;小粒,百粒重 11.9 g 以下。黑龙江省大豆种皮颜色分为黄、清、黑、褐、双色。黑龙江省大豆种质资源按品质可分为高蛋白大豆种质资源(蛋白质含量≥44.0%);高脂肪大豆种质资源(脂肪含量≥22.0%)。黑龙江省大豆结荚习性可分为无限、有限及亚有限结荚性。黑龙江省大豆种质资源按茸毛色又可分为灰毛大豆种质资源、棕毛大豆种质资源。

二、大豆种质资源主要农艺性状遗传潜势分析

1. 大豆产量相关性状遗传分析

单株粒重与产量显著相关,每荚粒数、三四粒荚数、每节荚数、百粒重、主茎荚数均与产量显著相关,这些性状是界定产量的关键性状,在亲本、后代及决定品系中要进行认真的选择。通常,脂肪含量与产量正相关;蛋白质含量与产量负相关;生育日数和株高均与产量有一定的相关性。金文林等利用籽粒大小不同的 5 个小豆亲本组配了 4 个杂交组合,对其衍生后代家系群体百粒重性状的遗传体系应用主基因 + 多基因家系世代联合分离分析方法进行了分析。结果表明,B－1(大粒)×HB801(大粒)和 HB801(大粒)×JN5(中粒)2 个组合百粒重遗传体系由 1 对加性－显性主基因 + 加性－显性－上位性多基因(D－0)构成。高文瑞等采用主基因 + 多基因混合遗传分离分析方法,联合分析 J230082(小粒品种)×海系 13(大粒品种)、巴马九月黄×海系 13(大粒品种)2 个组合的 P1、P2、F1、F2 四个群体,研究了大豆籽粒大小的遗传规律。结果表明,籽粒大小性状均受两对主

基因控制,并且有多基因效应,主基因效应表现为加性－显性－上位性效应。

2. 大豆蛋白、脂肪相关性状遗传分析

目前,相关研究人员利用连锁分析共检测到 213 个大豆蛋白、脂肪相关性状的数量性头座位(QTL),利用关联分析共检测到 85 个大豆蛋白、脂肪相关性状 QTL,在 20 号染色体(I 连锁群)上检测的次数最多,分别为 22 次和 16 次。相关研究人员对各个染色体上用两方法均检测到的 QTL 频率进行了统计,在 20 号染色体(I 连锁群)上检测到大豆蛋白(蛋白质)含量相关 QTL 的频率最高,其次为 15 号染色体(E 连锁群)。在 298 个大豆籽粒蛋白质含量 QTL 中,20 号染色体检测到贡献率为 80% 的 QTL 在其他年份分析时为 41%,因此通过同一分析方法对同一群体的同一性状进行分析时,同一个 QTL 不同年份的贡献率也存在差异,不能仅根据单一环境下的贡献率来确定该 QTL 是否为主效。此外,分析方法、群体大小及标记数目也对估算的贡献率有影响。20 号染色体(I 连锁群)A688－Satt239 在多个环境和遗传群体中均被检测到,可能是一个比较稳定的大豆籽粒蛋白质含量 QTL 区段。QTL 所在的连锁群或连锁区域也存在差异,QTL 定位不仅与环境因素有关,而且与群体类型、遗传背景和性状的类型有密切关系。此外,通过不同的定位方法分析,同一个群体大豆蛋白质含量的 QTL 结果可能也不尽相同,这主要是因为所采用的定位软件基于不同的遗传模型、统计模型或统计算法。

张忠臣等、单大鹏等和姜振峰等分别通过 SSR 标记对 Charleston × 东农 594 构建的 RIL 群体的蛋白含量进行了 QTL 定位,由于群体种植的环境有差异,定位分析软件不同,因此分析结果也不同。实际上,性状数据的遗传模型是不确定的,对大豆籽粒蛋白质含量 QTL 定位时,一些研究者直接利用复合区间作图(CIM)进行分析,但个别 QTL 可能存在显性效应、上位性效应或基因和环境互作,直接利用 CIM 法有可能会影响结果的准确性,因此可以先选择复杂模型的定位方法,再根据结果选择最适的模型进行分析。

关于大豆脂肪(油脂)含量的定位,Orf 归纳了目前在 14 个群体中已报道的 24 个控制油脂含量的 QTL,其中 13 个可解释 10% 以上的总表型变异。Diers 等利用 F2 群体率先发现 9 个与油分相关的 QTL。Lee 等用"Young × PI416937"的 F4 群体发现了 3 个 R 连锁群上的 QTL,其中一个表型变异解释率为 12.9%,另外两个为 8.8%,还有 3 个分别位于 E、J和 L 连锁群上,其表型变异解释率都小于 10%;用 PI97100 × Coker237 的 F2 群体发现了 5 个与油分相关的 QTL,其中位于 G 连锁群上的 3 个 QTL 分别解释了表型变异的 17.1%、14.7% 和 13.9%,位于 C1 和 H 连锁群上的 QTL 则分别解释了表型变异的 13.2%、9.8%。Mansur 等利用"Minsoy × Noir1"的 F7 代衍生的 284 个 RILs,在 A1 和 L 连锁群上检测到 3 个与油脂含量相关的 QTL,其表型变异解释率均小于 10%。Brummer 等利用 8 个不同的 F2 衍生群体对大豆蛋白和油脂含量进行 QTL 定位,通过单因素方差分析发现,在 7 个连锁群上有 11 个标记与油脂含量的 QTL 显著相关,其表型变异解释率为 8.5% ~ 31.3%。Orf 等利用 3 个不同的 RIL 群体,对大豆农艺性状和油脂含量进行 QTL 定位,通过区间作图法,在 4 个连锁群上检测到 6 个控制油分的主效 QTL,可以解释表型变异的 7% ~ 19%。Qiu 等发现了在 H 连锁群上的一个 RFLP 标记 B072 与油脂含量相关,并解释

了表型变异的 21%。Csanadi 等用 F2 群体将 3 个与油脂含量有关的 QTL 用 SSR 标记定位在 B2、K 和 I 上，但表型变异解释率都小于 10%。吴晓雷用科丰 1 号和南农 1138 – 2 杂交得到的重组自交系群体在 B2、M 连锁群上检测到 2 个控制油脂含量的 QTL，其中位于 M 连锁群上的 QTL 表型变异解释率高达 23.7%。王永军利用上述群体在连锁群 N4 – B2、N20 – M 上分别检测到 1 个和 3 个控制油脂含量的 QTL，表型变异解释率分别为 9.1%、13.3%、13.9% 和 13.9%。Zhang 等利用上述群体在 D1B + W 连锁群上发现了一个和油脂含量相关的 QTL，但表型变异解释率仅为 7.4%。张忠臣等利用 F0 代重组自交系群体将控制油脂含量的 4 个 QTL 分别定位于 D2、F 和 N 三个不同的连锁群上，QTL 的贡献率为 8.9% ~ 16.4%。Hyten 等利用由"Essex × Williams"衍生的 RIL 群体，在 5 个连锁群上检测到 6 个控制油脂含量的 QTL，其表型变异解释率为 6.0% ~ 31.6%。Panthee 等在连锁群 D1b、H、O 上定位了 4 个大豆脂肪 QTL，其表型变异解释率为 9.4% ~ 15%。相关研究人员经过多年研究找到了一些主效 QTL，但还只是初步结果，为了最终为分子标记辅助育种和图位克隆奠定基础，对整个油脂含量的 QTL 体系还有待进一步分析。

3. 抗病相关性状遗传分析

我国先后定位了 6 个大豆抗病基因，即 Rps YB30、Rps YD25、Rps ZS18、Rps SN10、Rps9 和 Rps Su。抗病基因 Rps YB30 被定位在大豆第 19 号染色体（MLG L）上，位于标记 Satt497 和 Satt313 之间，与这两个分子标记的遗传距离分别为 4.4 cM 和 3.3 cM；Rps ZS18 被定位在大豆第 2 号染色体（MLG D1b）上，位于标记 Sat_069 和 Sat_183 之间，与这两个标记的遗传距离分别为 10.0 cM 和 8.3 cM；Rps YD25 被定位在大豆第 3 号染色体（MLG N）上，位于标记 Satt530 和 Sat_084 之间，与这两个标记的遗传距离分别为 6.3 cM 和 7.7 cM；Rps SN10 被定位在大豆第 13 号染色体（MLG F）上，位于标记 Satt423 和 Satt149 之间，与这两个标记的遗传距离分别为 9.8 cM 和 11.2 cM；Rps9 被定位在大豆第 3 号染色体（MLG N）上，位于标记 Satt631 和 Sat_186 之间，与这两个标记的遗传距离分别为 7.5 cM 和 4.3 cM；Rps Su 被定位在大豆第 10 号染色体（MLG O）上，位于标记 Satt358 和 Sat_242 之间，与这两个标记的遗传距离分别为 3.5 cM 和 7.4 cM。

三、大豆种质创新技术与方法

1. 杂交育种

杂交育种是指通过双亲的杂交，通过减数分裂形成含有来自不同亲本的遗传基因，进而通过育种家的多代选择、鉴定，创制出新的种质资源，培育新的大豆品种。例如，用白眉系选出了紫花 4 号，以紫花 4 号与元宝金为亲本选育出丰收号、绥农号等早熟、中熟品种，它们品质优良，虫食率低，适应性广。1989 年审定推广的绥农 8 号、黑河 7 号、黑河 8 号、黑农 35 号、东农 39 号、东农 40 号、合丰 31 号等都是当地优良品系和高产、抗性强的品种杂交培育的丰产综合性状优良的品种，在适宜条件下均具有亩产 200 kg 以上的生产潜力。黑龙江省农业科学院合江农科所利用合丰 22 为回交亲本，选育出平均亩产 160 kg、高抗灰斑病的合丰 27 等新品种。东北农业大学利用东农 16 为亲本杂交育成东农 29，平均亩产 172 kg,抗灰斑病,耐孢囊线虫病。牡丹江师范学院用当地早丰 3 号与呼兰跃进 1 号杂交,选育出抗细菌性斑点病、霜霉病、褐斑病的大豆品种,亩产达 213 kg。

2. 诱变育种

诱变育种包括化学诱变育种和物理诱变育种。化学诱变是指用化学诱变剂处理植物材料,诱发遗传物质(DNA)的突变,从而形成可遗传的形态特征的变异株系。化学诱变育种是指利用化学诱变剂处理植株、叶片、花、籽粒等植物组织,人为诱发作物发生突变,再通过累代选择创制新的品种资源以及培育作物新品种的一种有效方法,与常规杂交育种相比,它具有方法简便、育种周期短、效果好等特点,在改良作物品种和创造新种质方面发挥巨大作用,已成为世界上普遍采用的先进育种方法之一,尤其是与杂交育种技术相结合,育种效果更为明显。近十年,我国科学家利用化学诱变剂处理大豆种子的遗传育种研究已有较大的进展。EMS 作为一种良好的化学诱变剂,目前已广泛应用于作物诱变育种中。魏玉昌等利用不同浓度的 EMS 处理大豆种子,结果表明,对 M1 代株生长发育有强烈的抑制作用;M2 代出现的突变类型较多,比较明显的有晚熟、黄化、矮化、半不育,且多数性状仍在分离;M3 代继续出现新的变异,对有益变异进行定向选择,选出 4 个新品系,比对照冀豆 7 号增产 11.8% ~26.5%。王玉岭等用 4 mg/L 的 EMS 诱变液浸泡分枝 2 号的种子 2 h,再用 1 mg/kg 的平阳霉素浸泡 2 h,从其后代中选育出石豆 1 号,两年区试产量稳定超过对照 16%。王志国等用 EMS 处理 8903 大豆种子,经累代选择鉴定,育成化诱 4120 大豆新品种,产量连续两年在河北省夏大豆品种区试中居第一位,另外,他们还育成冀豆 8 号、化诱 542、化诱 446 等大豆品种且已在生产上推广应用。黑龙江省农业科学院大豆研究所用 0.2% 的 EMS 处理大豆稳定品系及(合丰 25×哈 80 −3249)F1,选择出亚麻酸含量 3.129% ~5.169%、亚油酸含量 58.528% ~60.692% 的 6 个低亚麻酸含量的大豆品系。于秀普用 EMS 附加平阳霉素(PYM)后处理大豆种子,经过选择培育出冀豆 8 号。李占军利用化学诱变剂 EMS 和 PYM 诱变育成大豆新品种"化诱 542""化诱 446""化诱 4120"和"化诱 5 号"等大豆新品种,大多数诱变品种已在生产上被大面积推广应用。

物理诱变主要是以各种不同的射线为诱变源,通过高能射线照射植物种子,造成遗传物质损伤,产生表型性状变异。研究表明,热中子处理对大豆休眠种子的后代诱发突变较 β 射线和 γ 射线的处理要丰富些,且突变率高,对早熟、综合产量性状、籽粒化学品质等均有独特的效果。β 射线(如 32P 和 35S 等放射性同位素)直接发射电子,其透过植物组织能力弱,但电离密度大,同位素溶液进入组织和细胞后作为内照射而产生诱变作用。空间搭载育种是近二十年发展起来的一项植物高科技育种新技术,主要利用空间条件下具有的高能离子辐射、空间微重力、磁场、超真空、超洁净及没有昼夜变化等物理因素,诱发植物产生变异,并选育有利用价值的新品种。

目前,我国空间诱变的搭载方式主要有 3 种,即高空气球、返地式卫星和飞船搭载。自 20 世纪 80 年代开始,我国通过返地式卫星和神舟号飞船搭载的植物种子进行的航天育种研究有近 20 次,先后共搭载 1 200 多个植物品种,选育出一些新的突变类型和具有优良农艺性状的新品种。1997 年,黑龙江森工农业科学院搭载了大豆种子"宝诱 17 号",通

过 4 代地面选择培育出"航天 1 号"大豆新品种,单产 3 240 kg/hm^2,比原品种产量提高
11%,出油率为 21.65%,提高 20%。我国第一颗神舟号飞船"神舟一号"于 1999 年 11 月
20 日搭载了江西省农业科学院早作所培育的春大豆品种(系)3 份("赣豆 4 号""93 - 39"
"93 - 81");2000 年对回收的种子进行了春播(SP1 代)和翻秋(SP2 代)的田间试验。试
验结果表明,春大豆 SP1 代的种子发芽势增加了 30 ~ 40 个百分点,整个生育期缩短了 2 ~
3 d,SP2 代的生育期最短的缩短了 9 d,最长的延长了 13 d;春大豆 SP1 的株高比对照低
9.7 cm,单株总荚数比对照增加 4.0 ~ 10.8 荚(但"93 - 39"降低 3.2 荚),SP2 代株高的变
幅最大,最矮的比对照降低 16.7 cm,最高的比对照增高 14.3 cm,单株总荚数的变幅更
大,最多的比对照多 35.7 荚,最少的比对照少 13.4 荚。在这 3 个品种中,生育期和单株
总荚数的变幅以"93 - 81"最大,而株高变幅以"93 - 39"最大。金源 55 是经航天搭载(黑
交 83 - 889/美丁)的 F2 经系谱选育而成。合农 65 是以(合航 93 - 793 × 黑交 95 - 750)
F2 为材料经航天处理后,采用系谱法选育而成。

四、黑龙江大豆种质资源利用与种质创新

遗传多样性对物种的遗传、进化和变异具有决定性作用。研究物种遗传多样性可以
发掘和培育出有特殊价值或者优异功能的新种质,进而拓宽物种种质资源的遗传基础,也
可有效地指导生产和育种。

野生大豆是大豆生产可持续发展的重要遗传基础,也是重要的战略资源。深入挖掘
和利用野生大豆资源开展种质创新,对全面提升我国大豆育种水平具有重要战略意义。
世界野生大豆分布仅局限于东亚部分地区,且我国分布最广,类型最为丰富。黑龙江省地
处高寒地区,是中国大豆主产区,有着丰富、独特的寒地野生大豆资源,其优异基因丰富、
应用潜力大。自 1979 年黑龙江省农业科学院首次开展大规模的寒地野生大豆考察收集
工作以来,黑龙江省科研工作者历时 40 多年对黑龙江省寒地野生大豆的地理分布、资源
收集与评价及新种质创制等方面均进行了系统研究,为有效利用寒地野生大豆基因资源
做出了重要贡献。

寒地野生大豆在黑龙江省分布广泛,其适应能力强,在每种土壤类型及各种生境条件
下均有分布。黑龙江省农业科学院科研团队根据黑龙江省 6 个积温带(第一至第六积温
带)和 8 个不同的土壤类型(草甸土、暗棕壤、白浆土、黑土、黑钙土、沼泽土、盐土及火山灰
土)进行有目的考察、采集,考察范围包括黑龙江省下辖哈尔滨市、齐齐哈尔市和大兴安岭
等 13 个地级市行政辖区,采集地点覆盖黑龙江省寒地野生大豆主要分布地区和生境,且
生态和土壤条件差异明显。多次资源野外考察和研究明确了黑龙江省寒地野生大豆的分
布范围、性状和品质等情况,抢救性地收集了一批濒临灭绝的寒地野生大豆资源,确定漠
河县北极村为分布北界,佳木斯抚远市黑瞎子岛为分布东界;在确定其分布范围的基础上
对其周围生态环境、分布特点和形态特征等重要信息进行了采集,建立了"寒地野生大豆
原生境地理信息数据库"和相应的"寒地野生大豆表型性状数据库",搭建了高蛋白、高异
黄酮、抗病和抗逆等优异性状野生大豆资源数据应用平台,为拓宽大豆遗传基础奠定了资

源基础。

此外,前人对大豆资源的农艺、产量、品质性状进行了大量的研究。慈敦伟等利用主成分分析方法对 249 份大豆品种的 2 年生长环境下的 10 个形态性状进行聚类分析,将 249 份大豆品种种质资源划分为 5 大类,并且分析了各类品种的主要性状的遗传特性及影响性状的主要因素。辛秀珺等利用聚类分析和主成分分析方法对 70 份黑龙江省大豆品种的 17 个生物学性状进行研究,将 70 个大豆品种分为 5 个类群,并且对每个类群的遗传多样性和遗传分歧的多向性进行了评价;通过主成分分析方法利用 5 个综合性状因子(包括产量、熟期、分枝、荚数、粒重)对品种进行了综合评价。张振宇等对 540 份东北大豆品种的 8 个农艺性状进行遗传多样性和相关性分析,研究表明,东北大豆种质资源遗传同源性较大,差异性较小,遗传相似性较高,单株荚数、百粒重、蛋白质含量和有效分枝数主要影响亩产量。在大豆育种中,应重视利用具有丰富遗传多样性的基因资源,在亲本选配时适当选择综合性状优良、育种性状优势互补的种质。王强等对 75 份黑龙江省不同地区选育的大豆种质资源进行主要农艺性状分析,结果表明,黑龙江省不同地区选育的大豆种质资源的平均表现及遗传变异不同;试验品种的诸多农艺性状间具有一定的相关性,在黑龙江省选育大豆新品种时应综合考虑不同地区的农艺性状特点及遗传潜力大小,为高产、优质大豆的亲本选配及相关优良性状的选择提供理论依据。

作为大豆主要产地的黑龙江省拥有近 3 万份的大豆种质资源,为我国大豆育种提供了强有力的基因源。因此,在黑龙江省培育新品种时要在筛选、整理和改良地方品种的基础上不断挖掘新的特殊种质,尤其是在特定地区的环境条件下进一步研究和鉴定来源于不同区域的种质资源,这对大豆品种改良以及高产、优质的新品种培育具有重要意义。

第二节　黑龙江大豆骨干亲本构成及简介

一、黑龙江大豆骨干亲本的遗传解析

王伟威等采用田间试验、接种鉴定和 SLAF – seg 技术相结合的方法,对黑龙江省不同积温区大豆骨干亲本及其后代衍生品种的遗传性状和基因组遗传特征进行解析,结果表明,满仓金与衍生品种间遗传保守位点为 6 804 个,占进化标记位点的 8.5%,不同染色体上相同等位变异比例为 54.22% –97.99%;绥农 4 号与衍生品种间遗传保守位点为 3 561 个,占标记进化位点的 3.44%,绥农 4 号在衍生品种中的相同等位变异传递比例在 59%以上,合丰 25 与衍生品种间遗传保守位点为 4 834 个,占进化标记位点的 4.27%,合丰 25 的遗传信息在后代品种不同染色体上的传递比例在 64%以上;黑农 37 与衍生品种间遗传保守位点为 7 328 个,占标记进化位点的 7.64%,其遗传信息在后代传递的相同等位变异比例在 61.72%以上,骨干亲本与其衍生品种具有相同的基因组区段,且是主要性状的位点;绥农 4、合丰 25、黑农 37 三个骨干亲本与衍生的大品种合丰 55、绥农 14、黑农 44,在 2、

8、18 号染色体上的相同等位变异都超过了 90% 以上,而在 18 号染色体上超过了 95% 以上,推测骨干亲本在 18 号染色体上含有一些特殊的与重要农艺性状(如光周期纯感、光合特性、根腐病抗性、产量、抗倒性、节间长度)相关的基因组位点,并成为骨干亲本的遗传。张振宇等以 50 份适应黑龙江省第二积温带生态区的骨干亲本为试验材料,系统地进行农艺性状调查并对群体的遗传相似性进行分析,结果表明,参试材料农艺性状变幅较大,变异系数不大,说明资源群体有少数极端类型品种存在;遗传相似系数分析表明 50 份大豆种质资源遗传同源性较大;聚类结果显示材料间差异不大,分类不明显;最终筛选得出部分株高、百粒重等重要农艺性状具有优势的品种资源。王燕平等选用来自东北三省一区 1923—2010 年选育的 340 份春大豆种质资源,通过在牡丹江地区对 12 个表型性状的 2 年综合鉴定,评价品种群体遗传变异特点和筛选优异种质资源,结果表明,春大豆种质资源表型变异丰富。除生育期年份间差异不显著外,其他性状品种间和年份间均呈显著的差异,且 2 年变化趋势相同;有效分枝数变异幅度最大,其次是主茎荚数、单株粒重和株高,这些性状选择潜力较大,品质性状的变异幅度较小,选择潜力有限,表型性状特征频率分布均符合正态分布;受育成单位纬度和育种目标的影响,生育期呈现北早南晚,北部育成品种营养体较小、植株矮小、节数相对较少、脂肪含量较高,南部育成品种营养体较大、植株高大、单株有效节数多且主茎单节最多荚数多,部分品种蛋白质含量相对较高;采用主成分分析方法综合评价,结果表明,吉育 71 的 ZF 值最高,综合性状表现最好,表型性状与 ZF 值相关分析结果显示,生育期、株高、主茎节数、地上部生物产量、收获指数、主茎荚数和主茎单节最多荚数等 7 个表型性状可作为春大豆种质资源综合评价指标。在大豆育种中,应重视利用具有丰富遗传多样性的基因资源,在亲本选配时适当选择综合性状优良、育种性状优势互补的种质。附录 F 列举了部分有代表性的骨干亲本的遗传图谱。

二、黑龙江大豆骨干亲本的来源及构成

骨干亲本通常指直接用来培育出一批大面积推广的品种或者由其衍生出许多具有广泛应用价值的亲本材料。中华人民共和国成立初期,黑龙江省大豆品种的主要亲缘多来自中心亲本满仓金、紫花 4 号、元宝金及荆山朴,以及骨干亲本东农 4 号、克交 56 - 4258。在之后的大豆育种实践中,黑龙江省不断改良和应用,逐渐筛选出了一批大豆育种中广泛使用的亲本,如合丰 45、合丰 47、合丰 48 等合丰号品种,绥农 14、绥农 15、绥农 22、绥农 23 等绥农号品种,黑河 14、黑河 18、黑河 22 等黑河号品种,黑农 35、黑农 37、黑农 44 等黑农号品种,以及抗线虫 3 号、垦丰 13、嫩丰 16 等系列品种共计 50 余个,这些骨干亲本的应用在大豆育种实践中做出了巨大贡献,以下列举部分有代表性的骨干亲本。

三、黑龙江大豆骨干亲本简介

1. 丰收 24(图 3 - 1)

图 3 - 1　丰收 24

品种来源:黑龙江省农业科学院克山分院以黑交 83 - 889 为母本、以绥 83 - 708 为父本有性杂交育成。原代号:克交 8823 - 1。2003 年通过国家农作物品种审定委员会审定,审定编号:国审豆 2003024。

特征特性:亚有限结荚习性;在适应区出苗至成熟生育日数 112 d,需要≥10 ℃活动积温 2 150 ℃左右;该品种株高 80 cm 左右,紫花,长叶,灰毛,籽粒圆形,种皮黄色,种脐黄色,百粒重 19.3 g;苗期生长快,三四粒荚多,增产潜力大;株型收敛,结荚部位高,适于机械化栽培,秆强不倒,多年来在高肥水、高密度条件下均不倒伏;叶部病害极轻,病虫粒率低,中抗灰斑病;蛋白质含量 40.10%,脂肪含量 19.97%,脂肪与蛋白质总量达 60.07%。

产量表现:在国家东北春大豆(早熟组)区域试验多点加权平均产量达 2 931.3 kg/hm²,居各参试品种之首,比对照品种黑河 18 号增产 8.9%,达显著水平,最高产量达 3 897 kg/hm²,克山县古北乡大面积高产示范平均产量达 3 825 kg/hm²,创造了该区大豆高产纪录。

栽培技术要点:适时播种,采用精量播种点播等距播种,亩保苗 1.9 万株左右;选择中等以上肥力地块种植,亩施有机肥 2 000 kg 或磷酸二铵 10 ~ 12.5 kg。

适宜区域:适宜在黑龙江省第四积温带、吉林省东部山区、内蒙古呼伦贝尔中部和南部、新疆北部地区春播种植。

2. 丰收 25(图 3 - 2)

图 3 - 2　丰收 25

品种来源:黑龙江省农业科学院克山分院以克交88513-2为母本、以诱变334为父本有性杂交育成。原代号:克交99-5601。2007年通过黑龙江省农作物品种审定委员会审定,审定编号:黑审豆2007014

特征特性:亚有限结荚习性;在适应区出苗至成熟生育日数116 d左右,需≥10 ℃活动积温2 300 ℃;该品种株高80 cm左右,白花,长叶,主茎型,有一定分枝,主茎节数15节以上,多荚,多粒,少瘪荚,籽粒圆形有光泽,种脐无色,百粒重19~21 g;抗病性好,灰斑病经黑龙江省农科院合江农科所病理研究室混合菌种接种鉴定为中抗,霜霉病和细菌性斑点病极轻;商品品质好,病虫粒率低;脂肪含量21.34%(三年平均);蛋白质含量39.01%(三年平均),该品系前期发苗快,株型收敛,叶色浓绿,秆强抗倒伏,延期收获不炸荚。

产量表现:2000—2001年所内鉴定试验平均产量为2 705.8 kg/hm²,比对照北丰9增产11.5%;2002年黑龙江省预备试验产量为2 153.8 kg/hm²,比对照增产5.1%;2003年省区域试验产量为2 169.7 kg/hm²,比对照增产7.1%;2004年省区域试验产量为2 249.1 kg/hm²,比对照增产5.8%;两年区域试验平均产量为2 209.4 kg/hm²,比对照增产6.5%;2005年省生产试验产量为2 190.8 kg/hm²,比对照增产7.0%。

栽培技术要点:5月1~10日播种,保苗30万~35万株/公顷。

适宜区域:适宜在黑龙江省第三积温带春播种植。

3. 合交98-317(图3-3)

图3-3 合交98-317

品种来源:以合丰35为母本、以合9277F5为父本有性杂交育成。

特征特性:亚有限结荚习性;在适应区出苗至成熟生育日数117 d,需≥10 ℃活动积温2 320 ℃左右;该品种植株高85~90 cm,秆强不倒伏,节间短,结荚密,三、四粒荚多,尖叶,紫花,灰毛,荚熟褐色,籽粒圆形,种皮黄色,种脐浅黄色,百粒重22.6 g;脂肪含量20.87%,蛋白质含量41.35%;中熟品种,中抗灰斑病、抗花叶病毒病SMV1号株系。

产量表现:该品种试验示范一般亩产200~250 kg,较对照品种合丰35、绥农14号平均增产15%~20%,具有亩产300 kg产量潜力。

栽培技术要点:种植密度为保苗25万株/公顷,或播种量60 kg/hm²。

适宜区域:适宜在北方春大豆中早熟区种植,适宜在黑龙江省第二、三积温带,吉林省东部山区、半山区,内蒙古自治区兴安盟(中部、南部)、呼盟地区,以及新疆昌吉和新源地区春播种植,对土壤肥力要求不严,适应性广,但在土质肥沃的地块上种植增产效果更好。

4. 合丰25(图3-4)

图3-4 合丰25

品种来源:黑龙江省农业科学院合江农业科学研究所以合丰23为母本、以克交4430-20为父本,经有性杂交,采用系谱法选育而成。原代号:合交7411。1984年通过黑龙江省农作物品种审定委员会审定;1986年通过吉林省农作物品种审定委员会审定;1990年通过全国农作物品种审定委员会审定。

特征特性:亚有限结荚习性;在适应区出苗至成熟生育日数120 d,需≥10 ℃活动积温2 413 ℃;株高中等,秆强不倒,分枝较少,节间短,主茎结荚密,3~4粒荚多;披针形叶,茸毛灰白色,白花;籽粒圆形,鲜黄色,有光泽,百粒重20~22 g;蛋白质含量40.57%,脂肪含量19.26%;病害轻,病粒率2.4%,虫食率1.7%;该品种高产稳产,适应范围广,抗逆性强,抗灰斑病,虫食率低,品质好,适于机械化栽培。

产量表现:1980—1981年在全省三个地区44点次区域试验,平均亩产量为158.9 kg,较标准品种合丰23号、黑农26号平均增产11.5%;1982—1983年全省23点次生产试验,平均亩产量为151.5 kg,较标准品种合丰23号、黑农26号平均增产10.1%。

适宜区域:适宜黑龙江省第一、二、三积温带种植;目前推广区域已扩大到辽宁、内蒙古、河北、新疆、云南等九个省(区)种植。

5. 合丰35(图3-5)

图3-5 合丰35

品种来源:黑龙江省农业科学院合江农业科学研究所以合交 8009 - 1612 为母本、以绥农 7 号为父本,经有性杂交,采用系谱法选育而成。原代号:合交 87 - 943。1994 年通过黑龙江省农作物品种审定委员会审定;1997 年通过内蒙古自治区农作物品种审定委员会认定推广;1998 年通过国家农作物品种审定委员会审定,在全国适应区推广。

特征特性:亚有限结荚习性;在适应区出苗至成熟生育日数 115 ~ 120 d,需 ≥ 10 ℃ 活动积温 2 358.4 ℃,为中熟偏早的品种;主茎发达,植株较高大繁茂,秆强,节间短,有分枝,结荚密,三、四粒荚多,叶披针形,茸毛灰白色,花紫色,荚熟褐色;籽粒圆形,种皮黄色,有光泽,种脐黄色,百粒重 20 ~ 22 g;蛋白质含量 42.22%,脂肪含量 19.16%;该品种抗灰斑病,抗倒伏,耐重迎茬性好,虫食粒率低。

产量表现:合丰 35 高产稳产,增产显著,全省、自治区域试验平均亩产为 152.1 kg,较对照品种合丰 25 增产 12.5%;生产试验平均亩产 151.46 kg,较对照品种合丰 25 增产 14.2%;在小区试验中较美国品种威莱姆斯增产 16.4%,较日本品种十胜秋田增产 27.1%;在吉林省试验较对照品种合丰 25 增产 13.45%;在内蒙古自治区试验较对照品种合丰 25 增产 13.37% ~ 14.8%;大面积种植一般亩产 160 ~ 200 kg,最高亩产 275 kg。1995 年佳南实验农场良种场 1 500 亩合丰 35 生产田产量高达 245.7 kg。

栽培技术要点:5 月上中旬播种,适于中等肥力地块,施磷酸二铵 150 kg/hm²、尿素 20 kg/hm²、钾肥 30 kg/hm²;生育期间三铲三趟,拔大草 2 次或化学除草。

适宜区域:适宜在黑龙江省第二、三积温带广大地区和第一、四积温带的部分地区种植,以及内蒙古自治区、吉林等省(区)部分地区大面积种植。

6. 合丰 47(图 3 - 6)

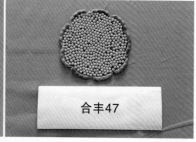

图 3 - 6　合丰 47

品种来源:黑龙江省农业科学院佳木斯分院以合 9229(合丰 35 × 公 84112 - 1 - 3)F2 代为材料,辐射处理后系选而成。原代号:合辐 93154 - 2。2003 年通过黑龙江省农作物品种审定委员会审定,审定编号:黑审豆 2004003;2006 年通过吉林省农作物品种审定委员会审定,审定编号:吉审豆 2006021。

特征特性:亚有限结荚习性;在适应区出苗至成熟生育日数 116 d,需 ≥ 10 ℃ 活动积温 2 300 ℃,属早熟高油大豆品种;株高 85.0 ~ 90.0 cm,主茎节数 15.0 ~ 16.0 节,节间短,有分枝,披针形叶,紫花,灰白色茸毛;结荚密,3～4 粒荚多,顶荚丰富,荚熟时褐色;籽粒圆形,种皮黄色、有光泽,种脐浅黄色,百粒重 20.0～22.0 g;蛋白质含量 38.11%,脂肪含量 22.85%;人工接种(菌)鉴定中抗大豆花叶病毒 1 号株系和灰斑病。

产量表现:该品种区域试验平均产量为 2 390.0 kg/hm²,较对照品种合丰 35 平均增产 10.6%;生产试验平均产量为 2 560.8 kg/hm²,较对照品种合丰 35 平均增产 13.1%。

栽培技术要点:选中等肥力以上地块种植,5 月上中旬播种,宜垄作栽培,保苗 30.0 万株/公顷;一般施磷酸二铵 150 kg/hm²、硫酸钾 50 kg/hm²、尿素 20 kg/hm²,生育后期根据长势情况追肥;注意及时防治大豆蚜虫和食心虫。

适宜区域:适宜在吉林省敦化市一、二类气候区,以及延边大部分地区种植。

7. 合丰 48(图 3 - 7)

图 3 - 7 合丰 48

品种来源:黑龙江省农业科学院合江农业科学研究所以合 9226(合丰 35 号×吉林 27 号)F2 代为材料辐射诱变处理后连续选择育成。原代号:合辐 93155 - 6。2005 年通过黑龙江省农科院合江农科审定推广。

特征特性:亚有限结荚习性;在适应区出苗至成熟生育日数 117 d,需≥10 ℃活动积温 2 281.6 ℃,属于中熟品种;植株高 80～85 cm,秆强不倒伏,节间短,结荚密,三粒荚多,顶荚丰富,叶圆形,花紫色,茸毛灰白色,荚熟褐色;籽粒圆形,种皮黄色,有光泽,种脐浅黄色,百粒重 23～25 g;蛋白质含量 38.7%,脂肪含量 22.67%;抗灰斑病、中抗花叶病毒病 SMV1 号株系。

产量表现:2002—2003 年全省区域试验平均产量为 2 553.1 kg/hm²,较对照品种合丰 35 号平均增产 10.7%;2004 年生产试验平均产量为 2 289.7 kg/hm²,较对照品种合丰 35 号平均增产 12.6%。

栽培技术要点:在黑龙江省第二积温带种植增产效果显著;选择上等肥力地块种植;种植密度为 25 万株/公顷;施磷酸二铵 150 kg/hm²、尿素 30～40 kg/hm²、钾肥 50 kg/hm²,生育后期根据长势情况追施微肥;五月上中旬播种。

适宜区域:适宜在黑龙江省第二积温带大面积种植,在黑龙江省第一积温带下限做搭配品种种植,也适宜在吉林省的东部山区、半山区和内蒙古自治区的兴安盟、呼盟等地区种植,对土壤肥力要求不严,适应性广。

8. 合丰 50(图 3 - 8)

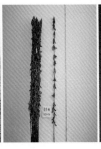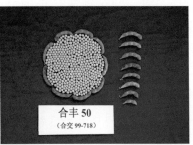

图 3 - 8　合丰 50

品种来源:黑龙江省农业科学院合江农业科学研究所以合丰 35 号为母本、以合 95 - 1101 为父本,经有性杂交,采用系谱法选育而成。原代号:合交 99 - 718。2007 年通过国家农作物品种审定委员会审定,审定编号:国审豆 2007011。

特征特性:亚有限结荚习性;在适应区出苗至成熟生育日数 120 d,需≥10 ℃活动积温 2 300 ℃;株高 90.3 cm,单株有效荚数 35.6 个,百粒重 20.1 g;长叶,紫花,籽粒圆形,种皮黄色,淡脐;蛋白质含量 38.48%,脂肪含量 22.26%;接种鉴定中抗大豆灰斑病、中抗 SMV1 号株系、感 SMV3 号株系。

产量表现:2005 年参加北方春大豆中早熟组品种区域试验,平均亩产 224.6 kg,比对照绥农 14 增产 10.6%(极显著);2006 年续试,平均亩产 222.7 kg,比对照增产 10.0%(极显著);两年区域试验平均亩产 223.7 kg,比对照增产 10.3%。2006 年生产试验平均亩产 185.9 kg,比对照增产 6.3%。

栽培技术要点:适宜播期为 5 月上、中旬,选择中等肥力地块种植,"垄三"栽培,保苗 25 万株/公顷。

适宜区域:适宜在黑龙江省第二积温带和第三积温带上限、吉林省东部山区、内蒙古兴安盟中南部、新疆北部昌吉地区春播种植。

9. 合丰 51(图 3 - 9)

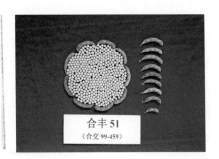

图 3 - 9　合丰 51

品种来源:黑龙江省农业科学院合江农业科学研究所以合丰35为母本、以合94114(合丰34×美国扁茎大豆)的F3为父本,经有性杂交,采用系谱法选育而成。原代号:合交99-459。2006年通过黑龙江省农作物品种审定委员会审定,审定编号:黑审豆2006004。

特征特性:亚有限结荚习性;在适应区出苗至成熟生育日数113 d,需≥10 ℃活动积温2 186.9 ℃,属于中早熟品种;植株高80~85 cm,秆强不倒伏,节间短,每节荚数多,三、四粒荚多,顶荚丰富,披针形叶,花紫色,茸毛灰白色,荚熟褐色;籽粒圆形,种皮黄色,有光泽,种脐浅黄色,百粒重20~22 g;蛋白质含量40.15%,脂肪含量21.31%;中抗灰斑病。

产量表现:该品种2003—2004年全省区域试验平均产量为2 377.9 kg/hm²,较对照品种宝丰7号平均增产10.8%;2005年生产试验平均产量为2 743.8 kg/hm²,较对照品种宝丰7号平均增产14.2%。

栽培技术要点:在黑龙江省第三、四积温带种植增产效果显著;选择中上等肥力地块种植;种植密度为35万株/公顷;施磷酸二铵150 kg/hm²、尿素30 kg/hm²、钾肥50 kg/hm²,生育后期根据长势情况追施微肥;五月上中旬播种。

适宜区域:适宜在黑龙江省第三积温带大面积种植,在第二积温带下限做搭配品种种植,也适宜在吉林省的东部山区、半山区和内蒙古自治区的兴安盟、呼盟等相同条件的地区种植。

10. 黑河49(图3-10)

图3-10 黑河49

品种来源:黑龙江省农业科学院黑河农业科学研究所以黑河14号为母本、以东农44为父本,经有性杂交,采用系谱法选育而成。2008年通过黑龙江省农作物品种审定委员会审定,审定编号:黑审豆2008018。

特征特性:亚有限结荚习性;在适应区出苗至成熟生育日数85 d左右,需≥10 ℃活动积温1 750 ℃,属于极早熟品种;株高70 cm左右,有分枝,白花,圆叶,灰色茸毛,荚镰刀形,成熟时呈灰色;籽粒圆形,种皮黄色,种脐浅黄色,有光泽,百粒重20 g左右;蛋白质含量41.93%,脂肪含量20.65%;接种鉴定中抗灰斑病。

产量表现:2005—2006年区域试验平均产量为1 891.9 kg/hm²,较对照品种黑河35

增产 10.4%;2007 年生产试验平均产量为 1 962.1 kg/hm², 较对照品种黑河 35 增产 10.6%。

栽培技术要点:在适应区 5 月中旬播种,选择中等肥力平坦地块种植,采用"垄三"栽培方式,保苗 30 万株/公顷左右;施尿素 25 kg/hm²、磷酸二铵 150 kg/hm²、硫酸钾 50 kg/hm²,深施或分层施;化学与机械除草相结合,三趟,拔一遍大草,适时收获。

适宜区域:适宜在黑龙江省第六积温带种植。

11. 黑农 37(图 3 - 11)

图 3 - 11 黑农 37

品种来源:黑龙江省农业科学院大豆研究所以(黑农 28 × 哈 87 - 8391)的辐射诱变选系为材料选育而成。原代号:哈 85 - 6437。1992 年通过黑龙江省农作物品种审定委员会审定。

特征特性:亚有限结荚习性;在适应区出苗至成熟生育日数 125 d 左右,需≥10 ℃活动积温 2 600 ℃;幼茎绿色,圆叶,白花,灰色茸毛;株高 80 ~ 90 cm,生长繁茂,主茎平均 17节,1 ~ 2 个分枝,秆强抗倒;结荚较密,荚熟呈褐色;籽粒椭圆形,种皮黄色,有光泽,脐蓝色,百粒重 18 ~ 20 g;蛋白质含量38.04%,脂肪含量21.56%;中抗灰斑病及病毒病,籽粒褐斑病粒率低。

产量表现:1991 年生产试验产量为 2 479.9 kg/hm²,比对照品种黑农 33 增产 15.6%。

栽培技术要点:黑农 37 适于中上等土壤肥力的地块种植;因植株生长繁茂,因此种植密度不宜过大,亩保苗密度以 13 万 ~ 15 万株为宜;适宜播种期为 4 月下旬至 5 月上旬;因其喜肥,因此在生育期间每亩追施磷酸二铵 10 kg 左右为宜;干旱时及时灌水能充分发挥其增产潜力。

适宜区域:适宜在黑龙江省第一积温带中上等肥力地块种植。

12. 黑农44(图3-12)

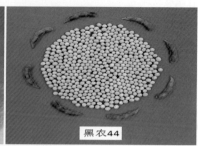

图3-12 黑农44

品种来源:黑龙江省农业科学院大豆研究所以哈85-6437为母本、以吉林20为父本,经有性杂交,采用系谱法选育而成。原代号:94-4478。2002年通过黑龙江省农作物品种审定委员会审定。

特征特性:亚有限结荚习性;在适应区出苗至成熟生育日数115~118 d,需≥10 ℃活动积温2 400 ℃;株高80~90 cm,白花、圆叶、灰毛,节间短,结荚密,根系发达,抗旱性较好,在干旱条件下表现增产突出;籽粒椭圆形,种皮黄色,脐黄色,百粒重20~22 g;蛋白质含量36.05%,脂肪含量23.01%;中抗大豆灰斑病、病毒病。

产量表现:两年产量鉴定试验平均产量为2 486.15 kg/hm²,比合丰25增产17.72%;区域试验两年平均公顷产量为2 848.65 kg,比对照品种合丰25增产12.3%;2001年生产试验产量为2 936.6 kg/hm²,比对照品种合丰25增产13.9%。

栽培技术要点:适于中上等肥力土壤种植,5月上旬播种,条播或穴播,保苗24万株/公顷;亩施种肥磷酸二铵10 kg。

适宜区域:适宜在黑龙江省第二积温带及第三积温带上限地区种植。

13. 黑农48(图3-13)

图3-13 黑农48

品种来源:黑龙江省农业科学院大豆研究所以哈90-6719为母本、以绥90-5888为父本,经有性杂交,采用系谱法选育而成。原代号:哈98-3958。2004年通过黑龙江省农作物品种审定委员会审定;2011 年通过吉林省农作物品种审定委员会审定。

特征特性:亚有限结荚习性;在适应区出苗至成熟生育日数 115 d,需 ≥10 ℃活动积温 2 380 ℃,属于早熟品种;株型收敛,株高 90.0 cm,主茎型,主茎节数 17.0 节,分枝较少,节间短;尖叶、紫花、灰毛;结荚密集,4 粒荚多,单株有效荚数 37.6 个,荚熟时呈浅褐色;籽粒圆形,种皮黄色、有光泽,种脐黄色,百粒重 22.0 g 左右;蛋白质含量 45.23%,脂肪含量 18.43%;人工接种(菌)鉴定抗大豆花叶病毒 1 号株系、感灰斑病。

产量表现:2009 年吉林省生产试验平均产量为 2 432.4 kg/hm²,比对照品种增产 5.6%;2010 年生产试验平均产量为 2 480.6 kg/hm²,比对照品种增产 6.8%。

栽培技术要点:5 月上旬播种,垄作双行拐子苗,保苗 28.0 万株/公顷左右,播种前用硼钼微肥种衣剂包衣处理;一般施磷酸二铵 150 kg/hm²、硫酸钾 60 kg/hm²、尿素 30 kg/hm² 深施或分层施;注意及时防治蚜虫和食心虫。

适宜区域:适宜在黑龙江省第二积温带以及吉林省东部大豆早熟区种植。

14. 黑农 52(图 3 - 14)

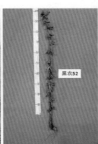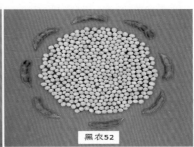

图 3 - 14 黑农 52

品种来源:黑龙江省农业科学院大豆研究所以黑农 37 为母本、以绥农 14 为父本进行杂交,经系谱法选育而成。原代号:哈 01 - 1116。2007 年通过黑龙江省农作物品种审定委员会审定,审定编号:黑审豆 2007003

特征特性:在适应区出苗至成熟生育日数 124 d 左右,需 ≥10 ℃活动积温 2 550 ℃左右;亚有限结荚习性,株高 100 cm 左右,少分枝,紫花,圆叶,灰白色茸毛,荚熟时呈褐色;籽粒圆形,种皮黄色,有光泽,脐黄色,百粒重 20g 左右;蛋白质含量 40.67%,脂肪含量 19.29%;中抗灰斑病。

产量表现:2003 年参加省 1 区预备试验,2004—2005 年区试平均产量为 2 759.4 kg/hm²,较对照黑农 37 增产 9.9%;2006 年生试平均产量为 2 996.5 kg/hm²,较对照黑农 37 增产 11.4%。

栽培技术要点:该品种适宜 5 月上旬播种,采用种衣剂拌种,垄作栽培,垄距 65 ~ 70 cm,垄上双条播或穴播,穴距 20 cm,每穴 3 株,公顷保苗 18 万 ~ 20 万株,一般每公顷施磷酸二铵 150 kg、钾肥 40 kg;该品种植株较繁茂,节间荚密,因此不宜密植。

适宜区域:适宜在黑龙江省第一积温带种植。

15. 抗线虫 6 号(图 3 - 15)

图 3 - 15　抗线虫 6 号

品种来源:黑龙江省农业科学院大庆分院与黑龙江省农业科学院生物中心合作,以安 8201 - 205 为受体、以 D 海豆(三亚海滩野生豆)为供体,利用 DNA 导入技术直接导入,采用系谱法选育而成。原代号:安 D205 - 8。2007 年通过黑龙江省农作物品种审定委员会审定,审定编号:黑审豆 2007009。

特征特性:在适应区,出苗至成熟生育日数 121 d 左右,需≥10 ℃活动积温 2 480 ℃;无限结荚习性,株高 90 cm 左右,主茎 17 ~ 19 节,分枝 1 ~ 2 个,叶圆形,白花,灰毛,多三粒荚,百粒重 20 g;蛋白质含量 38.17%,脂肪含量 22.06%;高抗大豆胞囊线虫 3 号生理小种,抗旱、耐盐碱性较强。

产量表现:2000—2001 年参加黑龙江省区域试验。其中 2000 年平均产量为 2 100.9 kg/hm²,比对照平均增产 16.1%;2001 年平均产量为 1 964.5 kg/hm²,比对照平均增产 11.1%;两年平均产量为 2 032.7 kg/hm²,比对照平均增产 13.6%。2002 年生产试验平均产量为 2 011.74 kg/hm²,比对照嫩丰 14 增产 16.0%。2005 年生产试验平均产量为 2 095.5 kg/hm²,比对照抗线 2 号增产 7.72%。2012—2014 年为省品种试验 2 区的对照品种。

栽培技术要点:秋整地,深翻 18 ~ 22 cm;耙细镇压、起垄,达到待播状态;基肥亩施农家肥 1 000 kg 以上,种肥亩施磷酸二铵 15 ~ 20 kg、硫酸钾 5 kg,种、肥分开;合理密植;五月上、中旬播种,地温稳定通过 8 ℃时播种,亩保苗 1.5 万 - 1.8 万株,肥地宜稀;及时铲趟,视土壤墒情合理灌溉。

适宜区域:适宜在黑龙江省西部第一积温带及相邻的内蒙古、吉林等地同等积温及相应积温区的胞囊线虫发病区种植。

16. 抗线虫 7 号（图 3 - 16）

图 3 - 16　抗线虫 7 号

品种来源：黑龙江省农业科学院大庆分院以合丰 36 为母本、以抗线 3 为父本，经有性杂交，采用系谱法选育而成。原代号：安 01 - 715。2007 年通过黑龙江省农作物品种审定委员会审定，审定编号：黑审豆 2007010。其他审定编号还有吉审豆 2011014、蒙认豆 2011001。

特征特性：在适应区，出苗至成熟生育日数 113 d，需≥10 ℃活动积温 2 500 ℃；该品种为无限结荚习性，株高 85 cm 左右，主茎 17 ~ 19 节，分枝 1 ~ 2 个，叶圆形，白花，灰毛，多三粒荚，百粒重 20 g；蛋白质含量 38.97%，脂肪含量 19.98%；高抗大豆胞囊线虫 3 号生理小种，抗旱、耐盐碱性较强。

产量表现：2004—2005 年参加黑龙江省区域试验。其中，2004 年平均产量为 1 857.9 kg/hm²，比对照平均增产 4.8%；2005 年平均产量为 2 323.2 kg/hm²，比对照平均增产 8.9%；两年平均产量为 2 090.5 kg/hm²，比对照平均增产 6.9%。2006 年生产试验平均产量为 2 090.3 kg/hm²，比对照抗线虫 2 号增产 15.6%。

栽培技术要点：秋整地，深翻 18 ~ 22 cm；耙细镇压、起垄，达到待播状态；基肥亩施农家肥 1 000 kg 以上，种肥亩施磷酸二铵 15 ~ 20 kg、硫酸钾 5 kg，种、肥分开；合理密植；五月上、中旬播种，地温稳定通过 8 ℃时播种，亩保苗 1.5 万 ~ 1.8 万株，肥地宜稀；及时铲趟，视土壤墒情合理灌溉；加强大豆食心虫的防治工作。

适宜区域：适宜在黑龙江省西部第一积温带、内蒙古自治区、吉林省种植。

17. 克豆 28（图 3 - 17）

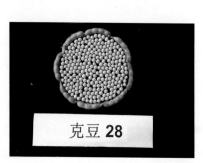

图 3 - 17　克豆 28

品种来源:黑龙江省农业科学院克山分院以北98-151为母本、以东农71434为父本,经有性杂交,采用系谱法选育而成。原代号:克交05-1397。2012年通过黑龙江省农作物品种审定委员会审定,品种审定编号:黑审豆2012017。

特征特性:无限结荚习性;在适应区出苗至成熟生育日数113 d左右,需≥10℃活动积温2 250℃活动左右;该品种株高97 cm左右,有分枝,白花,长叶,灰色茸毛,荚镰刀形,成熟时呈草黄色;籽粒圆形,种皮黄色,种脐无色,有光泽,百粒重18 g左右;蛋白质含量37.85%,脂肪含量22.23%;中抗灰斑病。

产量表现:2008—2009年区域试验平均产量为2 588.1 kg/hm²,较对照品种北丰9号、丰收25增产12.9%;2010—2011年生产试验平均产量为2 623.0 kg/hm²,较对照品种丰收25增产12.3%。

栽培技术要点:在适应区5月上旬播种,选择平岗地块种植,播种前进行种衣剂拌种;垄作栽培,保苗30万株/公顷左右;施肥根据当地生产水平,施磷酸二铵150~187.5 kg/hm²(商品量)、尿素22.5~37.5 kg/hm²;田间管理实行三铲三趟,生育期间防治病虫害,成熟后及时收获。

适宜区域:适宜在黑龙江省第三积温带种植。

18. 嫩丰16(图3-18)

图3-18 嫩丰16

品种来源:黑龙江省农业科学院嫩江农业科学研究所以嫩8422为母本、以嫩79705为父本,经有性杂交,采用系谱法选育而成。2001年通过黑龙江省农作物品种审定委员会审定。

特征特性:亚有限结荚习性;在适应区出苗至成熟生育日数120 d,需≥10℃活动积温2 400℃;主茎类型,株高80 cm,无分枝,尖叶,白花,灰毛;籽粒圆形,种皮黄色、有光泽,种脐黄色,百粒重25 g;蛋白质含量41.1%,脂肪含量20.11%;接种鉴定抗灰斑病。

产量表现:1998—1999年参加黑龙江省区域试验,平均亩产155.5 kg,比对照嫩丰14号增产12.2%;2000年生产试验平均亩产138.2 kg,比嫩丰14号增产17.6%。

栽培技术要点:亩施有机肥2 000 kg、磷酸二铵15 kg,追施尿素15~20 kg;5月上旬播种,一般亩保苗1.7万~1.9万株。

适宜区域:适宜在黑龙江省第一积温带西部地区中、上等土壤肥力地块种植。

19. 嫩丰 18(图 3 - 19)

图 3 - 19　嫩丰 18

品种来源:黑龙江省农业科学院嫩江农业科学研究所以嫩92046F1 为母本、以合丰 25 为父本,经有性杂交,采用系谱法选育而成。原代号:嫩 93064 - 1。2005 年通过黑龙江省农作物品种审定委员会审定。

特征特性:无限结荚习性;在适应区出苗至成熟生育日数 120 d,需≥10 ℃活动积温 2 480 ℃左右;株高 90 cm 左右,主茎型,节间短,结荚密,三、四粒荚多,植株高大繁茂,有分枝,尖叶,白花,灰色茸毛;籽粒圆形,种皮黄色,有光泽,种脐淡褐色,百粒重 20 ~ 22 g;蛋白质含量38.22%,脂肪含量22.69%;接种鉴定中抗大豆孢囊线虫 3 号生理小种。

产量表现:2001—2002 年区域试验平均产量为 1 857.4 kg/hm²,较对照品种嫩丰 14 号增产4.5%;2003 年生产试验平均产量为 2 195.0 kg/hm²,较对照品种嫩丰 14 号增产10.1%。

栽培技术要点:5 月上旬播种,适宜 65 ~ 70 cm 垄作,保苗 28 万 ~ 30 万株/公顷;施磷酸二铵 150 kg/hm²、钾肥 30 kg/hm²,开花期追施尿素 100 ~ 120 kg/hm²。

适宜区域:适宜在黑龙江省第一积温带种植。

20. 绥农 4 号(图 3 -20)

图 3 - 20　绥农 4

品种来源:黑龙江省农业科学院绥化农业科学研究所以绥农 3 号为母本、以(绥 69 -

4258×群选 1 号)F1 为父本,经有性杂交,采用系谱法选育而成。原代号:绥 68 - 5045。1981 年通过黑龙江省农作物品种审定委员会审定,被审定为国家推广品种。

特征特性:无限结荚习性;在适应区出苗至成熟生育日数 115 d 左右,需≥10 ℃活动积温 2 300 ℃;植株健壮,株型收敛,株高 70~85 cm,分枝力强,节间短,结荚密,上下结荚均匀,底荚高 15 cm 左右,线形叶,叶片小而厚,叶色深绿,紫花,灰毛;粒圆形,脐色淡,百粒重 20 g 左右;幼苗拱土能力强,植株生长健壮,抗食心虫等病害能力较强,根系发达,比较喜肥。

产量表现:在绥化地区 25 点次区域试验和生产试验,平均亩产 316.4 kg,高肥水地块最高垧产可达 3 500 kg,比对照品种黑农 10 号增产 16.6%,比参考品种绥农 3 号增产 14.3%。

栽培技术要点:适宜在较肥沃的土地种植,在高肥足水条件下增产潜力较大;适宜播种期为 5 月上旬,亩保苗 1.5 万~2 万株为宜。

21. 绥农 8 号(图 3 -21)

图 3 -21 绥农 8 号

品种来源:黑龙江省农业科学院绥化农业科学研究所以绥农 4 号为母本、以(绥 77 - 5047×Amsoy)F1 为父本,经有性杂交,采用系谱法选育而成。原代号:绥 83 - 495。1989 年通过黑龙江省农作物品种审定委员会审定。

特征特性:无限结荚习性;在适应区出苗至成熟生育日数 115~120 d;植株高大,株高 110 cm 左右,茎秆粗壮,分枝能力强,中下部为圆叶,上部为小尖叶,株型呈塔型;紫花,灰毛,全株着荚均匀;粒圆,粒大整齐,百粒重 23~25 g;秆强抗倒,喜肥;蛋白质含量 41.75%,脂肪含量 20.32%;高抗灰斑病。

产量表现:1986、1987 年 19 点区试,平均亩产 153.4 kg,比合丰 25、黑农 29 增产 13.4%;1988 年 7 点生试,平均亩产 167.7 kg,比合丰 2、黑农 29 增产 10.3%。

栽培技术要点:四月下旬至五月上旬播种,保苗 22 万株/公顷左右;施种肥磷酸二铵 180 kg/hm²;及时铲耥,遇旱灌水,防治病虫害,完熟收获。

适宜区域:适宜在黑龙江省第一积温带下限至第三积温带上限种植。

22. 绥农 10(图 3 – 22)

图 3 – 22　绥农 10

品种来源:黑龙江省农业科学院绥化农业科学研究所以绥农 4 号为母本、以绥 7516 为父本,经有性杂交,采用系谱法选育而成。原代号:绥 87 – 5668。1994 年通过黑龙江省农作物品种审定委员会审定,审定编号:1994007。

特征特性:无限结荚习性;在适应区出苗至成熟生育日数 120 d 左右,需 ≥10 ℃ 活动积温 2 450 ℃ 左右;株高 110 cm 左右,株型收敛,分枝能力强,节间短,结荚密,上下着荚均匀,三、四粒荚多,白花,长叶,荚成熟时呈草黄色;籽粒圆形,种皮浅黄色,脐淡黄色,百粒重 20 ~ 23 g;秆强不倒伏,喜肥水,蛋白质含量 42.11%,脂肪含量 20.6%;高抗灰斑病。

产量表现:1998—1990 年所内鉴定试验平均产量为 3 045 kg/hm²,比合丰 25 增产 20.24%;1991—1992 年全省两年 12 点区域试验平均产量为 2 382 kg/hm²,比合丰 25 增产 17.5%,居参试品种首位;1993 年全省 5 点生产试验平均产量为 2 290.8 kg/hm²,比合丰 25 增产 16%,再次夺魁。

栽培技术要点:四月下旬至五月上旬播种,保苗 24 万株/公顷左右;施种肥磷酸二铵 135 kg/hm² 左右、尿素 45 kg/hm²、钾肥 60 kg/hm²;及时铲趟,遇旱灌水,防治病虫害,完熟收获。

适宜区域:适宜在黑龙江省第一、二积温带种植。

23. 绥农 14(图 3 – 23)

图 3 – 23　绥农 14

品种来源:黑龙江省农业科学院绥化农业科学研究所以合丰 25 为母本、以绥农 8 为父本,经有性杂交,采用系谱法选育而成。原代号:绥 90 - 5351。1996 年通过黑龙江省农作物品种审定委员会审定;2001 年通过吉林省农作物品种审定委员会审定;该品种符合国家大豆品种审定标准,于 2006 年通过审定。

特征特性:亚有限结荚习性;在适应区出苗至成熟生育日数 118 d 左右,需≥10 ℃活动积温 2 450 ℃,属于早熟品种;株高 90.0 ~ 100.0 cm,节间短,分枝 2 ~ 3 个;尖叶,紫花,灰毛,结荚密集,3 ~ 4 粒荚多,荚熟时呈深褐色;籽粒圆形,种皮黄色、有光泽,种脐黄色,百粒重 22.0 g 左右;喜肥水,抗倒伏;蛋白质含量 41.70%,脂肪含量 20.70%;中抗灰斑病。

产量表现:1994—1995 年吉林省安图县种子公司试验,比对照品种增产 9.5%;1997—2000 年汪清县种子公司试验,比对照品种增产 10.0%;2001—2002 年参加北方春大豆品种区域试验,平均产量为 3 132.8 kg/hm²;2002 年生产试验平均产量为 2 524.5 kg/hm²。

栽培技术要点:5 月上旬播种,播种量 60 kg/hm²,保苗 23.0 万 ~ 25.0 万株/公顷;一般土壤肥力条件下施底肥农肥 30 t/hm²,施种肥磷酸二铵 150 kg/hm² 和硫酸钾75 kg/hm²。

适宜区域:适宜在黑龙江省第一、二积温带土壤较肥沃地区,吉林东部延边和北山市,以及新疆昌吉和石河子及其周边地区春播种植。

24. 绥农 26(图 3 - 24)

图 3 - 24　绥农 26

品种来源:黑龙江省农业科学院绥化分院以绥农 15 为母本、以绥 96 - 81029 为父本,经有性杂交,采用系谱法选育而成。原代号:绥 99 - 3213。2008 年通过黑龙江省农作物品种审定委员会审定,审定编号:黑审豆 2008013。

特征特性:无限结荚习性;在适应区出苗至成熟生育日数 120 d 左右,需≥10 ℃活动积温 2 400 ℃左右;株高 100 cm 左右,有分枝,紫花,长叶,灰色茸毛,荚微弯镰形,成熟时呈褐色;籽粒圆球形,种皮黄色,种脐浅黄色,无光泽,百粒重 21 g 左右;蛋白质含量 38.80%,脂肪含量 21.59%;接种鉴定中抗灰斑病。

产量表现:2005—2006 年区域试验平均产量为 2 683.4 kg/hm²,较对照品种合丰 25 增产 13.5%;2007 年生产试验平均产量为 2 718.5 kg/hm²,较对照品种合丰 25 增产 9.7%

栽培技术要点:在适应区 5 月上旬播种,选择中等以上肥水条件地块种植,采用大垄栽培方式,保苗 24 万株/公顷左右;采用精量点播机垄底侧深施肥方法,施大豆复合肥240 kg/hm² 左右;及时铲趟,遇旱灌水,防治病虫害,适时收获。

适宜区域:适宜在黑龙江省第二积温带种植。

25. 龙品 8807(图 3 - 25)

图 3 - 25　龙品 8807

品种来源:黑龙江省农业科学院育种所以黑农 35 为母本、以野生大豆 ZYD355 为父本,经有性杂交,采用系谱法选育而成。2001 年被农业部科技教育司评为农作物优异种质一级。

特征特性:双高种质,在适应区出苗至成熟生育日数 120 ~ 125 d,需 ≥10 ℃活动积温2 600 ℃左右;直立、亚有限结荚习性,株高 95 cm 左右,分枝 2 ~ 3 个,紫花,圆叶,椭圆黄粒,淡褐脐,百粒重 19 g 左右;蛋白质含量 48.2%,脂肪含量 17.87%;接种鉴定中抗灰斑病。

产量表现:1998—2000 年试验平均产量为 2 286.5 kg/hm²,较对照品种黑农 61 增产 5.3%。

栽培技术要点:在适应区 5 月上旬播种,选择中等以上肥力的地块种植,采用垄作栽培方式,保苗 18 万 ~ 22 万株/公顷;一般栽培条件下施基肥磷酸二铵 150 kg/hm²、钾肥40 kg/hm²;生育期间及时铲趟,防治病虫害,拔大草 1 次或采用除草剂除草,及时收获。

适宜区域:适宜在黑龙江省 ≥10 ℃活动积温 2 700 ℃以上南部区种植。

以下为骨干亲本中获奖种质。

东农 42:该品种以其优异的化学品质和外观品质在全国首届农业博览会获奖,被评为农业部优质品种,被列入黑龙江省和农业部科技成果重点推广计划;1994 年被列入国家级科技成果重点推广计划。

绥农 4 号:在 20 世纪 80 年代获得黑龙江省科技进步二等奖。

绥农 8 号:1990—1992 年同时被黑龙江省政府和农业部列为重点推广品种;1992 年被国家科委列入国家级重点推广品种;1993 年获得省政府科技进步二等奖。

绥农 10:1996 年获得绥化地区科技进步一等奖;2002 年获得黑龙江省科技进步二

等奖。

绥农 11:1997 年获得绥化地区科技进步二等奖。该品种示范推广以来,在各地表现为高产、稳产、深受农户欢迎。1995 年宝泉岭农场十七队机务处藏军种 225 亩绥农 11,平均产量为 3 022.5 kg/hm²;1996 年绥棱县后头乡十五井村李如彬种 30 亩绥农 11,平均产量为3 375 kg/hm²;1997 年宝泉岭农场 9 队种 195 亩绥农 11,平均产量为3 021.5 kg/hm²。绥农 11 仅在黑龙江省就累计推广 679.4 万亩,增产大豆 1.1 亿 kg,创造社会效益 2.2 亿元。

绥农 14:1998 年被黑龙江省政府列为重点推广项目;1999 年被评为国家重点科技项目后补助品种;2000 年获得黑龙江省科技进步一等奖;2003 年获得国家科技进步一等奖;2004 年获得重大科技贡献省长特别奖。其播种面积达 4 294.6 万亩,成为目前黑龙江省乃至全国种植面积最大的品种,是黑龙江省第一主栽品种,已被中国农科院列为大豆基因组测序品种。

绥农 15:2002 年获得绥化市科技进步一等奖。该品种示范推广以来,在各地表现为高产、稳产、深受农户欢迎;一般平均产量为 2 750 kg/hm² 左右。1998 年,在太平川镇东兴村种植攻关田 1 hm²,创 4 453.5 kg/hm² 的高产典型。至 2004 年,绥农 15 仅在黑龙江省就累计推广 420 万亩,增产大豆 7728.4 万 kg,创社会效益 1.4 亿元。

龙品 8807:2001 年被农业部科学教育司评为农作物优异种质一级。

参考文献

[1] 盖钧镒,赵团结,崔章林,等. 中国大豆育成品种中不同地理来源种质的遗传贡献[J]. 中国农业科学,1998,31(5):35 – 43.

[2] 邱丽娟,常汝镇,袁翠平,等. 国外大豆种质资源的基因挖掘利用现状与展望[J]. 植物遗传资源学报,2006,7(1):1 – 6.

[3] 常汝镇,孙建英,邱丽娟. 中国大豆种质资源研究进展[J]. 作物杂志,1998(3):7 – 9.

[4] 郑永战,盖钧镒,赵团结,等. 中国大豆栽培和野生资源脂肪性状的变异特点研究[J]. 中国农业科学,2008,41(5):1283 – 1290.

[5] 董英山. 中国野生大豆研究进展[J]. 吉林农业大学学报,2008,30(4):394 – 400.

[6] 董英山,庄炳昌. 中国野生大豆遗传多样性中心[J]. 作物学报,2000,26(5):521 – 527.

[7] 郭泰,刘忠堂,胡喜平,等. 国外大豆种质资源的引入、研究和利用[J]. 作物杂志,2005(1):62 – 64.

[8] 何海燕,沙伟,张艳馥. 黑龙江省大豆种质资源遗传多样性的 ISSR 分析[J]. 大豆科学,2011,30(1):37 – 40.

[9] 李娜娜,张煜,王俊峰,等. 栽培大豆种质资源耐盐性的研究进展[J]. 中国农学通报,2011,27(27):6 – 11.

［10］ 李为喜,朱志华,刘三才,等.中国大豆(Glycine max)品种及种质资源主要品质状况分析[J].植物遗传资源学报,2004,5(2):185-192.

［11］ 林春雨,梁晓宇,赵慧艳,等.黑龙江省主栽大豆品种遗传多样性和群体结构分析[J].作物杂志,2019(2):78-83.

［12］ 刘军,徐瑞新,石堃,等.中国国审大豆品种(2003—2016年)主要性状变化趋势分析[J].安徽农学通报,2017,23(11):60-66.

［13］ 刘兴媛,胡传璞,季玉玲.中国大豆种质资源的脂肪酸组成分析[J].中国种业,1998(2):40-42.

［14］ 蒲艳艳,宫永超,李娜娜,等.中国大豆种质资源遗传多样性研究进展[J].大豆科学,2018,37(2):315-321.

［15］ 秦君,李英慧,刘章雄,等.黑龙江省大豆种质遗传结构及遗传多样性分析[J].作物学报,2009,35(2):228-238.

［16］ 孙岚琴.黑龙江省大豆种质资源的研究和利用[J].种子世界,1991(10):18-19.

［17］ 王克晶,李福山.我国野生大豆(G. soja)种质资源及其种质创新利用[J].中国农业科技导报,2000(6):69-72.

［18］ 王文真,刘兴媛,曹永生,等.中国大豆种质资源的蛋白质含量研究[J].中国种业,1998(1):35-36.

［19］ 王岩,吴禹,李兆波,等.种质资源创新与利用途径分析[J].农业科技与装备,2011(5):10-12.

［20］ 熊冬金,赵团结,盖钧镒.1923—2005年中国大豆育成品种种质的地理来源及其遗传贡献[J].作物学报,2008,34(2):175-183.

［21］ 杨明亮,张东梅,常玉森,等.特用大豆优质种质资源利用与创新[J].黑龙江农业科学,2016(8):15-18.

［22］ 张国栋.黑龙江省大豆育种新的优良亲本[J].黑龙江农业科学,1988(1):8-11.

［23］ 张海军,王英,张艳,等.东北地区大豆种质资源脂肪和蛋白质含量分析[J].大豆科学,2011,30(2):215-218.

［24］ 张磊.中国大豆种质资源抗大豆孢囊线虫5号生理小种鉴定研究[J].大豆科学,1998(2):172-175.

［25］ 王伟威,魏崃,于志远,等.黑龙江省大豆骨干亲本及其后代衍生品种遗传构成解析[C]//第十届全国大豆学术讨论会论文摘要集.2017.

［26］ 王燕平,宗春美,孙晓环,等.东北春大豆种质资源表型分析及综合评价[J].植物遗传资源学报,2017(5):837-845.

［27］ 张振宇,郭泰,王志新,等.东北大豆骨干亲本种质资源遗传分析[J].黑龙江农业科学,2019,295(1):1-4.

第四章　黑龙江大豆骨干亲本的应用

第一节　黑龙江大豆骨干亲本的应用概况

一、黑龙江大豆骨干亲本

用骨干亲本可以培育出一批大面积推广的品种,或者由其衍生出许多具有广泛应用价值的亲本材料。通常,骨干亲本除自身具备综合的优良性状之外,还具有较高的配合力,即易与其他亲本材料杂交选育成优良品种。在大豆育种中,杂交亲本的选择和杂交组合的配制是品种改良的关键环节之一。实践证明,在杂交亲本的选配过程中,骨干亲本的合理选择与利用可大大提高育种效率,骨干亲本的应用在大豆育种实践中发挥了极其重要的作用。其中,骨干亲本黑河 3 号获 1985 年国家发明二等奖,骨干亲本合丰 25 号获 1988 年国家科技进步二等奖,骨干亲本绥农 14 号获 2003 年国家科技进步二等奖,这些突出骨干亲本的应用在大豆育种实践中发挥了巨大作用。

2009 年至 2018 年十年间,黑龙江省审定大豆新品种共计 255 个。黑龙江省不同生态区均出现了大豆骨干亲本,并利用骨干亲本培育出大量大豆新品种。在品种培育的过程中,形成了 35 个影响力较大的大豆骨干亲本,其中中早熟组骨干亲本包括垦丰 16、绥农 14、垦鉴 27、黑农 48、合丰 50、黑农 44、东农 42、合丰 25、黑农 37、黑农 51、哈北 46 - 1、垦农 18、绥农 10、绥农 28、垦豆 18、黑农 35、黑农 40、东农 44、东农 60、哈 03 - 199、合丰 35、合丰 39、垦鉴豆 28、垦农 19、垦农 5、绥农 27 等 26 个;早熟组骨干亲本包括北疆九 1 号、疆莫豆 1 号、昊疆 171、华疆 2 号、黑河 18、黑河 36、北丰 11、北豆 5、北丰 13 等 9 个。这些材料不仅是大豆育种的骨干亲本,而且部分亲本就是当时(或当前)大面积推广种植的优良大豆品种,它们的形成与应用为黑龙江省大豆育种和产业发展做出了巨大贡献。2009—2008 年黑龙江骨干亲本见表 4 - 1。其中,以骨干亲本为直接亲本培育的大豆新品种有 114 个,占全部审定品种的 44.71%,意味着有近 45% 的大豆新品种的亲本之一为这些骨干亲本。

表 4 – 1　2009—2018 年黑龙江骨干亲本

骨干亲本	作为亲本育成的大豆新品种	品种数量
垦丰 16	合农 69、合农 72、佳密豆 6 号、垦豆 25、垦豆 30、垦豆 33、垦豆 36、垦豆 38、垦豆 58、垦豆 60、龙垦 303、牡试 1 号、绥农 44、绥农 48	14
绥农 14	春豆 1 号、东农 55、黑农 61、黑农 68、龙黄 1 号、龙垦 302、农青豆 4 号、绥农 29、绥中作 40、先农 1 号、星农 3 号	11
黑农 44	东生 8 号、黑农 64、黑农 66、黑农 68、黑农 69、黑农 80、黑农 87、华庆豆 103、龙黄 2 号、绥农 34、绥农 36、中龙 606、中龙豆 1 号	13
合丰 50	东农 69、黑农 87、合农 68、合农 72、合农 75、合农 77、绥无腥豆 3 号、垦豆 58	8
黑农 48	东农 251、东农 252、东农 253、牡豆 9、牡豆 10、东生 78、黑农 81	7
北丰 11	北豆 54、昊疆 1 号、合农 60、合农 62、汇农 416、汇农 417、星农 2 号	7
垦鉴豆 27	北豆 42、华菜豆 1 号、龙垦 306、龙垦 309、圣豆 43、圣豆 44	6
合丰 25	东农 56、东农 59、东农 66、圣豆 45、齐农 5 号	5
东农 42	东农 55、东农 62、东农 251、润豆 1 号、嘉豆 1 号	5
黑农 37	抗线 9 号、龙豆 2 号、龙黄 3 号、农青豆 1 号、裕农 1 号	5
北疆九 1 号	北豆 42、昊疆 7 号、贺豆 7 号、嫩奥 3 号、圣豆 43	5
疆莫豆 1 号	合农 91、嫩奥 2 号、嫩奥 3 号、嫩奥 5 号、贺豆 1 号	5
华疆 2 号	北豆 49、北亿 8、东农 63、华疆 6 号、金源 71	5
黑农 51	黑农 81、黑农 84、龙豆 4 号、天赐 153	4
绥农 10	东农 61、农青豆 2 号、绥农 29、绥农 35	4
绥农 28	绥农 34、绥农 36、绥农 41、绥农 48	4
垦农 18	合农 63、黑农 67、龙黄 2 号、农青豆 4 号	4
昊疆 171	昊疆 5 号、昊疆 13、贺豆 3 号、九研 2 号	4

二、骨干亲本的应用

1. 骨干亲本垦丰 16

垦丰 16 是黑龙江省农垦科学院农作物开发研究所 2006 育成的品种,于 2002 年在黑龙江垦区审定(垦鉴豆 23)。其特征特性为亚有限结荚习性,株高 65 cm 左右,底荚高 13 cm,白花,尖叶,灰茸毛,主茎结荚为主,三、四粒荚较多,荚褐色,呈弯镰形;籽粒圆形,种皮黄色,有光泽,脐黄色,百粒重 18 g 左右;蛋白质含量 40.50%,脂肪含量 19.57%;抗灰斑病;在适应区出苗至成熟生育日数 120 d 左右,需≥10 ℃活动积温为 2 450 ℃。其突出特点为高产,稳产,适应性广,抗灰病性强,耐密植,籽粒较小可作为芽豆品种种植。垦丰 16 作为优良品种到 2014 年累计推广 4 000 余万亩,目前年种植面积在 300 万亩左右。

十年期间,垦丰16直接作为亲本育成大豆新品种合农69、合农72、佳密豆6号、垦豆25、垦豆30、垦豆33、垦豆36、垦豆38、垦豆58、垦豆60、龙垦303、牡试1号、绥农44、绥农48等14个,占审定品种总数的5.49%,位居所有骨干亲本首位。

2. 骨干亲本绥农14

绥农14是黑龙江省农业科学院绥化分院1996年育成的品种,于2001年在吉林审定,于2003年通过国家审定推广。其特征特性为亚有限结荚习性,植株高大,有分枝,紫花,长叶,灰毛,节间短,主茎结荚密,三、四粒荚多,上下着荚均匀;粒大整齐,圆粒,种皮鲜黄色,有光泽,脐无色,百粒重21 g左右;蛋白质含量41.72%,脂肪含量20.48%;秆强抗倒,中抗灰斑病;在适应区出苗至成熟生育日数117 d左右,需≥10 ℃活动积温为2 450 ℃。其突出特点为聚合国内外优良亲本基因,高产,稳产,秆强抗倒伏,品质优,商品率高。2009—2018年,以绥农14为亲本之一选育的大豆新品种包括春豆1号、东农55、黑农61、黑农68、龙黄1号、龙垦302、农青豆4号、绥农29、绥中作40、先农1号、星农3号共计11个,占审定品种总数的4.31%。绥农14在生产上广泛应用达25年。截至2012年,绥农14累计推广面积达6亿余亩,增产大豆10.6亿kg,增加经济效益21.7亿元;2003年获国家科技进步二等奖。

3. 骨干亲本黑农44

黑农44是黑龙江省农业科学院大豆研究所2002年审定推广的大豆品种。其特征特性为亚有限结荚习性,上下结荚均匀,白花,灰毛,圆叶,三粒荚较多,百粒重20～22 g;籽粒圆形,种皮黄色,有光泽,外观品质优良;根系发达,秆强不倒,较喜肥水,不裂荚,抗逆性强,中抗灰斑病和中抗花叶病毒病,较抗蚜虫和食心虫;完全粒率高,增产潜力大;脂肪含量23.01%,蛋白质含量36.05%;在适应区出苗至成熟生育日数115 d左右,需≥10 ℃活动积温为2 400 ℃。其突出特点为高产,稳产,适应性广,脂肪含量高。2009—2018年,以黑农44为亲本之一选育的大豆新品种包括东生8号、黑农64、黑农66、黑农68、黑农69、黑农80、黑农87、华庆豆103、龙黄2号、绥农34、绥农36、中龙606、中龙豆1号共计13个,占审定品种总数的5.10%。

4. 骨干亲本合丰50

合丰50是黑龙江省农业科学院大豆研究所2002年审定推广的大豆品种。其特征特性为亚有限结荚习性,株高85～90 cm,秆强,节间短,每节荚数多,三、四粒荚多,顶荚丰富,紫花,尖叶,灰白色茸毛,荚熟褐色;籽粒圆形,种皮黄色,有光泽,种脐浅黄色,百粒重20～22 g;蛋白质含量38.48%,脂肪含量22.26%;在适应区出苗至成熟生育日数116 d左右,需≥10 ℃活动积温2 350 ℃左右。2009—2018年,以合丰50为直接亲本共培育出大豆新品种东农69、黑农87、合农68、合农72、合农75、合农77、绥无腥豆3号、垦豆58等8个,占审定品种总数的3.14%。

育种实践证明,大豆传统育种采用的骨干亲本都是从适宜当地生态和生产条件的品种中选择。以在适宜生态区中大面积推广应用中表现较强生命力的品种为对象,筛选出的骨干亲本大部分是综合性状优良的主栽品种。在此基础上,通过杂交组合的合理配制,决选优异新品系或育种中间材料较为容易或有把握,选育出的新品种稳产性、适应性强,可在生产上大面积推广应用,获得较显著的经济效益。此外,由于频繁利用相同或相近基因会导致遗传基础狭窄,后代缺乏较为丰富的遗传多样性,因此在骨干亲本的遗传改良过程中,要根据育种目标,有针对性地选用生态类型差异较大、亲缘关系较远(或地理远缘)的品种(资源)作为供体亲本。

第二节　重要骨干亲本的遗传贡献

黑龙江省生态、地理环境多样,长期自然和人工选择形成了大量适应省内不同地理和生态环境的大豆品种,北至漠河、南至牡丹江均有种植。成功育种的关键之一是选用原材料或亲本材料。在已有大量新品种育成的今天,回顾并总结以往原材料或亲本材料选用的历史和经验是十分必要的。育成品种的种质构成可通过追溯其祖先亲本的遗传贡献估计,分析现有大豆育成品种种质的地理来源及年代演变特点对今后育种工作具有重要的意义。中华人民共和国成立以来,国内外大豆育种工作者在收集、鉴定品种资源及整理农家品种的基础上,利用有性杂交系谱选育法育成了一大批优良大豆品种,随着品种的不断更新,大豆生产水平得以逐渐提高。其中,大豆优良种质在新品种选育中发挥了重要作用。因此,许多大豆育种家广泛地开展育成品种的系谱构成研究,包括编写品种志,绘制系谱图表,分析优良品种的亲本来源、优良种质的遗传贡献值,等等,以期为原材料的选用及亲本的合理配制提供参考。

一、合丰 25 对育成品种的遗传贡献

合丰 25 对黑龙江省 2009—2018 年十年间育成品种的遗传贡献见表 4－2。结果表明,具有合丰 25 血缘的育成品种有 51 个,占育成品种总数的 20%。遗传贡献率为 50%、25%、12.5%、6.25% 的品种数分别为 5 个、25 个、15 个和 6 个。其中,遗传贡献率为 50% 的品种占衍生品种的 9.8%;遗传贡献率为 25% 的品种占衍生品种的 49.1%;遗传贡献率为 12.5% 的品种占衍生品种的 29.4%;遗传贡献率为 6.25% 的品种占衍生品种的 11.8%。其衍生品种中有 5 个品种(东农 56、东农 59、东农 66、圣豆 45、齐农 5 号)是由合丰 25 作直接亲本育成的。

表 4－2　合丰 25 衍生品种名称、审定年份及遗传贡献率

育成品种	审定年份	遗传贡献率/%
东农 56	2010	50.00
东农 59	2012	50.00

表 4 – 2（续 1）

育成品种	审定年份	遗传贡献率/%
东农 66	2016	50.00
圣豆 45	2018	50.00
齐农 5 号	2018	50.00
北汇豆 1 号	2011	25.00
东富豆 1 号	2018	25.00
昊疆 1 号	2016	25.00
合丰 57	2009	25.00
合农 60	2010	25.00
合农 62	2011	25.00
合农 64	2013	25.00
合农 77	2018	25.00
合农 92	2016	25.00
恒科绿 1 号	2014	25.00
汇农 416	2018	25.00
汇农 417	2018	25.00
垦豆 36	2013	25.00
垦农 2 号	2014	25.00
春豆 1 号	2016	25.00
东农 55	2009	25.00
黑农 61	2010	25.00
黑农 68	2011	25.00
龙黄 1 号	2011	25.00
龙垦 302	2017	25.00
农青豆 4 号	2013	25.00
绥农 29	2009	25.00
绥中作 40	2015	25.00
先农 1 号	2013	25.00
垦农 3 号	2015	25.00
合农 59	2010	12.50

表 4 - 2（续2）

育成品种	审定年份	遗传贡献率/%
绥农 38	2014	12.50
嫩奥 1 号	2012	12.50
嫩奥 4 号	2014	12.50
圣豆 39	2017	12.50
东生 78	2017	12.50
牡豆 10	2016	12.50
北豆 54	2014	12.50
北豆 36	2010	12.50
北豆 42	2013	12.50
华菜豆 1 号	2011	12.50
龙垦 306	2017	12.50
龙垦 309	2018	12.50
圣豆 43	2016	12.50
圣豆 44	2016	12.50
北豆 26	2009	6.25
合农 91	2018	6.25
贺豆 1 号	2017	6.25
嫩奥 2 号	2012	6.25
嫩奥 3 号	2013	6.25
嫩奥 5 号	2017	6.25

二、绥农 14 对育成品种的遗传贡献

绥农 14 对黑龙江省 2009—2018 年十年间育成品种的遗传贡献见表 4 - 3。结果表明,具有绥农 14 血缘的育成品种有 14 个,占育成品种总数的 5.49%。遗传贡献率为 75%、50%、25%、12.5% 的品种数分别为 1 个、10 个、2 个和 1 个。其中,遗传贡献率为 75% 的品种占衍生品种的 7.1%;遗传贡献率为 50% 的品种占衍生品种的 71.4%;遗传贡献率为 25% 的品种占衍生品种的 14.3%;遗传贡献率为 12.5% 的品种占衍生品种的 7.1%。其衍生品种中有 10 个品种(春豆 1 号、东农 55、黑农 61、黑农 68、龙黄 1 号、龙垦 302、农青豆 4 号、绥农 29、先农 1 号、星农 3 号)是由绥农 14 作直接亲本育成的。

表 4 - 3　绥农 14 衍生品种名称、审定年份及遗传贡献率

育成品种	审定年份	遗传贡献率/%
绥中作 40	2015	75.00
春豆 1 号	2016	50.00
东农 55	2009	50.00
黑农 61	2010	50.00
黑农 68	2011	50.00
龙黄 1 号	2011	50.00
龙垦 302	2017	50.00
农青豆 4 号	2013	50.00
绥农 29	2009	50.00
先农 1 号	2013	50.00
星农 3 号	2015	50.00
垦豆 66	2018	25.00
齐农 5	2018	25.00
农庆豆 24	2018	12.50

三、垦丰 16 对育成品种的遗传贡献

垦丰 16 对黑龙江省 2009—2018 年十年间育成品种的遗传贡献见表 4 - 4。结果表明,具有垦丰 16 血缘的育成品种有 15 个,占育成品种总数的 5.88%。遗传贡献率为 75%、50%、25% 的品种数分别为 1 个、13 个和 1 个。其中,遗传贡献率为 75% 的品种占衍生品种的 6.7%;遗传贡献率为 50% 的品种占衍生品种的 86.7%;遗传贡献率为 25% 的品种占衍生品种的 6.7%。其衍生品种中有 13 个品种(合农 69、合农 72、佳密豆 6 号、垦豆 25、垦豆 30、垦豆 33、垦豆 36、垦豆 38、垦豆 58、垦豆 60、龙垦 303、绥农 44、绥农 48)是由垦丰 16 作直接亲本育成的。

表 4 - 4　垦丰 16 衍生品种名称、审定年份及遗传贡献率

育成品种	审定年份	遗传贡献率/%
牡试 1 号	2015	75.00
合农 69	2014	50.00
合农 72	2018	50.00
佳密豆 6 号	2016	50.00

表 4 - 4（续）

育成品种	审定年份	遗传贡献率/%
垦豆 25	2011	50.00
垦豆 30	2011	50.00
垦豆 33	2012	50.00
垦豆 36	2013	50.00
垦豆 38	2015	50.00
垦豆 58	2017	50.00
垦豆 60	2017	50.00
龙垦 303	2017	50.00
绥农 44	2016	50.00
绥农 48	2017	50.00
黑农 85	2017	25.00

四、黑农 44 对育成品种的遗传贡献

黑农 44 对黑龙江省 2009—2018 年十年间育成品种的遗传贡献见表 4 - 5。结果表明,具有黑农 44 血缘的育成品种有 10 个,占育成品种总数的 4%。遗传贡献率为 75%、50% 的品种数分别为 1 个和 9 个。其中,遗传贡献率为 50% 的品种占衍生品种的 90%。其衍生品种中有 9 个品种是由黑农 44 作直接亲本育成的。

表 4 - 5　黑农 44 衍生品种名称、审定年份及遗传贡献率

育成品种	审定年份	遗传贡献率/%
中龙 606	2018	75.00
东生 8 号	2013	50.00
黑农 64	2010	50.00
黑农 66	2011	50.00
黑农 69	2012	50.00
华庆豆 103	2018	50.00
龙黄 2 号	2010	50.00
绥农 34	2012	50.00
绥农 36	2014	50.00
中龙豆 1 号	2018	50.00

2009—2018 年黑龙江省大豆育成品种应用的 320 个亲本中确有一批种质利用频率

高、相对贡献大的骨干亲本,尤其是表4-2中的骨干亲本合丰25及表4-1所列的16个其他亲骨干本,它们仅占祖先亲本数的7.4%。目前,这些骨干亲本的利用主要集中在本生态区,在异生态区虽有扩散,但迄今交叉利用的程度相对还很低。黑龙江省除利用一些国外种质外,对黄淮海及南方材料利用极少,几乎无黄淮海及南方的细胞质利用。美国大豆育种的经验是较好地利用国外、异生态区的种质。大豆育种中种质利用的潜在机遇是十分丰富的,一个优秀的种质应该充分发挥其有利基因的作用,东北、黄淮海、南方的种质应该相互渗透、相互利用。由于种质生育期(主要开花期)特性的限制束缚了种质相互渗透、利用的进程,因此今后应有计划地进行相互渗透的种质创新工作,选育出一批带有各地优良基因的中间亲本(或载体)供各地使用。

第三节 重要骨干亲本的利用价值

近年来,黑龙江省大豆品种的选育速度较快,但是优良种质资源尤其是骨干亲本匮乏,所以发掘更多的骨干亲本对保持我省大豆品种的遗传多样性具有重大意义。大豆种质资源是大豆育种研究的物质基础,正确选用优良种质资源是提高育种成效的关键技术之一。探讨骨干亲本的利用价值,利用优良的种质资源,发现和创造新的种质资源,是决定大豆新品种能否在产量、品质和抗病性等方面得到进一步改良的关键。以合丰25为例,该骨干亲本有效地集中了农家品种、当地推广品种早熟、适应性强和日本高产品种结荚密、高产等优良特性,所以具有良好的遗传基础,在2009—2018年黑龙江审定的255个大豆品种中,有51个品种含有合丰25的血缘,其衍生品种、审定年及遗传贡献率见表4-2。在51个大豆品种中,合丰25的遗传贡献率变化幅度为6.25%～50.00%,其中有5个品种利用合丰25作直接亲本,衍生品种46个。事实上,该骨干亲本在1984年经黑龙江省农作物品种审定委员会审定之后,至2009年之前,在省内外各大豆育种单位在合丰25大豆田通过自然变异,系选出牡丰7等多个优良品种,同时其作为受体或者供体亲本衍生出大量新品种。2018年审定的大豆新品种中有圣豆45和齐农5号两个大豆新品种是以合丰25为直接亲本的。这在一定程度上也说明骨干亲本合丰25的优良基因仍有极高的利用价值。新的有利基因的不断引入和利用是获得持续稳定的育种选择进展的先决条件,在充分利用现有骨干亲本的同时,应注重开发、引入外地和国外优良基因,创制育种中间材料,不断丰富大豆品种的遗传基础,提高育成品种的产量潜力和适应能力。

参考文献

[1] 盖钧镒,熊东金,赵团结. 中国大豆育成品种系谱与种质基础[M]. 北京:中国农业出版社,2015.

[2] 盖钧镒,赵团结,崔章林. 中国1923—1995年育成的651个大豆品种的遗传基础[J]. 中国油料作物学报,1998,20(1):17-23.

［3］　郭娟娟,常汝镇,邱丽娟. 日本大豆种质十胜长叶对我国大豆育成品种的遗传贡献分析［J］. 大豆科学,2007,26(6):807－819.

［4］　付亚书. 大豆品种绥农 14 的选育及体会分析［J］. 黑龙江农业科学,2002(3):47－48

［5］　郭泰,刘忠堂,齐宁. 大豆优良种质合丰 25 号在育种中的利用［J］. 作物品种资源,1998,(2):19－20

［6］　杨丹霞,王德亮,蒋玉久. 大豆品种垦丰 16 的选育及体会分析［J］. 大豆科技,2010(3):65－66.

［7］　满为群,杜维广,陈怡. 大豆新品种黑农 44 的选育及不同种植方式对产量和品质的影响［J］. 黑龙江农业科学,2004(5):1－3.

［8］　郭泰,刘忠堂,王志新. 高油高产高效大豆品种合丰 50 的创新与效果分析［J］. 中国农学通报,2007,23(5):156－160。

［9］　刘华招,刘延,陈温福. 寒地水稻骨干亲本石狩白毛衍生品种的育成、推广及启示［J］. 黑龙江八一农垦大学学报,2011,23(2):8－12.

［10］　刘旭. 我国小麦种质资源价值的分析［J］. 中国资产评估,2009(3):26－30.

［11］　孙明明. 2009 年黑龙江省审定推广的大豆新品种［J］. 大豆科学,2011,30(3):532－536.

［12］　宋显军. 2010 年黑龙江省审定推广的大豆新品种［J］. 大豆科学,2011,30(1):171－176.

［13］　孙明明. 2011 年黑龙江省审定推广的大豆新品种［J］. 大豆科学,2011,30(4):713－718.

［14］　宋显军. 2012 年黑龙江省审定推广的大豆新品种［J］. 大豆科学,2012,31(3):504－510.

［15］　王萍. 2013 年黑龙江省审定推广的大豆新品种 Ⅰ［J］. 大豆科学,2013,32(3):429－432.

［16］　王萍. 2013 年黑龙江省审定推广的大豆新品种 Ⅱ［J］. 大豆科学,2013,32(4):576－579.

［17］　孙明明,王萍. 2014 年黑龙江省审定推广的大豆品种 Ⅰ［J］. 大豆科学,2014,33(3):463－466.

［18］　王萍,孙明明. 2014 年黑龙江省审定推广的大豆品种 Ⅱ［J］. 大豆科学,2014,33(4):626－628.

［19］　孙明明,王萍,吕世翔. 2015 年黑龙江省审定推广的大豆品种 Ⅰ［J］. 大豆科学,2015,34(5):918－920.

［20］　孙明明,王萍,吕世翔. 2015 年黑龙江省审定推广的大豆品种 Ⅱ［J］. 大豆科学,2015,34(6):1100－1102.

［21］　孙明明,王萍,吕世翔. 2016 年黑龙江省审定推广的大豆品种［J］. 大豆科学,

2016,35(5):875 - 880.

[22] 王萍,武琦,孙明明.2017 年黑龙江省审定推广的大豆品种[J].大豆科学,2017,36(5):824 - 830.

[23] 孙明明,武琦,王萍.2017 年黑龙江省审定推广的大豆品种Ⅱ[J].大豆科学,2017,36(6):980 - 986.

[24] 吕世翔,武琦,王萍.2018 年黑龙江省审定推广的大豆品种Ⅰ[J].大豆科学,2018,37(5):820 - 828.

[25] 王萍,武琦,吕世翔.2018 年黑龙江省审定推广的大豆品种Ⅱ[J].大豆科学,2015,37(6):989 - 998.

第五章 主栽品种未来应用潜力分析

第一节 主栽品种生产应用现状

黑龙江省是我国重要的大豆商品粮基地,常年播种面积6 000 万亩左右。黑龙江省大豆育种水平在全国一直处于领先地位,曾育成合丰 25、合丰 35、绥农 14、黑河 3、黑农 26 等在全国具有影响力的大豆品种。2009—2018 年十年间,黑龙江省共育成大豆品种 251 个,其中通过黑龙江省审定的品种数为 214 个,通过国家审定的品种数为 32 个,通过国家和黑龙江省 2 级审定的大豆品种有 5 个。可见,黑龙江省大豆育种科技工作者取得了较大的成绩。近期,在大豆生产上影响较大的品种有黑河 43、合丰 55、合丰 50、黑河 38、克山 1 等,这些品种表现出高产、多抗、广适应性等优点,深受种植户和加工企业欢迎。

一、黑河 43

黑河 43 是黑龙江省农业科学院黑河分院育成的大豆品种,该品种是黑龙江省主栽大豆品种推广面积较大的品种之一。其 2009 年推广面积为 211.6 万亩,占全省大豆播种面积的 3.3%;2018 年推广面积达 742.1 万亩,占全省大豆推广面积的 13.6%;在黑龙江省近十年累计推广面积达 3 984.1 万亩,年均推广面积为 398.4 万亩,年均占大豆推广面积百分比为 8.7%;2014—2018 年连续 5 年推广面积居全省首位,目前生产面积仍有扩大趋势。黑龙江 43 近十年推广面积如图 5 - 1 所示。

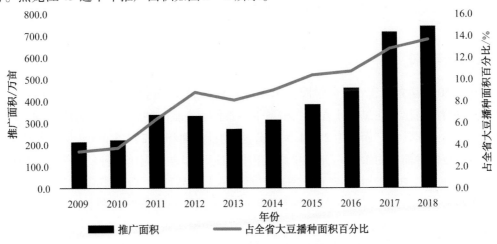

图 5 - 1 黑河 43 近十年推广面积

二、合丰 55

合丰 55 是黑龙江省农业科学院佳木斯分院育成的大豆新品种,该品种具有高油、高产、多抗、广适应性等优点,在黑龙江省第二积温带一直作为主栽品种应用。该品种 2009 年推广面积为 177.9 万亩,占全省大豆播种面积的 2.8%;2013 年推广面积达 420.4 万亩,占全省大豆推广面积的 12.5%;2014 年开始推广面积呈下降趋势,到 2018 年推广面积仍然保持在 60.5 万亩,占全省大豆播种面积的 1.1%。2009—2018 年,合丰 55 在黑龙江省累计推广面积为 2 743.9 万亩,年均推广面积为 274.39 万亩,年均种植面积占全省大豆播种面积的 6.37%。该品种是黑龙江省 2009—2018 年推广面积第二大的品种,是黑龙江省第二积温推广面积最大的品种,其中 2012 年和 2013 年连续 2 年为黑龙江省推广面积最大的品种,为黑龙江省大豆生产做出了巨大贡献。合丰 55 近十年推广面积如图 5-2 所示。

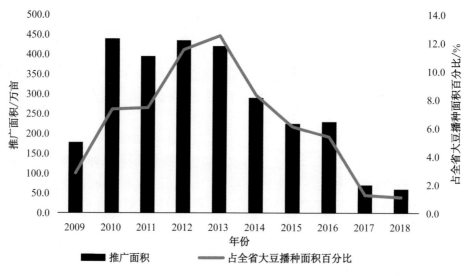

图 5-2 合丰 55 近十年推广面积

三、合丰 50

合丰 50 是黑龙江省农业科学院佳木斯分院育成的大豆新品种,该品种具有高油、高产、广适应性等优点,在黑龙江省第二积温带一直作为主栽品种应用。该品种 2009—2018 年在黑龙江省累计推广面积为 2 574.5 万亩,年均推广面积为 257.5 万亩,年均种植面积占全省大豆播种面积的 4.9%,年均推广面积排在近十年推广应用品种的第三位;2010 年和 2011 年连续 2 年为黑龙江省和全国推广面积最大的品种,之后面积有所下降,2018 年推广面积为 51.0 万亩,占全省大豆种植面积的 0.9%;年最大推广面积为 744.7 万亩,占全省当年大豆种植面积的 12.4%;为黑龙江省第二积温带东部区大豆品种试验的对照品种。合丰 50 近十年推广面积如图 5-3 所示。

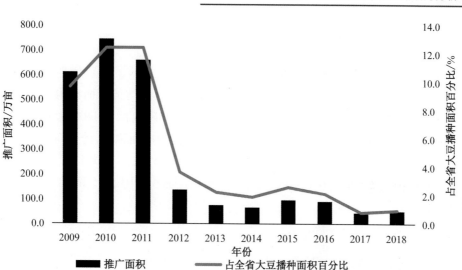

图 5 - 3　合丰 50 近十年推广面积

四、黑河 38

黑河 38 是黑龙江省农业科学院黑河分院自主育成的大豆品种,该品种适应性好,推广应用面积较大。该品种 2009—2018 年在黑龙江省累计推广面积为 1845.2 万亩,年均推广面积为 184.5 万亩,年均推广面积占全省大豆种植面积的 3.8%,年均推广面积排在第四位。该品种年最大推广面积出现在 2009 年,当年面积为 448.5 万亩,占全省推广面积的 7.1%。近期,该品种推广面积虽然呈下降趋势,但 2009—2016 年全省种植面积一直维持在 100 万亩以上;到 2018 年推广面积为 73.9 万亩,占全省大豆种植面积的 1.4%;2009—2010 年连续 2 年的种植面积在早熟大豆品种之中居首位。黑河 38 近十年推广面积如图 5 -4 所示。

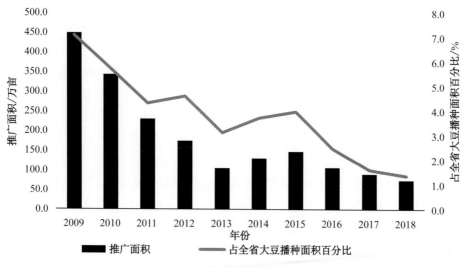

图 5 - 4　黑河 38 近十年推广面积

五、垦丰 16

垦丰 16 为黑龙江省农垦科学院作物开发研究所自主育成的大豆优良品种。该品种 2009—2018 年在黑龙江省累计推广面积为 1 685.3 万亩,年均推广面积为 168.53 万亩,占全省大豆年均种植面积的 3.4%,在黑龙江省年最大推广面积为 440.9 万亩,占当年黑龙江省大豆种植面积的 8.3%;该品种 2011 年达到最大推广面积后,种植面积一度呈下滑趋势;自 2016 年开始,种植面积呈恢复增产状态;2018 年种植面积达 111.1 万亩,占当年黑龙江省大豆种植面积的 2.0%。垦丰 16 近十年推广面积如图 5 – 5 所示。

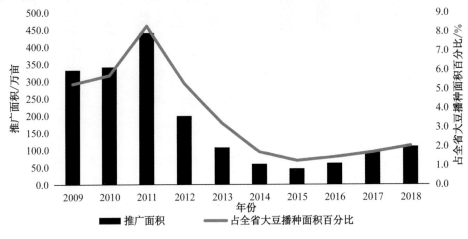

图 5 – 5 垦丰 16 近十年推广面积

六、克山 1

克山 1 是黑龙江省农业科学院克山分院采用航天搭载方式育成的广适应性大豆新品种。该品种 2010—2018 年累计推广面积为 1 671.0 万亩,年均推广面积为 167.1 万亩,年均推广面积占黑龙江省大豆年均种植面积的 3.7%,年均种植面积在主栽大豆品种中排在第六位。该品种适应性广,审定推广后种植面积不断扩大,2017 年推广面积达 484.0 万亩,占当年黑龙江省大豆种植面积的 8.6%;2018 年推广面积有所下滑,但全省种植面积仍有 398.5 万亩,占全省大豆播种面积的 7.3%。克山 1 近十年推广面积如图 5 – 6 所示。

七、绥农 26

绥农 26 为黑龙江省农业科学院绥农分院育成的大豆优良品种。该品种 2009—2018 年在黑龙江省累计推广面积为 1 550.7 万亩,年均推广面积为 155.07 万亩,年均推广面积占黑龙江省年均大豆种植面积的 3.42%,年均推广面积排在第七位。该品种 2011 年推广面积为 446.0 万亩,占全省大豆推广面积的 8.4%;2012 年推广面积为 239.3 万亩,占全省大豆种植面积的 7.1%,之后推广面积呈下降趋势;2016 年推广面积为 14.6 万亩,占全省大豆种植面积的 0.3%;2018 年推广面积恢复到 66.7 万亩,占全省大豆种植面积的

1.2%。绥农26近十年推广面积如图5-7所示。

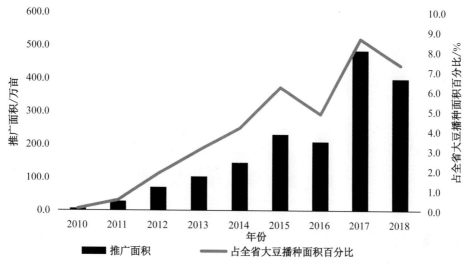

图 5 - 6 克山 1 近十年推广面积

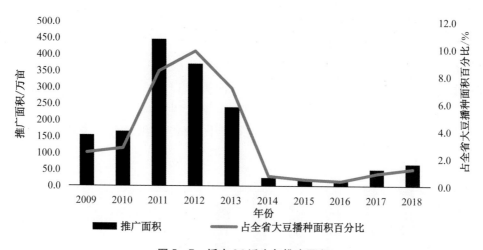

图 5 - 7 绥农 26 近十年推广面积

八、黑农48

黑农48是黑龙江省农业科学院大豆研究所自主育成的高蛋白大豆新品种。该品种2009—2018年累计推广面积为1 018.0万亩,年均推广面积为101.8万亩,年均推广面积占黑龙江省大豆年均种植面积的2.0%,在黑龙江省大豆主栽品种中排在第十位。该品种2009年推广面积为316.1万亩,占全省当年大豆种植面积的5.0%,之后呈下降趋势。近两年市场对高蛋白大豆需求较为旺盛,该品种推广应用面积有所恢复,2018年推广面积达到133.0万亩,占全省大豆播种面积的2.4%。黑农48近十年推广面积如图5-8所示。

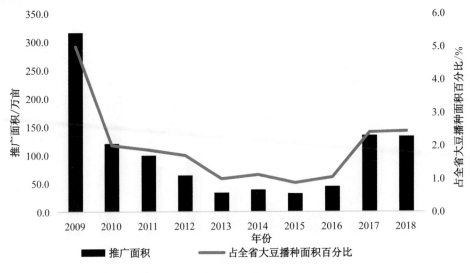

图 5 - 8   黑农 48 近十年推广面积

九、华疆 4

华疆 4 为黑龙江省华疆种业研究所自主育成的大豆优良品种。该品种 2009—2018 年在黑龙江省累计推广面积为 911.6 万亩,年均推广面积为 91.16 万亩,占黑龙江省大豆年均种植面积的 2.0%,在黑龙江省年最大推广面积为 131.4 万亩,占当年黑龙江省大豆种植面积的 2.1%。该品种推广高峰期在 2013 年,当时种植面积占全省播种面积的 3.4%,之后推广面积一度呈下滑趋势。华疆 4 近十年推广面积如图 5 - 9 所示。

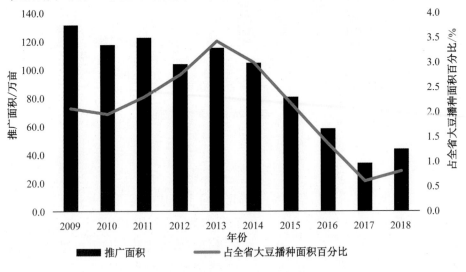

图 5 - 9   华疆 4 近十年推广面积

十、华疆2

华疆2为黑龙江省华疆种业研究所自主育成的大豆优良品种。该品种2009—2018年在黑龙江省累计推广面积为680.3万亩,年均推广面积为68.0万亩,占全省大豆年均种植面积的1.5%。该品种推广面积一直呈波动势增长,2017年推广面积为138.34万亩,占当年大豆种植面积的2.47%。华疆2近十年推广面积如图5-10所示。

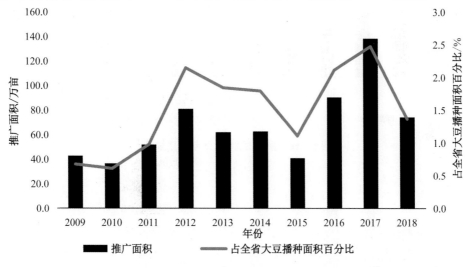

图5-10　华疆2近十年推广面积

十一、垦鉴豆28

垦鉴豆28为北安华疆种业有限责任公司育成的大豆新品种。该品种具有早熟、高产、稳产等优点,在黑龙江省北部地区大豆生产中占有重要地位。该品种近十年累计推广面积为525.63万亩,年均推广面积为52.56万亩,占黑龙江省大豆年均推广面积的1.13%。该品种近期推广面积一度呈下降趋势,2011年该品种推广面积达101.22万亩,到2018年生产上已经统计不到种植面积。垦鉴豆28近十年推广面积如图5-11所示。

十二、垦鉴豆27

垦鉴豆27为北安华疆种业有限责任公司育成的大豆新品种。该品种类型独特,分枝能力特别强,茎秆韧性强,抗倒伏,具有早熟、高产、稳产等优点,在黑龙江省北部地区大豆生产中占有重要地位。该品种近十年累计推广面积为486.27万亩,年均推广面积为48.63万亩,占黑龙江省大豆年均推广面积的1.09%。垦鉴豆27近十年推广面积如图5-12所示。

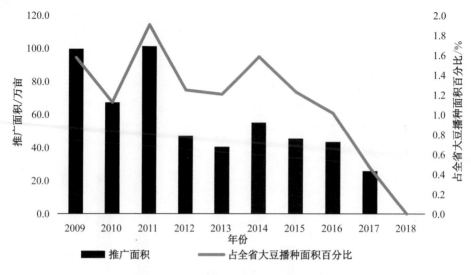

图 5 – 11　垦鉴豆 28 近十年推广面积

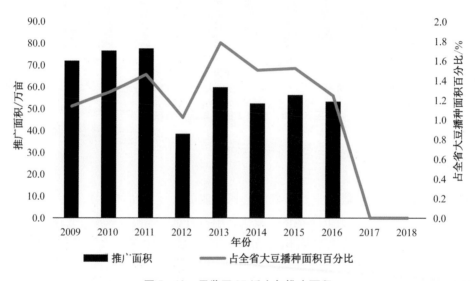

图 5 – 12　垦鉴豆 27 近十年推广面积

十三、黑河 45

黑河 45 为黑龙江省农业科学院黑河分院自主育成的大豆品种。黑河 45 具有早熟、高产、稳产等优点，是黑龙江省第五积温带对照品种。该品种 2009—2018 年累计推广面积为 478.29 万亩，年均推广面积为 47.83 万亩，占黑龙江省大豆年均推广面积的 0.93%。目前，黑龙江省北部地区大豆品种比较多，品种间竞争激烈，该品种的推广面积一度呈下滑趋势，近几年由于大豆生产的恢复，该品种的推广面积呈现稳中有升的趋势。黑河 45 近十年推广面积如图 5 – 13 所示。

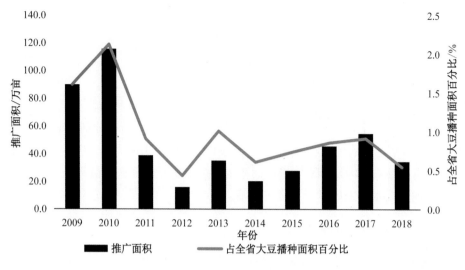

图 5 - 13　黑河 45 近十年推广面积

十四、东生 1

东生 1 为中国科学院东北地理生态研究所海伦试验站育成的大豆品种。该品种在黑龙江省第三、四积温带作为芽豆品种应用,推广面积受芽豆市场形势影响,呈波动势发展。该品种近十年累计推广面积为 391.75 万亩,年均推广面积为 39.18 万亩,占全省年均推广面积的 1.16%;年最大推广面积为 2018 年的 71.72 万亩,年最大推广比例为 2013 年的2.50%。东生 1 近十年推广面积如图 5 - 14 所示。

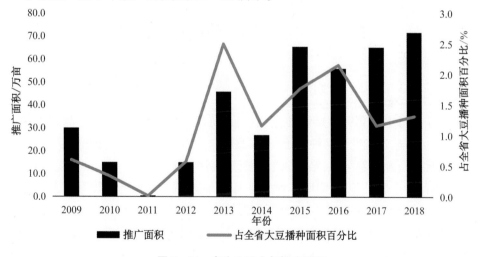

图 5 - 14　东生 1 近十年推广面积

十五、苗头性新品种

近年来,黑龙江省育成了一些表现较好的苗头品种。其中,合农 75 通过审定后推广应用面积迅速扩大,2016 年推广面积为 27.4 万亩;2017 年推广面积为 218.0 万亩,占全省大豆推广面积的 3.9%;2017 年推广面积为 218.5 万亩,占全省大豆推广面积的 4.0%,推广面积还在不断扩大。合农 76 为黑龙江省农业科学院佳木斯分院自主育成的高蛋白大豆品种,该品种近年来推广面积迅速扩大,2017 年推广面积达 132.5 万亩,占全省大豆种植面积的 2.4%;2018 年种植面积为 134.0 万亩,占全省大豆种植面积的 2.5%。早熟品种合农 95 和合农 69 近年来推广面积增长迅速,2018 年推广面积分别达 191.39 万亩和 200.2 万亩。新审定的品种绥农 44 推广面积增长较快,在 2017 年和 2018 年推广面积均超过 100 万亩。绥农 52 号 2018 年推广面积也超过 100 万亩。这些苗头品种的出现为我国大豆生产向更高水平发展奠定了坚实基础。

十六、阶段性主栽品种

有些大豆品种在大豆生产的某个阶段起到了一定的作用,但是由于生产条件和市场需求不断发生变化,此类品种往往在抗性、品质、适应性等方面不能完全适应生产需求,因此推广寿命较短。比较典型的品种为绥农 35,该品种 2014—2016 年推广面积分别为 125.9 万亩、251.1 万亩和 243.4 万亩,而 2017 年以后在黑龙江省推广面积不足 10 万亩,退出了主栽品种行列。绥农 36 为黑龙江省农业科学院绥化分院育成的另一个大豆品种,2015—2017 年作为主栽品种推广面积分别为 134.7 万亩、243.4 万亩和 285.0 万亩,2018 年推广面积只有 39.6 万亩。这些品种虽然投入生产时间较短,但在特定的历史阶段为黑龙江省大豆生产做出了较大贡献。

第二节　主栽品种的创新与改良

一、黑河 43 的创新与改良

黑河 43 的母本黑交 92 - 1544 主要由秆强、抗倒、结荚密的日本高产品种十胜长叶,俄罗斯早熟、秆强、适应性强品种尤比列,以及蛋白质高、结荚密、早熟的黑河 54 和黑河 9 号等 10 个优异资源按着早熟、结荚密、秆强、适应性广聚合而成。其父本黑交 94 - 1211 主要由日本品种十胜长叶、俄罗斯品种尤比列、秆强及适应性好的美国品种美丁、结荚密及丰产性好的黑交 83 - 889 等 12 个优异资源按着早熟、高产、抗病聚合而成。黑河 43 细胞质组成来源于克山白眉;细胞核基因来源于 22 个亲本祖先,包括 3 个农家品种、3 个外引品种和 16 个育成品种。农家品种血缘的加入奠定了黑河 43 的区域适应性,对熟期及适应性贡献较大;国外骨干品种的引入奠定了黑河 43 广适性、抗逆、抗病的特点;不同时期地方品种的运用,聚合了高产、稳产、适合机器化等优良特性。

黑河 43 秆强抗倒伏,适应性广,适于"垄三"栽培。随着生产条件的不断变化和栽培技术的不断熟化,目前该品种生产田采用窄行密植栽培的地块较多,窄行密植栽培形式主要是小垄密植和大垄密植,其中北部一些农场采用玉米和大豆轮作大垄密植的较多,一般垄宽为90 cm或者100 cm,垄上3行或者4行。

二、合丰55的创新与改良

合丰55为黑龙江省农业科学院佳木斯分院自主育成的大豆优良品种。从亲本组成上分析,其母本北丰11主要来源于27个品种或优良材料的血缘,含有高产、优质、广适应性、抗灰斑病等优良基因,且已遗传给后代品种合丰55。其父本绥农4号主要来源于14个品种或优良材料的血缘,含有高产、高油、抗灰斑病、抗疫霉根腐病、抗病毒病等优良基因,且已遗传给后代品种合丰55。从血缘上看,根据南京农业大学赵团结(盖钧镒院士)的系谱分析,合丰55的血缘和细胞质、细胞核来源于不同的农家品种、育成品种或创新材料和国外品种,聚合了黑龙江省、吉林省和美国、日本的优秀品种、优良种质和农家品种的血缘与优良基因,基因来源的多样性,血缘和生态的差异性,为目标性状优异基因的累加和选育高油、高产、多抗、广适应性的品种合丰55奠定了丰富的遗传基础。

合丰55具有高产、高油、多抗、广适应性等优点,植株高大、繁茂,在生产上一般采用"垄三"栽培技术种植,一般保苗28万株/公顷左右;在黑龙江省西部干旱区也可以采用行间覆膜技术栽培,保苗25万~28万株/公顷为宜。

三、合丰50的创新与改良

合丰50是黑龙江省农业科学院佳木斯分院以当地推广面积大、综合性状好、适应性强、高产稳产的品种合丰35号为母本,以抗病性好、高油、丰产性突出的优异新种质合交95-1101(合丰34号×合丰35号)为父本有性杂交后回交育成。这两个亲本含有省内"合丰号""黑河号""绥农号""黑农号""丰收号"、省外"吉林号""九农号""长农号"、农家品种和国外美国品种等优良基因和育种目标要求的目标性状基因,既具有当地的适应性,又具有地理远缘的差异性,为基因的累加和目标性状的选择提供了保证。合丰35的遗传基础来源于32个品种或材料的血缘,含有高产、广适应性、抗灰斑病等优良基因,且已遗传给后代品种合丰50号。合交95-1101的遗传基础来源于16个品种或材料的血缘,含有高产、高油、抗灰斑病、抗疫霉根腐病、抗病毒病等优良基因,且已遗传给后代品种合丰50号。

根据南京农业大学赵团结(盖钧镒院士)的系谱分析,合丰50的血缘和细胞质、细胞核来源于不同的农家品种、育成品种或创新材料和国外品种,聚合了黑龙江省、吉林省和美国一批优秀的品种、优良种质和农家品种的血缘与优良基因。基因来源的多样性,血缘和生态的差异性,为目标性状优异基因的累加和选育高油、高产、多抗、广适应性的品种合丰50奠定了丰富的遗传基础。

合丰50高大、繁茂,抗倒伏能力强,适合机械化收割,且前期发苗快,在黑龙江省农垦总局东部的红兴隆管理局和建三江管理局的一些农场早期采用玉米冬收原垄卡种效果较好。随着玉米机械收获水平和整地技术的不断提高,近期合丰50种植以"垄三"栽培技术为主,其他栽培方式所占的比例相应地在减少。

四、黑河38的创新与改良

黑河38核心基因来源于4份国外大豆品种、5份国内农家品种和1份育成品种。4份国外大豆品种分别为十胜长叶(日本)、尤比列(俄罗斯)、黑龙江41(俄罗斯)、阿姆索(美国),其中十胜长叶是我国大豆育种应用最成功的、亲本中出现频率最高的国外品种资源之一,已衍生的品种达90余份,是黑河号大豆品种的基础早源;黑龙江41成功应用于合丰号大豆品种,并由合丰26大豆品种传递给黑河38;阿姆索是东北大豆灰斑病的主要抗源。5份国内农家品种分别为蓑衣领(黑龙江)、盖家屯四粒荚(吉林)、金元(辽宁)、克山白眉(黑龙江)、克山四粒荚(黑龙江)。其中,盖家屯四粒荚、金元、克山白眉是东北地区大豆育种利用最多的基础农家品种;蓑衣领、克山四粒荚是黑河38的原始祖先之一,将早熟高产的优良基因传递给黑河38。1份育成品种为长叶1号和1份黑河当地野生大豆资源材料黑河野生豆3-A。黑河38的细胞质基因来源于克山白眉,通过丰收1号、黑河54、黑河4号、黑河9号等品种完成传递。以上细胞质和细胞核基因的不断融入,使黑河38具有早熟、高产、广适应性等优点。黑河38通过审定推广以后迅速成为黑龙江省大豆主栽品种。

黑河38具有广适应性等优点,生产上适合的播种方式有“垄三”栽培和大垄窄行密植。“垄三”栽培(垄底深松、垄体分层施肥、垄上精量点播)是黑河38最适宜的栽培方式。其适宜采用大豆精量点播机垄上双行等距精量点播,垄距60～70 cm,小行距10～12 cm;土壤肥力高的地块保苗28万～32万株/公顷,土壤肥力低的地块保苗35万～40万株/公顷;大垄窄行密植既抗旱又排涝,同时能够提高种植密度,从而获得高产,垄距130～140 cm,垄上6行,小行距16 cm,或垄距97.5～105 cm,垄上4行,保苗45万～50万株/公顷。

五、垦丰16的创新与改良

垦丰16是黑龙江省农垦科学院作物开发研究所以黑农34为母本、以垦农5为父本有性杂交育成的大豆品种。垦丰16的细胞质来源于农家品种满仓金,满仓金通过东农4号、黑农10、黑农16、黑农34等品种将细胞质传递给垦丰16,使垦丰16具有很好的适应性。其细胞核来自13个不同的农家品种、国内育成品种和国外品种,其中含有国外著名品种十胜长叶的血缘,含有国内农家品种满仓金、紫花4号、荆山璞、五顶株、龙江小粒黄、克山四粒黄、龙东青皮铁荚子等著名农家品种的血缘,使垦丰16适应性更广,推广范围不断扩大;同时也导入了一些育成品种丰收6、丰收7、九农13等的血缘,这些品种的遗传基因通过绥农3、绥农4等中间品种的传递不断增加垦丰16的遗传背景,使垦丰16的遗传基础不断丰富。

垦丰16具有半矮秆、抗倒伏、耐密植等优点,因此在大豆生产上可以采用原垄卡种、垄三栽培和窄行密植栽培技术。黑龙江省垦区的一些农场早期多采用原垄卡种,近期由于机械化程度越来越高,原垄卡种技术逐渐被垄三栽培技术取代。由于该品种的抗倒伏能力强,因此一些地区也采用大垄密植或者小垄密植等窄行密植栽培技术,并且取得了较好的效果。

六、克山 1 的创新与改良

克山 1 是黑龙江省农业科学院克山分院以黑河 38 为母本、以绥农 14 为父本杂交后,F2 代采用航天诱变后进行选择育成的广适应性大豆新品种。克山 1 的细胞核基因来源于 4 份国外大豆品种、5 份国内农家品种和 4 份育成品种。4 份国外大豆品种分别为十胜长叶(日本)、尤比列(俄罗斯)、黑龙江 41(俄罗斯)、阿姆索(美国),其中十胜长叶是我国大豆育种应用最成功的、亲本中出现频率最高的国外品种资源之一,具有节间短、结荚密、三四粒荚多等优点;黑龙江 41 的早熟基因成功应用于黑河 38,并由黑河 38 传递给克山 1;阿姆索是东北大豆灰斑病的主要抗源。5 份国内农家品种分别为蓑衣领、盖家屯四粒荚、金元、克山白眉、克山四粒荚等。其中,盖家屯四粒荚、金元、克山白眉是东北地区大豆育种利用最多的基础农家品种;蓑衣领、克山四粒荚是克山 1 的原始祖先之一,将早熟高产的优良基因传递给克山 1。4 份育成品种为长叶 1 号、紫花 4 号、元宝金、小粒豆 9。此外,还有 1 份野生大豆资源材料黑河野生豆 3 – A 和 2 份中间材料克交 69 – 5236、绥 70 – 6。克山 1 的细胞质基因来源于克山白眉,通过丰收 1 号、黑河 54、黑河 4 号、黑河 9 号等品种完成传递,克山白眉的细胞质为克山 1 提供了早熟高产基因。

克山 1 由于适应性广,因此通过审定推广后种植面积一直呈上升趋势,适于“垄三”栽培,一般肥力地块保苗 30 万 ~ 32 万株/公顷。目前,其生产田采用窄行密植栽培的地块不断增加,窄行密植栽培形式主要是小垄密植和大垄密植。其中,黑龙江省北部一些农场采用玉米和大豆轮作大垄密植较多,一般垄宽 90 cm 或者 100 cm,垄上 3 行或者 4 行,保苗 45 万 ~ 50 万株/公顷。

七、绥农 26 的创新与改良

绥农 26 为黑龙江省农业科学院绥化分院以绥农 15 为母本、以绥 96 – 81029 为父本有性杂交连续定向选择育成的大豆新品种。绥农 26 的细胞质来源于农家品种群选 1 号,群选 1 号的广适应性有效地传递给了绥农 26 号,使绥农 26 具有适应性广的优点。其细胞核来源于 24 个原始亲本祖先,其中包括克山四粒黄、金元、小金黄、龙江小粒黄、克山白眉、龙东青皮铁荚子等著名的农家品种,这些农家品种基因的导入使绥农 26 具有良好的早熟、丰产和广适应性;同时也导入了国外著名品种十胜长叶 Amsoy、阿诺卡、ozzle 等基因,这些国外基因的导入使绥农 26 的抗病性和丰产性得到显著提高;此外,导入了一批优秀的育成品种和中间材料,克 56 – 4085、克交 69 – 5236、九农 13 等基因不断融合,使绥农 26 的丰产性和适应性进一步提升。

绥农 26 高大、繁茂,抗倒伏能力强,适于机械化收割,目前生产以“垄三”栽培为主,一般垄距 65 ~ 70 cm,垄上双行距 12 ~ 14 cm,保苗密度为 28 万 ~ 30 万株/公顷;在黑龙江省西部干旱区可采用大垄行间覆膜栽培技术,保苗密度为 25 万 ~ 28 万株/公顷。

八、黑农 48 的创新与改良

黑农 48 是黑龙江省农业科学院大豆研究所以哈 90 - 6719 为母本、以绥 90 - 5888 为父本通过有性杂交,经系谱法多年选育而成。其细胞质基因由四粒黄提供,四粒黄稳产和广适应性的基因,通过黄宝珠、满仓金、绥农 3 号、绥农 4 号、黑农 40 等中间品种传递给黑农 48。其细胞核基因由祖先亲本金元、四粒黄、白眉、平地黄、克山四粒荚、十胜长叶、永丰豆、佳木斯突荚子、熊岳小黄豆、通州小黄豆、小粒黄、Amsoy、Anoka、柳叶齐和东农 20 等地方品种共同提供,丰富的遗传基础使黑农 48 具有高产、优质、广适应性等优点。从亲本组成上看,满仓金具有耐盐碱、对光照反应敏感、抗蚜虫能力强、不耐肥水、易倒伏、食心虫害重等特点;元宝金具有耐肥水、不易倒伏、食心虫害轻等特点;从白眉中选出的紫花 4 号,具有丰产性好、喜肥耐湿、秆强、品质好等特点;克山四粒荚具有粒大、虫食率少、品质好等特点;荆山朴具有较好的适应性;十胜长叶具有节间短、结荚密、秆强、多花多荚、适应性广、配合力高等特点,这些优点通过育种不断被选择,有效地传递给了黑农 48。黑农 48 的另外一个重要的优点是蛋白质含量较高,在黑龙江省 48 亲本中,金元、四粒黄、紫花 4 号、平地黄、十胜长叶、佳木斯突荚子、熊岳小黄豆、通州小黄豆的蛋白质含量均在 40% 以上,其中佳木斯突荚子的蛋白质含量为 44.0%,紫花 4 号的蛋白质含量为 43.0%,以上高蛋白亲本为黑农 48 提供了高蛋白的遗传基础。

黑农 48 高大、繁茂,抗倒伏能力中等,在早期生产上一般采用原垄卡种,保苗 25 万 ~ 28 万株/公顷;目前生产上多以"垄三"栽培为主,保苗 25 万 ~ 28 万株/公顷较为适宜,有条件的地区结合化控处理效果更好。

九、华疆 4 的创新与改良

华疆 4 是黑龙江省北安市华疆种业以垦鉴豆 27 为母本、以垦鉴豆 1 为父本有性杂交育成的大豆新品种。华疆 4 的细胞质原始祖先来源于小粒豆九号,小粒豆九号的加入使垦鉴豆 27 的丰产性和适应性均得到了很好的提升。其细胞核原始祖先来源于 14 个原始亲本,包括白眉、金元克山、四粒黄、元宝金等著名的农家品种,这些农家品种通过丰收 6、丰收 10、合丰 23、合丰 25、北丰 11、北丰 9 等中间品种传递给华疆 4,使华疆 4 具有很好的早熟性和广适性。它同时含有北交 69 - 1483、北 804083、黑河 55 等育成品种或中间材料的血缘,使华疆 4 的适应性和丰产性进一步提高。

华疆 4 的适宜区域为黑龙江省第四积温带,该区域受有效积温的限制,大豆播种密度较大,一般保苗密度为 35 万 ~ 40 万株/公顷,栽培方式以"垄三"栽培为主,部分地区采用大垄密植栽培,一般保苗密度为 40 万 ~ 45 万株/公顷。

十、华疆 2 的创新与改良

黑龙江省华疆种业科研所 1995 年以北疆 94 - 384 为母本、以北丰 13 为父本有性杂交,采用系谱法选育而成。华疆 2 的细胞质来源于小粒豆九号,贡献率为 100% 。其细胞核祖先亲本来源于 11 个原始亲本,白眉、元宝金、小粒豆九号、北疆 94 - 384、克 4430 - 20 等亲本经过合丰 25、北丰 13 等中间育成品种传递给华疆 2;四粒黄、金元、黑龙江 41、北呼豆、黑河 54 等亲本通过北丰 3、北丰 13 等中间育成品种传递给华疆 2。以上亲本材料为华疆 2 提供了早熟、高产、广适应性等优点。

华疆 2 的适宜区域为黑龙江省第六积温带,该区域受有效积温的限制,大豆播种密度较大,一般保苗密度为 40 万 ~ 45 万株/公顷,栽培方式以垄三栽培为主,部分地区采用大垄密植栽培,保苗密度为 45 万 ~ 50 万株/公顷。

十一、垦鉴豆 28 的创新与改良

垦鉴豆 28 是黑龙江省农垦科研育种中心华疆科研所以北丰 8 为母本、以北丰 10 为父本有性杂交育成的大豆新品种。垦鉴豆 28 的细胞质来源于北部农家品种北良 55 - 1,使其具有良好的早熟性和适应性。其细胞质来源于 13 个农家品种或中间亲本,所含农家品种包括白眉、四粒黄、金元、克山四粒荚等,以及中间亲本材料北 96 - 1483 等优秀育成种质,特别是含有日本著名品种十胜长叶和俄罗斯品种黑龙江 41,以及国内著名品种合丰 25 等优良血缘。以上亲本材料的优良基因通过合丰 25、合丰 23、丰收 6 等中间亲本传递,最后由北丰 8 和北丰 10 传递给垦鉴豆 28,使垦鉴豆 28 具有早熟、高产、广适应性等优点。

该品种适宜在黑龙江省第四积温带种植。垦鉴豆 28 具有强分枝能力,茎秆细且有韧性,因此该品种抗倒伏能力特别强,一般保苗 30 万 ~ 35 万株/公顷,适宜常规种植或大垄密植栽培。

十二、垦鉴豆 27 的创新与改良

垦鉴豆 27 是黑龙江省农垦科研育种中心华疆科研所以北丰 11 为母本、以北丰 8 为父本有性杂交育成的大豆新品种。垦鉴豆 27 的细胞质来源于北部著名农家品种白眉,使其具有良好的早熟性和适应性。其细胞质来源于 13 个农家品种或中间亲本,所含农家品种包括白眉、四粒黄、金元、克山四粒荚、克霜等,以及中间亲本材料北 96 - 1483 等优秀育成种质,特别是含有日本著名品种十胜长叶,以及国内著名品种合丰 25 等优良血缘。丰富的遗传基础使垦鉴豆 27 具有早熟、高产、广适应性等优点。

该品种适宜在黑龙江省第四积温带种植,一般保苗 30 万 ~ 35 万株/公顷,适宜常规种植或大垄密植栽培。

十三、黑河 45 的创新与改良

黑河 45 是黑龙江省农业科学院黑河分院自主育成的大豆品种,该品种以北丰 11 为母本、以黑河 26 为父本有性杂交育成。黑河 45 的细胞质原始祖先来源于农家品种白眉;细胞核来源于国内外 13 个农家品种、育成品种或中间育种材料,含有国外品种美丁、十胜

长叶等的优良基因,中间育种材料黑交 83 - 1205、北 96 - 1483 等的优良基因,以及农家品种白眉、金元、四粒黄、克山四粒荚等的优良基因。良好的遗传基础使黑河 45 具有早熟、高产、抗倒伏等优良性状,目前黑河 45 仍然是黑龙江省第五积温带对照品种。

黑河 45 适宜在黑龙江省第五积温带大面积种植,在第四和第六积温带可以作为搭配品种种植;适宜垄作栽培和窄行密植栽培两种种植模式;工作栽培一般保苗 30 万 ~ 33 万株/公顷,窄行密植栽培保苗 33 万 ~ 35 万株/公顷为宜。

十四、东生 1 的创新与改良

东生 1 是中国科学院东北地理与农业生态研究所采用有性杂交结合系统选育培育而成的高产大豆新品种,2003 年通过黑龙江省作物品种审定委员会审定,审定编号为黑审豆 2003017 号。东生 1 以合丰 25 为母本、以北 87 - 19 为父本有性杂交育成。其细胞质原始祖先来源于小粒豆 9;细胞核来源于 7 个原始亲本祖先,包括农家品种白眉、四粒黄、金元、克山四粒荚、小粒豆九等,国外品种十胜长叶等和中间育种材料北 87 - 19 等血缘,以上优良基因通过紫花四号、丰收 6、合丰 23、合丰 25 等中间品种不断传递给东生 1。合丰 23 的传递使东生 1 具有秆强抗倒伏的特性,合丰 25 使东生 1 具有广适应性的优点,北部克 69 - 5236 的加入使东生 1 具有早熟性。丰富的遗传基础使东生 1 具有良好的适应性、丰产性,该品种在黑龙江省北部地区大豆生产中发挥了重要作用。

第三节 主栽品种优异性状遗传潜力分析

一、黑河 43 遗传潜力分析

黑河 43 是目前黑龙江省推广面积最大的品种。该品种具有早熟、丰产、抗倒伏、品质含量优等优点,在大豆育种中可以作为早熟骨干亲本加以利用。其在育种中的遗传潜力主要体现在:①广适应性,黑河 43 的推广面积覆盖黑龙江省早熟地区第四、五积温带,同时在其他地区可以作为救灾品种利用;②蛋白质含量高,黑龙江省北部地区商品大豆蛋白质含量普遍偏低,黑河 43 在早熟品种中蛋白质含量相对较高,可以作为早熟高蛋白亲本加以利用;③抗倒伏能力强,适合机械化收割,黑河 43 本身秆强度较好,作为亲之一本配制杂交组合,后代群体抗倒伏能力强;④配合力高,丰产性好,以黑河 43 为亲本材料,后代普遍表现为丰产性好、四粒荚多、群体丰产性突出,可见黑河 43 的遗传力强,配合力高。目前,黑龙江省以黑河 43 为亲本之一育成大豆品种天赐 153、克豆 30 等。

二、合丰 55 遗传潜力分析

合丰 55 是黑龙江省第二积温带近十年推广面积最大的品种,被国内多家育种单位作为骨干亲本利用,且效果较好。其遗传潜力主要表现在:①百粒重大,商品性好,籽粒圆,其后代材料往往表现为百粒重相对较大,商品性好;②秆强抗倒伏,适合机械化收获;③抗病能力强,合丰55抗灰斑病、抗疫霉根腐病、抗花叶病毒SMV1株系,用作亲本后代材料在抗病性上表现较为突出。目前,以合丰55为亲本育成了东农63、合农85、龙垦317、合农70等大豆新品种。

三、合丰50遗传潜力分析

合丰50具有高油、高产、广适应性等优点。合丰50在育种上应用效果较好,其主要农艺性状遗传潜力表现为:①丰产性好,后代材料表现为节间短、结荚密、四粒荚多、顶荚丰富等优点;②脂肪含量高,合丰50脂肪含量高且稳定,用合丰50作为亲本材料之一,后代往往表现为脂肪含量高;③配合力高,以合丰50为亲本后代群体表现优良,尤其是在丰产性和脂肪含量上,育成的品种合农75丰产性较合丰50更为突出,育成的合农72、合农77脂肪含量较合丰50还要高。目前,以合丰50为亲本材料育成的大豆新品种包括合农67、合农68、合农72、合农75、合农77、黑农87、垦豆58、垦豆65、东农69、中龙豆1、绥无腥豆3等。

四、黑河38遗传潜力分析

黑河38具有早熟、高产、广适应性等特点。黑河38作为亲本具有如下遗传潜力:①丰产性突出,黑河38三四粒荚多,顶荚丰富,丰产性好,以黑河38为亲本的后代材料能够很好地遗传这一特点;②适应性广,黑河38适应能力强,推广面积大,以其为亲本育成的品种适应能力也强,如合农95通过审定2年,推广面积已经接近200万亩,成为黑龙江省大豆主栽品种;③百粒重偏大,黑河43百粒重较大,后代材料也能很好地遗传这一特点。目前,以黑河38为亲本材料育成的大豆品种为合农95。

五、垦丰16遗传潜力分析

垦丰16是黑龙江省第二积温带推广的一个广适应性大豆品种。垦丰16作为亲本具有以下遗传潜力:①丰产性好,节间短,结荚密,三四粒荚多,其后代能够很好地继承这一优点;②抗倒伏能力强,垦丰16株高较矮,抗倒伏能力强,其后代材料也具有这一特点;③百粒重偏小,垦丰16百粒重16g左右,用作亲本后代籽粒也偏小,适宜作芽豆。目前,利用垦丰16育成的大豆品种有合农69、佳密豆6、绥农44、绥农48、垦豆36、垦豆38、垦豆40、垦豆58、垦豆60、垦豆67、龙垦303、牡试1等12个。

六、克山1遗传潜力分析

克山1是黑龙江省北部地区推广面积较大的品种之一。克山1作为亲本的主要农艺性状遗传潜力表现为:①籽粒饱满,克山1在北部地区应用一般百粒重22g左右,用作亲本后代群体普遍籽粒较大,且饱满,瘪荚少;②茎秆韧性强,克山1秆强度中等,但是韧性较好,生产上很少出现倒伏,作为亲本材料后代茎秆韧性好;③后期抗旱能力强,克山1后期抗旱能力强,可以作为抗旱亲本加以利用;④丰产性好,顶荚丰富,百粒重偏大,这一特点在后代材料中表现较为明显。克山1通过审定较晚,目前利用克山1育成的品种还没有通过审定,利用克山1育成的优良大豆新品系克豆44已经参加黑龙江省大豆品种区域试验。

七、绥农26遗传潜力分析

绥农26是黑龙江省第二积温带推广的一个广适应性大豆品种。绥农26作为亲本的主要农艺性状的遗传潜力表现为:①丰产、稳产性好,绥农26是一个稳产性和丰产性很好的大豆品种,其后代材料在丰产性和稳产性上表现较为突出;②秆强抗倒伏,绥农26株型呈塔型,重心低,茎秆韧性好,抗倒伏能力强,后代材料能够很好地遗传这一特性;③百粒重大,商品性好,绥农26作为亲本利用,后代百粒重较大,商品性好。目前,利用绥农26育成的大豆品种有绥农52、龙垦305、巴211等。

八、黑农48遗传潜力分析

黑农48是黑龙江省第二积温带推广的高蛋白大豆品种。该品种遗传潜力表现为:①蛋白质含量高,利用黑农48作为亲本容易育成高蛋白品种,如润豆1、宾豆1、东农252等高蛋白品种,其蛋白质含量均超过黑农48;②百粒重大,利用黑农48育成品种一般百粒重大,如东农252百粒重达到25g;③丰产性好,育成品种往往四粒荚较多,顶荚丰富,节间短,结荚密。目前,利用黑农48作为亲本之一已经育成牡豆10、牡406、牡豆9、东农251、东农252、东农253、黑农81、龙垦349、东生77等9个大豆品种。

九、华疆4遗传潜力分析

华疆4是黑龙江省第四积温带推广的大豆品种之一。华疆4作为亲本,其遗传潜力主要表现为:①丰产性突出,华疆4三四粒荚多,作为亲本后代三四粒荚相对较多;②抗倒伏能力强,后代材料茎秆韧性较好,抗倒伏能力强;③适应性广,后代材料适应能力强,推广范围大。目前,以华疆4作为亲本育成的品种有华疆6、金源73等。

十、华疆2遗传潜力分析

华疆2是黑龙江省第六积温带推广的广适应性大豆品种。华疆2作为亲本,其遗传潜力表现为:①早熟,育成品种往往熟期偏早,尤其是和熟期较晚的亲本杂交后代出现极早熟品种概率较大;②籽粒外观品质好,后代一般百粒重较大,外观商品性好;③茎秆韧性好,尤其和亚有限品种配制组合,后代出现亚有限、抗倒伏品种的概率较大。目前,利用华疆2育成了华疆6、北亿8、金源71等3个超早熟大豆品种。

十一、垦鉴豆28遗传潜力分析

垦鉴豆28是黑龙江省第四积温带大面积推广的优良品种,在黑龙江省早熟育成中作为骨干亲本被广泛利用。垦鉴豆28作为亲本的遗传潜力主要表现在：①丰产性突出，垦鉴豆28三四粒荚多，籽粒饱满，丰产性好；②分枝能力强，垦鉴豆28一般单株分枝3~4个，作为亲本后代分枝能力也很强；③抗倒伏，垦鉴豆28茎秆韧性强，属于弹性杆，轻微倒伏在收获前一般可以回弹，不影响收获。目前，以垦鉴豆28为亲本育成了北豆54，表现为早熟、丰产、抗逆性好。

十二、垦鉴豆27遗传潜力分析

垦鉴豆27是黑龙江省第四积温带大面积推广的优良品种，表现为早熟、丰产、稳产，在黑龙江省早熟育成中作为骨干亲本被广泛利用。垦鉴豆27作为亲本的遗传潜力主要表现在：①商品外观品质好，垦鉴豆27籽粒饱满，颜色黄亮，商品性好；②丰产性突出，垦鉴豆27三四粒荚多，丰产性好；③分枝能力强，作为亲本后代分枝能力也很强；④抗倒伏，垦鉴豆27茎秆韧性强，属于弹性杆，轻微倒伏在收获前一般可以回弹，不影响机械收获。目前，以垦鉴豆27为亲本之一育成了嫩奥2、嫩奥3、嫩奥5、龙垦306、圣豆43、圣豆44等6个大豆新品种。

十三、黑河45遗传潜力分析

黑河45作为黑龙江省第五积温带对照品种，在生产上表现为高产、稳产、抗逆性强。作为亲本的遗传潜力一般表现为：①抗倒伏，黑河45抗倒伏能力强，作为亲本后代往往抗倒伏；②丰产性好，黑河45丰产性突出，顶荚丰富，三四粒荚较多，节间较短，这些丰产性状在后代中往往能够充分表现出来；③配合力高，黑河45与目前生产上的许多品种组配杂交组合后代均表现出较大的杂种优势，出现优良个体的概率高。近期，以黑河45为亲本的育成品系已经有一些参加了黑龙江省或国家的大豆品种区域试验，部分表现优良的品系将在近期通过审定推广。

十四、东生1遗传潜力分析

东生1是中国科学院东北地理与农业生态研究所采用有性杂交结合系统选育培育而成的高产大豆新品种。东生1具有早熟、高产、籽粒较小适宜作芽豆等优点。东生1通过审定以后，被省内外多家育种单位引入作为亲本广泛利用，该品种作为亲本之一，其后代具有如下特点：①早熟性，东生1适宜在黑龙江省第三积温带种植，其后代材料往往在熟期上容易遗传这一特点；②商品性好，东生1百粒重17g左右，籽粒大小均匀，种皮黄色有光泽，很多育种单位将其作为小粒豆组合的骨干亲本利用；③丰产性突出，在黑龙江省北部地区，该品种丰产性好，尤其是作为芽豆特用品种，其产量水平与常规品种接近。目前，以东生1为亲本育成的品系较多，其中一部分已经参加黑龙江省或国家试验，即将通过审定推广。

参考文献

[1]　陈祥金,吴继安,魏新民.国家保护大豆新品种黑河38号[J].农业科技通讯,2016

(3):27-28.

[2] 陈祥金. 早熟高产大豆品种黑河 38 生产技术[J]. 黑龙江农业科学,2014(1):157-158.

[3] 单利民,徐玉花,李升. 优质高产大豆新品种华疆 4 号的选育及栽培技术要点[J]. 大豆通报,2018(1):37-38.

[4] 董丽杰,王文斌,吴纪安,等. 不同播期对黑河 38 大豆生长动态及产量的影响[J]. 大豆科学,2008,27(3):461-464.

[5] 郭泰,王志新,吴秀红,等. 大豆优良品种合丰 50 迅速大面积推广应用原因分析[J]. 大豆科学,2011,20(3):518-521.

[6] 郭泰,王志新,吴秀红,等. 大豆新品种合丰 55 的选育与高产创建[J]. 黑龙江省农业科学,2010(1):14-16.

[7] 韩德志. 黑河 43 号遗传背景分析[J]. 中国种业,2014(9):60-61.

[8] 姜成喜,陈维元,付亚书,等. 高产抗病大豆新品种绥农 26 的选育及栽培技术[J]. 农业科技通讯,2012(3):148-150.

[9] 刘发,张雷,闫洪瑞,等. 早熟春大豆品种黑河 43 大面积久推不衰原因解析[J]. 大豆科学,2018,37(5):817-819.

[10] 刘秀林,张必弦,刘鑫磊,等. 黑农 48 祖先亲本追溯及蛋白遗传解析[J]. 大豆科学,2017,36(5):679-684.

[11] 吴继安. 黑河 38 号大豆品种的选育和遗传组成[J]. 植物遗传资源学报,2007,8(3):313-316.

[12] 徐高云. 大豆高产品种绥农 26 号的特征特性及栽培技术[J]. 大豆科技,2011(2):65-67.

[13] 薛红,杨兴勇,董全忠,等. 克山 1 号大豆的选育及丰产稳定性分析[J]. 中国种业,2017(2):54-55.

[14] 张勇,杨兴勇,董全忠,等. 利用空间诱变技术选育大豆新品种克山 1 号[J]. 核农学报,2013,27(9):1241-1246.

[15] 张振宇,韩旭东,郭泰,等. 优良大豆品种合丰 55 大面积推广应用原因分析[J]. 黑龙江省农业科学,2015(5):161-162.

第六章　黑龙江大豆育种展望

第一节　黑龙江大豆生产现状

黑龙江省是中国最大的大豆产区,大豆种植面积和产量均占全国的40%左右,都在全国居领先地位。独有的耕地资源、农户生产规模和气候条件,使黑龙江省形成了一个适宜种植大豆的地区,这也是全国最有大豆生产发展潜力的地区。近年来,大豆生产有了较大的发展,但也遇到了严峻的挑战,如何发挥黑龙江省的地域优势加速大豆发展,是一个亟待解决的问题。目前,黑龙江省大豆比较效益难提高、商品率高难销售、实现轮作难度大、加工较少难增值等方面的问题比较突出,发展豆制品精深加工,走产业化发展道路,做强大豆产业,对推动黑龙江省乡村振兴和区域经济发展有着重要的现实意义。

一、生产现状

1. 大豆种植面积

2008—2015年,黑龙江省的大豆种植面积呈现下降趋势,由2008年的5 950万亩下降到2015年的3 600万亩,下降了2 350万亩。2016—2018年,黑龙江省的大豆种植面积呈现恢复性增长,2016年大豆种植面积为4 320万亩,2017年大豆种植面积为5 860万亩,2018年大豆种植面积为6 070万亩。

2. 大豆产量

黑龙江省的大豆产量呈现逐年下降趋势,由2008年的620.5万吨下降到2013年的386.7万吨,下降了233.8万吨。2014年,在黑龙江省委省政府的倡导和指导下,黑龙江省采取一系列保护大豆种植面积不减少的措施,大豆种植面积得到一定的回升,大豆产量又恢复到400万吨以上。至2018年,黑龙江省大豆产量已回升到737.1万吨。

3. 经济效益

按2017年的产量数据计算,黑龙江省平均亩产为134.76 kg,大豆价格按照3.7元/kg计算,亩效益大约为500元,但是地租加大豆从种到收的生产成本就大约在500元左右,基本和效益持平,而农民种植大豆的纯效益仅来源于每亩粮补173.46元,这影响农民种植大豆的积极性。

4. 存在问题

第一,耕作粗放,栽培水平低。机械化水平低,大型农机具匮乏,整地不到位,对土壤耕翻程度低,致使土壤板结得不到彻底改善,土壤通透性差,限制了大豆的正常生长发育。种植过程中保苗株数不够,播种质量差,出苗不好,中耕伤苗率高,导致大豆保苗率低,从而降低了大豆的单产。对土地的管护保养能力差,多数农民不施有机肥,不进行护地、养地,致使土壤资源被严重破坏,不利于作物生长发育,丰产丰收更无从谈起。虽然黑龙江省近年也陆续推广了一批大豆高产栽培技术,如大豆垄三栽培、大豆110 cm垄上四行密植栽培技术、配方施肥等,但由于人少地多,农户自身投入能力不足,又缺乏政府的投入支持,因此这些技术在各地推广的面积不大,也不到位。大部分地区仍沿袭着广种薄收、靠天吃饭、重用轻养、掠夺式耕作的生产经营模式,栽培管理粗放,投入低。个别地区重迎茬现象比较严重,影响了大豆的产量。

第二,生产成本较高。黑龙江省大豆户均生产规模虽领先于国内其他地区,但与美国和巴西等大豆主要出口国的差距还较大,加之种肥药等生产资料投入较多,以及机械化程度不高,土地流转成本较高,单产水平又较低,致使黑龙江省大豆生产成本较高。

第三,生产投入不足。黑龙江省大豆生产施肥水平低,氮、磷、钾搭配不合理。有些农民亩施肥不足,忽视钾肥的施入,微肥施入更少,甚至不懂得种植大豆还需施入中微量元素,致使大豆由于缺乏养分而减产。黑龙江省大豆生产对病虫害的预防重视程度低。有些农民对于大豆生产中发生的病虫害无防范意识,比如对于草地螟、食心虫、灰斑病等甚至视而不见,从而导致了病虫等对大豆的危害程度加重,严重降低了大豆的产量和品质。

第四,品种杂,质量差,专用特色不突出,除草剂药害严重。黑龙江省目前种植大豆的品种有250多个,大豆生产主要以家庭经营方式为主,从某一个品种看,脂肪和蛋白质等专用品质并不比国外品种差,但多品种混合则降低了专用品质。另外,农民自留种现象普遍,多年不进行种子更换,造成品种退化,品质和产量降低。除草剂用量过大,用药量偏高,对大豆生长也产生了一定的抑制作用和不同程度的药害。

第五,单产水平有待提高。黑龙江省大豆平均单产低于美国等发达国家,主要原因是大机械作业和标准化生产存在差距。以往黑龙江省已创造出很多3 750 kg/hm² 以上的小面积高产典型,也有大面积单产超过美国的农垦生产区。这说明,只要加快农业现代化发展,提高大机械作业水平,减少灾害损失,实现均衡增产,黑龙江省大豆单产就有可能大幅度提升。

5. 发展对策

第一,提高非转基因大豆的市场竞争力,确保生产绿色有机安全大豆,生产优质的专用大豆;解决轮作障碍,调控粮食产量结构;发展精深加工,延伸产业链条;提高商品价值,解决销售难题;发挥科技作用,提升产业水平。

第二,加大政府支持力度,加速新品种研发与推广。针对大豆单产多年没有明显提高的现状,建议政府进一步加大大豆生产支持力度,加速对大豆新品种的研发和推广投入。同时,扶持本地大豆加工企业发展,支持一批大豆加工企业和运销企业,完善国产大豆的产业链条,一些优惠政策应扩大到产区大多数企业,以提高国产大豆加工企业的竞争力,从而促进我国大豆生产发展和提高豆农收入。目前,企业对高蛋白食用大豆的需求正在加大,这种大豆在收购中也能体现优质优价,建议组织大豆专用品种生产,建立优质高蛋白大豆生产基地。基地的建设要以市场为导向、以技术为依托、以投入为保证,并将良种补贴扩大到高蛋白等专用优质大豆,改进补贴操作方式,探索统一供种的具体办法,切实发挥优良品种的优势,提高国产大豆的竞争力。

第三,创新生产体系,降低大豆生产成本。提高大豆生产效益,除争取国家加大生产补助外,关键是提高单位面积产量和降低生产成本。提高单产首先应重视选育推广高产专用特色品种;其次是加快发展大型耕翻整地机械作业,增加土壤耕翻深度和秸秆还田,提高土壤蓄水保墒能力,减轻旱涝灾害损失,实现全范围均衡增产。应加大对大型耕翻整地和秸秆还田机械的补助力度,打好高产、稳产的基础。降低生产成本,目前应加快土地流转,扩大家庭农场和专业合作社生产主体经营规模,黑龙江省应尽快出台各地适度规模经营标准;同时加快发展耕翻整地农业机械、防治病虫草鼠害植物保护、机械播种和收获,以及种肥药保证供应等社会化服务体系建设,实现生产服务社会化和生产技术标准化目标,由此建设完善的现代农业新型经营体系。

第三,加强农业基础建设,加大大豆生产投入,提高施肥水平,实现大豆产业可持续发展。加强农业基础建设,加强农业综合开发、中低产田改造、节水灌溉工程等农业项目的实施,改善农田生产环境,实现大豆生产的可持续发展。提高栽培技术水平,采用高产栽培技术模式,更新观念,提高接受新技术的能力。农技推广人员应加强宣传,实行农作物轮作倒茬,进行大豆高产栽培技术培训。农户应做到氮、磷、钾肥合理搭配,增施农家肥和有机肥,达到大豆需肥量;同时应及时补充中微量元素,以保证大豆中后期营养供应充足,防止后期脱肥而减产。农技人员应根据病虫害的预测预报等,及时向农民做好宣传,指导农民做好病虫害的预防和根治工作。农户应注意减少不必要的损失,提高大豆的产量和质量。

第四,因地制宜选择相应的品种,突出产品特色,走差异化发展道路。在品种选择上,必须克服盲目引种、农民自留种。建议农民选购优良品种,增加种子投入,确保种子质量,做到至少两年更换一次种子,使优良品种的增产性能真正发挥出来,以提高大豆的丰产性。同时也要注意,切忌为了追求产量越区种植,要根据当地的无霜期和有效积温,选择适宜品种,以保证大豆在初霜期前正常成熟。要以发展高蛋白为主,紧紧围绕农业"双减"和绿色有机发展要求,不超量施药,严防药害,使大豆产业的绿色有机程度提升一个新的台阶,促进大豆产业发展,实现理想的经济效益、社会效益和生态效益。2017年,我国大豆消费量已超过1.1亿吨,预计今后还将继续增加。受耕地资源制约,国产大豆占比仅为13.1%,即使再扩大种植面积,以进口低价大豆为主的格局也难逆转,完全靠国产大豆满足消费不现实。黑龙江省作为全国最大的商品大豆产区,只有突出特色,区别进口大豆,走差异化发展的道路,才可能提高大豆和加工产品的商品价值:一是提高非转基因大豆市场竞争力;二是突出优良环境优势,生产绿色有机安全大豆;三是发挥品种资源优势,生产各类用途的专用大豆。

第二节 育种目标性状新趋势

黑龙江省位于中国东北部,地形地势复杂,土壤类型丰富,气候类型多样,大豆主产区为西部的齐齐哈尔地区、北部的黑河地区、南部的哈尔滨地区、东部的佳木斯地区、中部的绥化地区,主要种植熟期为 90～130 d 的一季作春大豆。黑龙江省的大豆育种目标以产量、品质和抗性育种为主,根据不同栽培区域、不同耕作轮作制度、不同生产加工水平调整。

一、高产育种和超高产育种目标

大豆单产水平低、生产成本高一直是困扰大豆生产的重要问题。多年来,育种家都将高产和超高产育种视为大豆育种中必须考虑的首要目标之一,但大豆产量构成因素较多,受环境影响也较大。因此,在育种过程中,育种家通常不考虑某一产量性状的单独表现,而是将该品种多年多点的小区平均作为考察产量的重要指标。

二、高品质育种目标

随着世界大豆贸易及加工业的迅速发展,世界各国育种家对大豆品质非常关注。其中,蛋白质、脂肪、脂肪氧化酶、异黄酮含量、磷脂、低聚糖、维生素 E 和皂苷等品质的改良受到育种家青睐。因此,通过采取一定的育种手段,提高或改良大豆籽粒中目标化学成分的含量,是育种的重要目标之一。

大豆蛋白主要用于豆制品等食品工业和饲料加工业。据联合国粮农组织(FAO)统计,世界蛋白制品中大豆蛋白占 64.78%,居主要植物蛋白质产量第一位。世界大豆蛋白质含量欧洲较低,平均为 35.98%。美国中西部大豆主产区大豆蛋白质含量较低,生产区推广品种蛋白质含量平均为 40.5%,提高大豆蛋白质含量成为育种工作的重点。阿根廷大豆品种蛋白质平均含量为 39.1%。中国地域辽阔,气候类型各异,大豆蛋白质含量变化也较大。黑龙江省大豆品种蛋白质含量集中在 38%～42%,随着生产上对高蛋白品种需求的增加,相继育成黑农 48、绥农 76、嫩丰 16、金源 55、东农 42、东农豆 252 等高蛋白品种。

大豆脂肪主要用于食用植物油的加工,据联合国粮农组织统计,大豆油产量占世界食用油的 32.5%,居首位。南美由于气候及土壤条件特殊,大豆脂肪含量普遍较高,阿根廷大豆品种的脂肪含量平均为 22.9%,巴西大豆的脂肪含量平均为 22%。美国西部大豆脂肪含量一般在 21.5% 左右;意大利大豆的脂肪含量平均为 21.7%。近几年,中国育种家选育高脂肪品种热度较高,推广大量脂肪含量在 21.5% 以上的大豆品种。黑龙江省也选育了合丰 50、北豆 40、克山 1 号,嫩丰 20 号、绥农 36、东农 49 等高油品种。

异黄酮具有防癌作用,提高异黄酮含量的育种也日益提上日程,皂苷也是一种有益健康的物质。

三、抗病虫育种目标

抗病育种主要围绕本地区大豆病害发生趋势开展,黑龙江省大豆病害主要以大豆灰斑病、大豆花叶病毒病(SMV)、大豆根腐病和大豆胞囊线虫病(SCN)等较多。大豆灰斑病在美国、南美洲、欧洲和亚洲等地均有发生,我国10多个省份也有分布,黑龙江东部三江平原多低洼、易涝,大豆灰斑病发生较为严重。大豆花叶病毒是世界性病害,黑龙江省大部分地区发生较重。大豆根腐病在降雨较多年份或地区易于发病,大豆胞囊线虫经常发生于黑龙江省西部地区及重茬地块。

大豆主要虫害有大豆叶食性害虫、大豆食心虫和大豆蚜虫等。其中,大豆食心虫在生产上较难防治,特别是大豆连作地区危害较为严重,直接影响大豆商品品质,通过育种方法选育抗虫品种,能够有效提高大豆商品品质和产量。

四、抗倒伏育种目标

抗倒伏是保证大豆高产、稳产的重要因素,特别是大豆花期至结荚鼓粒期,如果发生大面积倒伏,不仅影响籽粒的灌浆,降低粒重,造成减产,而且增加大豆病害的发生概率,增加成熟期机械收获的难度。

五、抗旱育种目标

我国大部分地区是雨养农业,不具备灌溉条件,培养耐旱型大豆品种不仅能扩大大豆种植区域,而且在降雨较少的年份和保水较差的地区,均能保证大豆稳产、高产。

六、抗盐碱育种目标

黑龙江省西部地区盐碱发生较重,筛选耐盐和耐碱品种至关重要。

十、抗除草剂育种目标

在美国、阿根廷和巴西等大豆面积较大国家,大豆品种多为抗草甘膦品种,通过多年实践,选育抗除草剂的大豆品种对防治草害有很大的作用。

八、广适应育种目标

大豆属于短日照作物,随着生态类型的变化,表现出的适应性也不同,育成适应性广的大豆品种能够增加品种的市场占有率,减少气候异常年份品种出现灾害的概率。

九、高光效育种目标

植株的光合效率是大豆产量形成的重要因素,因此选育高光效品种是提高大豆单产水平的重要因素之一。

十、耐密育种目标

随着大豆栽培方式的改进,大垄密、小垄密等种植方式相继而生,耐密品种的选育成为育种家选育品种的目标之一。

除上述大豆育种目标之外,应根据大豆生长区域、气候特点和市场需求等,制定其他育种目标,如小粒豆、黑大豆和绿大豆等。

第三节 育种方法与技术展望

一、引种

大豆生产初级阶段主要依靠引种直接应用于生产,是一种省时、迅速而有效的方法。美国、巴西、阿根廷、欧洲地区及中国,均通过大豆引种发展本国大豆生产,同时增加和丰富本国大豆品种资源。随着育种行业的逐步发展,现阶段引种主要应用于品种资源保存鉴定和血缘扩展等方面。

二、系统选择

系统选择在 20 世纪 30 年代及 50 年代应用较多,国内外育种机构在引入的混杂品种中选择稳定、纯合、适宜本地种植的大豆品种,此方法有效地解决了当时大豆品种匮乏等问题。

三、杂交育种

杂交育种是大豆育种的主要方法,目前世界各国推广的大豆品种有60%以上是用此方法选育而成的。20 世纪 40~50 年代以前,我国许多育种机构采用杂交育种进行品种选育,通过多年育种实践,育种家对大豆杂交后代的选择处理方法各有不同,目前国内外所采用的大豆杂交方法。

1. 亲本选择

亲本选择是大豆杂交育种的基础。材料引进后,将其种植于试验地,并进行特征特性的调查和评价,如条件允许,可选出 200 粒左右种子置于 −20 ℃ 冰柜保存。新引进大豆材料种植 2~3 行,每行 3~5 m,种于大豆品种资源圃。根据育种目标,选择能够分离出目标性状的亲本材料,其丰产性、品质、抗性等均为选择亲本需要考虑的重要性状。

一般选择生产上大面积推广的品种作为亲本,更易于成功。若进行高产育种,则两个亲本均应为高产品种。以提高蛋白质含量作为育种目标时,应选择两个蛋白质含量较高的亲本进行杂交,同时要考虑产量性状和抗病性等性状,以便培育出蛋白质含量高、其他性状也符合生产要求的品种。根据育种经验,两个亲本生育期相近与育种目标生育期相

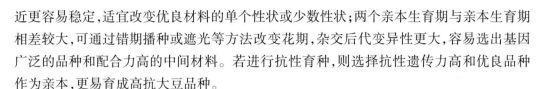

近更容易稳定,适宜改变优良材料的单个性状或少数性状;两个亲本生育期与亲本生育期相差较大,可通过错期播种或遮光等方法改变花期,杂交后代变异性更大,容易选出基因广泛的品种和配合力高的中间材料。若进行抗性育种,则选择抗性遗传力高和优良品种作为亲本,更易育成高抗大豆品种。

2. 杂交方法

杂交方法有单交、三交、复交和回交多种。以高产为目标性状的杂交,通常用单交方法,指用 2 个品种进行杂交。以拓宽品种遗传基因、构建中间材料为目标,常用三交、复交方法,以 3 个品种进行杂交为三交,以 2 个单交的杂交一代进行杂交为复交。回交多用于抗性育种,以 2 个品种进行杂交,再用其中 1 个亲本与杂交一代进行杂交为回交。回交是改良品种常用的方法之一,其目的是把某种优良性状转移到轮回亲本中,并恢复轮回亲本原来具有的全部优良性状。

大豆杂交组合配置后,按照顺序将亲本分别种于杂交圃母本方和父本方。同一组合亲本种在父本方和母本方的同一垄上更利于亲本性状调查和花粉采集,比如组合 05032 母本位于母本方的 32 行,其父本也应种在父本方的 32 行。根据亲本的开花期错期播种,以便父本和母本花期相遇。大豆杂交可早上直接去雄授粉,也可下午去雄,第二天早上授粉。下午去雄,不仅能够延长杂交时间,而且能够增加花蕾生长时间。第二天早上柱头单独生长,便于授粉,能够有效提高杂交成活率。

3. 杂交后代的处理及选择

杂交第一代(F1):大豆杂交后,可按组合编号,并按组合收获杂交种。组合号编号通常是"年份＋顺序号",如 2005 年配制的杂交,组合号为 05032。杂交种以组合为单位种于试验地,根据花色、茸毛色、株高、成熟期等性状,按显性规律淘汰伪杂种。紫花对白花,无限结荚习性对有限结荚习性,棕色茸毛对灰色茸毛,有茸毛对无茸毛,植株高大对植株矮小,蔓生茎对直立茎,黑种皮对黄种皮,深脐色对浅脐色,早熟对晚熟,前者均为显性性状。例如,白花母本与紫花父本杂交,F1 应为紫花,白花植株应淘汰;灰色茸毛母本与棕色茸毛父本杂交,F1 应为棕色茸毛,灰色茸毛植株应淘汰。杂交时,选择具有显性性状的品种为父本,选择具有隐形性状的品种为母本,更便于淘汰伪杂种。

杂交第二代(F2):将 F1 以组合为单位种植于试验地,每株种 1～2 行,单粒播种,种对照。如条件允许,可同时种植父、母本材料。F2 首先应将整齐一致、性状与母本相似、应分离不分离、性状和父母本均不相同的株行淘汰;然后根据熟期、株高等性状,以组合为单位进行选择,选择符合育种目标的组合,摘荚收获。

杂交第三代(F3):将 F2 以组合为单位种植于试验地,种对照。F3 除继续根据熟期、株高等进行选择外,还要根据丰产性、抗病性、抗倒伏性等主要育种目标进行选择,严格淘汰倒伏、裂荚、病虫害严重及熟期过晚等组合。先选组合,后选单株,主要选择熟期符合育种目标的植株,一般组合选 50～100 株,优良组合可选 100～200 株,选株要尽量避开垄边和缺株处的植株,按照组合收获。

杂交第四代(F4):将 F3 以组合为单位种植于试验地,种对照。如条件允许,可同时种植父、母本材料。F4 除继续根据熟期、株高等进行选择外,还要注重丰产性、抗病性、抗倒伏性的选择。加大选择压力,对表现不好的组合要严格淘汰;对表现良好,符合育种目标的组合进行单株选择,好组合多选,选株要尽量避开垄边和缺株处的植株,按照组合收获单株。

杂交第五代(F5):F5 种植前,需先淘汰籽粒性状较差的单株。以组合为单株,种植株行,5 m 行长,种对照。如条件允许,可同时种植父、母本材料。首先,应将性状分离、整齐度较差、性状和父母本均不相同的株行淘汰;然后,根据育种目标决选品系,收获株行要进行室内考种和品质分析,并编品系号。

4. 产量鉴定

品系决选后进行 1~2 年产量鉴定,注重品系整齐性、抗病性、倒伏性、品质和产量性状的选择;加大选择压力,调查特征特性和生育期等形状,对于表现突出的品系可直接参加国家或省的预备试验。

5. 异地鉴定

选择产量鉴定较好的品系参加异地试验,进一步确定适应性、倒伏性和产量等性状。如鉴定试验表现较好,可同时进行异地试验,也可在品比试验结束后进行异地试验。选择产量鉴定和异地鉴定表现均较好的品系参加国家、省、联合体的预试或区域试验

6. 区域试验

区域试验进行 2 年,参试材料来源于上一年预试筛选的品系或直接申请的品系,一般采用随机区组,重复 3 次,4 行区,每行 10 m^2。区域试验结束后,进行 1 年生产试验,可申请审定。

7. 品种审定

我国农作物品种审定采用国家和省、自治区、直辖市两级审定办法,现增加联合体试验通道,均根据区生试多年试验结果,由国家和省、自治区、直辖市农作物品种审定委员会对参试的品种审定。

四、辐射育种

辐射育种是指利用^{60}Co、X 射线或热射线等辐照作物种子,以使作物产生突变。翁秀英、王彬如等在国内首先利用 X 射线、^{60}Co 射线处理满金仓和东农 4 号等大豆品种,选育出早熟高产大豆品种,之后我国陆续开展大豆辐射育种,成果显著。

五、分子育种

随着分子生物技术的广泛应用,转基因和分子标记技术也为大豆育种提供了新方向。目前,转基因主要应用于抗草甘膦大豆的选育,通过农杆菌介导将抗草甘膦的基因转入大豆,也可通过花粉管通道直接导入外源总 DNA,实现目标基因的转移。分子标记在大豆

种质资源基因型研究和利用中发挥了重要作用,不仅能提高亲本选择的准确性,也为低世代目标性状选择提供了可能性。

六、杂种优势的利用

大豆杂种优势出现较晚,进展也较慢。直到1993年,吉林省农业科学院孙寰等人率先利用栽培大豆和野生豆间的远缘杂交,育成了细胞质雄性不育系,实现了三系配套,由此展开了大豆杂种优势的全方位利用。

七、优质品种育种

1. 亲本选择和保存

根据育种目标收集材料,选择粒型均匀一致、病粒较少的材料,编号后种于试验田,条件允许可种3~5 m、2~3行区,调查材料特征特性、生育期和品质等性状,根据结果将目标性状遗传稳定、高产的品种或品系按熟期分组保存。例如,第三积温带高蛋白亲本,可编号为P-3-001。

2. 特用组合选配

在品质育种中,坚持提高品质的同时要保证产量不能降低。组合选配时,要利用品质与目标性状相近或较高且大面积推广的增产品种为亲本,与筛选的目标性状较高的品系或品种进行杂交,更易于成功。通常,优质组合的亲本熟期相差较大,可通过错期播种或遮光等方法,使熟期相遇便于授粉。每组合选20株杂交,每株2~3个荚。

3. 杂交后代处理

通常选用系谱法对后代进行处理,F1根据显性性状淘汰伪杂种;F2~F5按对照的熟期和株高,先选择优良组合,后选择优良单株,如条件允许可对每一世代进行目标性状的选择,也可在F5代优良株行收获后,检测品系的目标品质。

4. 品系鉴定和比较

将品质高于目标性状的品系种于鉴定圃,进行产量、品质、倒伏性和一致性等性状调查,对于表现良好的品系可根据熟期进行异地鉴定或直接参试。

八、抗性育种

抗性育种包括抗旱育种、抗倒伏育种、抗胞囊线虫育种、抗灰斑病育种、抗食心虫育种和抗病毒育种等多个育种方向。抗性育种的关键在于抗源的筛选和利用。例如,在抗胞囊线虫育种中,应首先明确本地大豆生产中胞囊线虫的生理小种和线虫密度,然后根据生理小种类型筛选抗源作为亲本,另选择生产上面积大的高产品种杂交。在抗性育种实践中,多次回交和复合交更易于选育出抗性强的优良品种。抗性组合后代需在F2或F3进行抗性鉴定,最迟对决选的品系也应进行抗性鉴定,对具有抗性的品系进行产量鉴定后可参试。

九、耐密育种

耐密育种主要针对部分地区将大豆的种植方式由原来的垄三栽培改为大垄密植栽培方式后,种植密度的增加改变了大豆群体通风、通光的种植环境,也增加了病害发生的概率。因此,开展耐密育种首先应筛选出秆强、抗病的高产亲本,与当地高产品种杂交,更易于成功。

十、广适应育种

品种的广适性贯穿整个育种过程,却很少被单独提出。一般都是品种育成后,经过多年多点种植,发现其种植范围广泛,对气候变化表现不明显,提出该品种具有广适性。随着近几年气候变化的异常,广适性育种也得到更大的重视,通常育种家配制组合时,可以利用纬度差异大的品种与高产品种杂交,或者选择一个具有较好广适性的亲本与高产品种杂交,且在后代选择过程中,增加异地选择和鉴定,才能成功选出广适性大豆品种。

十一、育种技术展望

1. 育种实践回顾

中华人民共和国成立后,大豆育种工作逐步开展,由整理地方品种到评价鉴定,由混合选育到系统育种,育种们为育种工作付出了大量心血,也选育出了大量的大豆品种,使大豆的产量、品质和抗病性等得到了极大的提高。

2. 杂交育种取得的成果

黑龙江省育种工作开展以来,先后育成黑农 26、黑河 3 号、合丰 25、合丰 35、绥农 14 等多个种植面积较大、产量较高、获得国家级奖励的大豆品种;育成合丰 42、合丰 448、黑农 44、嫩丰 17、东农 46 等高油大豆品种;育成黑农 35、黑农 48、绥农 71、嫩丰 16 等高蛋白品种;育成嫩丰 14、抗线 3 号等抗线品种;育成合丰 29、黑农 30 等抗灰斑病品种;育成绥农 4 号等抗霜霉病品种;育成东农 4 号、合丰 25 等广适性大豆品种。

3. 育种技术的发展趋势

近几年,大豆育种改良和创新仍以杂交育种为主要途径,特别注重产量等多基因控制的性状,要从大量的杂交后代中选出符合育种目标的个体,经多代个体选择才能实现。辐射育种和分子育种等技术,在提早熟期、提升品质和抗性上的应用逐渐增多,特别是随着分子辅助育种技术的不断进步,将有越来越多的育种家采用传统育种和分子育种相结合的育种技术提高育种效率,降低育种成本。

第四节 黑龙江大豆未来发展方向

黑龙江省作为大豆传统优势产区,必须做强大豆产业,提高农民收入,真正调动起农民种植大豆的积极性。黑龙江省大豆发展应以培育优质品种为出发点,保证持续稳定的育种进展,有必要加强对国内外大豆种质资源利用的研究,扩大种质资源的利用范围,使大豆品种的遗传基础多样化,从而提高大豆亩产和品质,提高大豆生产效益,提高非转基因大豆的市场竞争力,确保生产绿色有机大豆,提高市场占有率,增加农民收入,推动区域经济发展。

一、树立品牌意识

品牌是企业最重要的无形资产,是企业获取竞争优势的重要法宝。就黑龙江大豆产业而言,我国应打造天然绿色品牌,特别是在非转基因大豆的品质优势上做文章,并在包装、外形及售后服务等方面向进口大豆看齐。

黑龙江大豆都是传统的非转基因品种,含有丰富的蛋白质,比进口大豆高 2~3 个百分点,适宜加工分离蛋白、组织蛋白、浓缩蛋白、蛋白粉、纤维粉等营养保健产品和食品添加剂,而且大豆异黄酮的重要药用保健价值的发现,使大豆的价值已经突破了榨油这一简单概念。一般国产非转基因大豆含异黄酮 0.2%~0.4%,黑龙江大豆含 0.4%~0.5%,胚芽里含 0.8%,而进口转基因大豆中的含量就非常少。尽管目前中国还没有生产转基因大豆,但中国每年从国外进口的大豆、豆饼和豆油产品中有一半是转基因产品。转基因大豆的生产可以提高大豆的产量、质量,还可以减少农药的投入,给生产者和销售者带来极大的利润。但是,是否进行转基因大豆的商品化生产,还要从贸易上、经济上,从农民是否增收上,从是否有利于中国大豆生产的发展上去考虑。从每亩大豆的生产成本看,黑龙江的生产成本比美国高出不少,在国际市场上没有竞争优势。另外,从大豆价格看,现在世界各国都知道中国生产的大豆是非转基因的,欧盟、日本和韩国等国家都以较高的价格从中国进口大豆,根据计算,我国大豆的出口价格高出进口价格 40% 左右。因此,从大豆生产发展考虑,从经济收益考虑,黑龙江当前不进行转基因大豆的商品化生产是有利的。这样,可以以较高的价格出口中国的非转基因大豆,同时可以像现在一样以较低的价格进口国外转基因大豆用于国内消费。

虽然黑龙江大豆不及进口大豆出油率高,但是作为绿色食品,其不论是直接食用还是用于压榨生产出豆油和豆粕,都越来越受到消费者的青睐。因此,我们要充分利用和发挥这一优势,建立非转基因大豆保护区,生产符合人们身体健康需求的环保型大豆,向优质、无公害绿色产品的方向发展,打造黑龙江大豆的绿色品牌,提升黑龙江大豆在国际上的影响力和知名度,拉大我国和其他国家在这方面的差距。另外,从国际市场上看,优质的非转基因大豆,尤其是有机大豆,价格要高出普通大豆 50% 或更多。有机大豆的生产既可以增加豆农的收入,又可以增加外汇收入,是很有发展前景的。

二、提高单产,改善大豆的品质

受耕地总面积和自然条件的制约,黑龙江的大豆种植面积不可能大幅度扩大,因此要依靠增加面积来增加产量是不现实的。而从大豆单产与美国、巴西等世界大豆主产国的单产水平以及世界大豆平均单产水平的差距看,提高黑龙江大豆单产水平大有潜力可挖。因此,在现有耕地资源比较紧张的情况下,必须依靠科学技术来发展大豆生产,提高大豆单位面积产量,改善大豆品质。在提高大豆单产方面,一要加强良种繁育,大力推广高产、优质、抗病良种,建立健全大豆的良种繁育体系。二要合理使用大豆品种资源。在大豆生产中,品种的贡献率达30%,因此只有经过研究和分析,依靠优质高产的品种、高效的耕作和栽培制度以及规范化、工程化的科学管理,才会取得事半功倍的效果。例如,有的地区降雨少,没有灌溉条件,水分则成为阻碍大豆生产的关键,因此就要选用抗旱品种加以解决,才会使当地种植的大豆获得稳产,高产;又如,在高油大豆生产中,品种的贡献率高达50%以上,因而更要选择适宜的高油大豆品种,才能提高大豆的单位面积产量。三要加大对大豆科研的投资力度,加强大豆科研的创新能力,加快科研开发步伐,争取在短时间内使我国现有的大豆先进适用技术尽快推广到广大农户手中。四要积极采用"优质、高产、稳产、低耗"的配套栽培技术,并研究新的栽培技术。

在改善大豆的品质方面,针对黑龙江优质专用型大豆品种少的问题,应根据国内和国际市场对大豆品质的要求,改变过去一直强调的高油与高蛋白兼容的育种方法,按照单独选育专用品种的方向,选育含油量高或蛋白质含量高或异黄酮含量高的品种等。在此基础上,还要根据不同的用途,以市场为导向,以优质与高产为前提,以兼顾加工品质和营养品质为目标,依靠科技进步,加快品质育种步伐,培育抗逆能力强的多元化优质高产品种,这样才能更好地满足市场需求,缩小与进口大豆在品质方面的差距。

三、发展大豆产业带,实行耕地轮作培肥,减肥减药持续发展

黑龙江大豆产量水平低的原因之一是没有形成大豆产业带,难以发挥大豆品种的生产潜力。从黑龙江发展大豆产业的全局看,进一步推动大豆生产的区域化布局,培育和组建各具区域特色的大豆产业带,是应对国内外市场新形势的必然选择。大豆产业带对于提高产品质量、提高单产、提高商品率、提高市场竞争力有极其重要的作用,这是世界上农业大国的成功经验。黑龙江的大豆产业带要以生产规模化、管理标准化、经营产业化为其建设的前提,在产业带内实行统一供种、统一技术规程、统一产品规格,实现对生产过程、生产投入品和产品质量的全过程监测。大豆是短日照作物,品种的适应范围很窄,因此各大豆产区应根据本地的自然资源和生态气候条件,对大豆种植区域进行合理调整,明确主栽品种,并根据大豆集中连片区域化种植的原则,形成各品种的大豆产业带。例如,在黑龙江大豆北部产区,重点选择高油脂、低蛋白质的品种为主栽品种,发展高油大豆,形成高油大豆产业带,以满足油脂工业加工转化的需要并促进出口;在黑龙江大豆中部产区,重点发展和建立高油、高产大豆品种生产基地;在黑龙江大豆南部产区应选择高蛋白、低油脂的商品大豆为主栽品种,形成高蛋白大豆产业带,积极出口或就近供应需要。同时,要充分利用黑龙江省非转基因大豆的优势,划定绿色大豆产业区域,加强有机大豆生产。

大豆根瘤可以固定大气中的氮素,大豆生产化肥施肥量明显少于玉米和水稻等禾本科作物,是典型肥茬。大豆与玉米等其他作物轮作,有利于改善土壤物理结构,提高化肥

利用率,显著减少化肥施用量,还可以抑制病虫草害发生,大幅度减少化学农药用量,并避免长期使用同类农药发生残留危害,从而提高粮食单产和提升绿色有机食品生产水平。黑龙江省地势较高的稻田若能实现"水旱田轮作",则减肥减药效果会更显著。这对实现藏粮于地的目标有重大现实意义

四、推进大豆产业化经营

实践证明,以"公司 + 基地 + 农户"等为主要形式的产业化经营,是改变农业弱质地位、应对市场变化和增加农民收入的主要途径。而实施大豆产业化工程,要以扶持和培育龙头企业为切入点,通过优化市场环境,以及制定有利于龙头企业加速发展的税收、信贷等相关政策,扶持龙头企业,促进大豆加快转化增值,形成一体化的经营体系。在黑龙江大豆产业的发展中,已经出现了一批以加工国产大豆为主的龙头企业,如黑龙江九三油脂(集团)有限责任公司等国家级大豆龙头企业。

在推进大豆产业化的过程中,要积极发展订单农业,提倡龙头企业和农产品加工企业同农户签订订单,这样可以将市场多层次、多样化的需求表现为对农产品数量、质量、品种、规模等的具体要求,为农业结构调整提供信息和导向。农民按照订单的约定来安排农产品生产,可以使生产结构更适应市场需求结构,从而带动农业结构的调整和优化,发挥比较优势,合理配置农业资源,取得规模效益。另外,龙头企业与基地农户必须在一定程度上形成风险共担、利益共享的共同体,这是大豆产业化链条间凝聚力之所在,也是农民获得利润、提高比较效益的利益机制。利益机制的建立,使农民不仅能从生产环节还可以从加工环节特别是流通环节获取社会平均利润,分享经济高速增长的成果。随着大豆产业化的深入发展,龙头企业应当从自身利益和长远目标出发,为农户提供从种子、生产资料、信息、资金到科技、加工、仓储、运输、销售等环节的系列化服务,从而促进基地农户与龙头企业的共同发展,努力实现大豆的专业化、集团化发展。此外,要做到分品种种植、分品种收获、分品种装运、分品种储存。这也是克服大豆生产与大豆加工脱节的有效手段,是大豆"产加销储运"协调发展的重要前提条件,也是大豆产业化的客观要求。

五、延长大豆产业链

1. 发展大豆加工业

首先,应把重点放在对传统大豆加工业的技术改造和设备更新上,提高整体技术水平,使其工业化、商品化和标准化;其次,在大豆的加工利用上,应支持现代加工技术和中国传统大豆食品的结合,大力投资于大豆食品的研究、开发、推广和销售,重点开发能长期保质的大豆食品以扩大销路,要有针对性地开发适合消费者的产品;最后,应运用现代科学技术和装备,加快大豆系列营养产品的开发,保持传统、新兴和营养保健三大系列大豆食品的合理规模与比例,着力开发满足市场需求的多种类型的新产品。

2. 鼓励发展大豆深加工

黑龙江省大豆加工主要是榨油,而大豆除了食用和加工豆粕、豆油外,还可开发提炼

大豆磷脂、皂苷、异黄酮、低聚糖等多种产品,用作食品添加剂和药用原料。因此,今后更要用科学技术进一步搞好大豆深加工,研制出高质量、高附加值、高效益的具有特殊营养功能的大豆新产品,提高深加工产品档次,这样不仅可以增加大豆的附加值,还可以延长大豆加工产业链。

六、积极扶持大豆产业发展

大豆产业的发展已经引起了各级政府和部门的大力关注,国务院于1999年投资1亿元人民币用于在东北地区实施大豆振兴计划,这足以说明黑龙江大豆产业在国民经济发展中的重要作用。要促进黑龙江大豆产业的发展,就必须对大豆产业采取积极有效的支持政策。

1. 增加对大豆生产的补贴政策

世界大豆平均价格低于我国国内价格的一个重要原因在于很多国家对大豆生产提供了大量的补贴。例如,美国政府就通过市场营销贷款补贴、贷款差价补贴、反周期补贴、固定直接补贴等方式支持其国内大豆生产。

2004年,美国大豆补贴总额达50.5亿美元,意味着农民每生产1吨大豆就可以得到59.1美元的政府补贴。各种政府补贴已成为美国农场主种植大豆的主要收益,这也是美国大豆能以成本价甚至略低于成本的价格进入国际市场的主要原因。可以说,高补贴的农业政策加强了美国大豆的价格优势,而黑龙江豆农要通过自身的力量与之抗衡是不可能的。所以,应加大政府支持力度,增加对大豆产业的适当补贴,提高豆农生产的积极性,同时减轻农民负担。

2. 制定大豆生产保护价格和支持政策,稳定黑龙江大豆生产,保障大豆种植者的收益

近年来,黑龙江种植大豆的净利润稍低于玉米,这对于大豆和玉米比较集中的地区保证大豆种植的面积、产量较为不利。因此,应在国家政策允许的范围内,在定价上比照其他粮食作物市场价格,尽快建立大豆保护价格和价格支持政策,以保证农户种植大豆的基本收益,提高大豆生产者的积极性,稳步提高中国大豆产量,以缓解黑龙江大豆的产需矛盾,保持大豆适当自给率。

3. 增加农业基础设施建设投入,改善大豆的生产条件

农艺、农机、水利、农资等部门要密切配合,加强以水利建设为核心的农业基础设施建设工作,认真解决大豆产前、产中、产后各个环节所遇到的问题,以间接减少豆农用于生产大豆的成本支出。黑龙江省农业基础设施建设落后,生产条件差,农业抵抗自然灾害的能力弱,这是造成该省大豆单产上不去、总产不稳定的重要原因。黑龙江省应加强和提高基础设施建设,一是加强农田水利建设,提高地表水控制能力,增强抗旱水源,推广喷灌、滴灌等灌溉技术,发展节水灌溉;二是推进大豆生产全程机械化,加快农机更新配套步伐,提高机械化作业水平和技术到位率;三是培肥地力,坚持种地与养地相结合,增施有机肥,提高土壤有机含量。

4. 扩大黑龙江大豆的单位种植规模

黑龙江省的大豆种植人数和大豆种植面积在本省占有很大的比例,但是大豆给农民带来的收益并不多,这主要是由大豆的单位种植规模较小造成的。黑龙江省应该制定一些切实可行的政策,充分利用土地经营权的流转政策来鼓励农民出让自己的土地,从而扩大大豆的单位种植规模,形成规模经济。这样一方面可以降低成本;另一方面可以更好地促进大豆产业的发展,带来更多的收益。

5. 对农民开展科技培训,提高农民素质

积极拓宽培训农民的渠道,不仅在技术上给予指导,而且在提高农民整体素质上下功夫,培养农民的自学能力,使之能够主动跟上时代的步伐,能够适应日趋激烈的市场竞争环境。

七、拓宽品种遗传基础,加速新品种选育

1. 种质资源的收集与保存

种质资源的收集与保存是拓宽品种遗传基础的前提,国内外的育种家在收集与保存资源时,往往趋于收集、保存优异性突出的少数种质资源,忽略了大部分,这样就使品种的遗传基础趋于单一化,所以应该建立长期的大豆种质资源库,对黑龙江省各个育种单位现有的种质资源进行收集,并分类保存。种质资源的评价是拓宽品种遗传基础的中心环节,只有了解并掌握收集到的种质资源的农艺性状、抗病抗逆性状、营养品质等,才能对大豆品种遗传基础进行拓展和改良。

2. 种质资源的利用

我国是大豆的起源地,拥有丰富的大豆种质资源。在大豆育种工作中,要充分利用现有的主栽品种、骨干亲本和优异的外引大豆资源,通过系统选育、杂交育种、辐射育种、化学诱变育种、分子育种等相结合的育种技术手段进行基因的重组、累加、互补与突变,改良现有大豆品种的遗传组成,强化抗病性、品质和丰产性,创造新的种质资源,丰富遗传基础,同时进行严格的鉴定与筛选,选育出品质好、抗性突出、高产、稳产、适应性广的大豆新品种,不断提高育成品种的增产潜力和适应能力,从而拓宽黑龙江省大豆品种的遗传基础,加速新品种选育的进程,为改良大豆遗传组成、创造新种质资源及选育大豆新品种奠定基础。

参考文献

[1] 毕影东,李炜,肖佳雷,等. 大豆分子的育种现状、挑战与展望[J]. 中国农学通报,2014,30(6):33 - 39.

[2] 田志喜,刘宝辉,杨艳萍,等. 我国大豆分子设计育种成果与展望[J]. 中国科学院院刊,2018,33(9):915 - 922.

[3] 张琪,孙宾成,郭荣起,等. 特早熟大豆育种研究进展[J]. 北方农业学报,2018,46

（4）:41 - 44.

[4] 栾绍波. 大豆育种进展与前景展望[J]. 农技服务,2016,33(17):37.

[5] 高初蕾,乔峰,安怡昕,等. 商业化转基因大豆育种研发进展与展望[J]. 分子植物育种,2015,13(6):1396 - 1406.

[6] 冯献忠,刘宝辉,杨素欣. 大豆分子设计育种研究进展与展望[J]. 土壤与作物,2014,3(4):123 - 131.

[7] 赵琳,宋亮,詹生华,等. 大豆育种进展与前景展望[J]. 大豆科技,2014(3):36 - 39.

[8] 李成磊. 大豆育种进展与前景展望[J]. 农业开发与装备,2018(12):61.

[9] 高凤菊,张书良,赵同凯. 大豆结荚习性的研究进展及育种展望[J]. 大豆科技,2010(4):12 - 16.

[10] 富健. 吉林省农业科学院大豆育种研究与展望[C]//2009 年中国作物学会学术年会论文摘要集. 中国作物学会,2009:1.

[11] 富健. 高油大豆育种研究现状与展望[C]//2008 年中国作物学会学术年会论文摘要集. 中国作物学会,福建农林大学,2008:1.

[12] 宋豫红,徐玉花,单立民,等. 黑龙江省北安所大豆育种回顾与展望[J]. 大豆通报,2005(5):9 - 10,16.

[13] 薛恩玉,李文华. 黑龙江省大豆生产及育种展望[J]. 种子世界,2005(5):9 - 11.

[14] 张军,杨庆凯,王慧捷,等. 大豆孢囊线虫病研究进展及其抗病育种展望[J]. 东北农业大学学报,2002(4):384 - 390.

[15] 张海泉,王铁军. 大豆育种工作的现状与展望[J]. 沈阳农业大学学报,2000(4):375 - 379.

[16] 邱丽娟. 大豆高蛋白育种的研究概况与展望[J]. 作物杂志,1990(2):3 - 5.

[17] 王彬如,翁秀英. 大豆育种工作的回顾与展望[J]. 黑龙江农业科学,1982(3):8 - 12.

[18] 王连铮. 大豆研究 50 年[M]. 北京:中国农业科学技术出版社,2010.

[19] 刘丽君. 中国东北优质大豆[M]. 哈尔滨:黑龙江科学技术出版社,2007.

[20] 王连铮,郭庆元. 现代中国大豆[M]. 北京:金盾出版社,2007.

[21] 刘军,徐瑞新,石垒,等. 中国国审大豆品种（2003—2016 年）主要性状变化趋势分析[J]. 安徽农学通报,2017,23(11):60 - 66,94.

[22] 曹景举. 黑龙江北部大豆育成品种产量及其相关性状的遗传变异和关联分析[D]. 南京:南京农业大学,2016.

[23] 张振宇,韩旭东,郭泰,等. 东北优质大豆品种的遗传多样性分析[J]. 农学学报,2015,5(6):15 - 20.

[24] 李妍. 黑龙江省大豆出口贸易发展、问题及对策分析[D]. 北京:对外经济贸易大学,2015.

［25］　张振宇,刘秀芝,郭泰,等．东北优异大豆育种价值评价［J］．农学学报,2014,4
　　　　(12):21 – 24.

［26］　陈丽丽．野大豆与栽培大豆杂交后代的鉴定评价研究［D］．呼和浩特:内蒙古农
　　　　业大学,2013.

［27］　王彩洁．中国大豆主产区大面积种植品种性状演变规律研究及优异等位变异发掘
　　　　［D］．北京:中国农业科学院,2013.

［28］　熊冬金．中国大豆育成品种(1923—2005)基于系谱和 SSR 标记的遗传基础研究
　　　　［D］．南京:南京农业大学,2009.

［29］　邱丽娟,李英慧,关荣霞,等．大豆核心种质和微核心种质的构建、验证与研究进展
　　　　［J］．作物学报,2009,35(4):571 – 579.

［30］　周恩远．大豆种质资源遗传多样性研究［D］．哈尔滨:东北农业大学,2009.

［31］　秦君,李英慧,刘章雄,等．黑龙江省大豆种质遗传结构及遗传多样性分析［J］．作
　　　　物学报,2009,35(2):228 – 238.

［32］　张军．我国大豆育成品种的遗传多样性、农艺性状 QTL 关联定位及优异变异在育
　　　　种系谱内的追踪［D］．南京:南京农业大学,2008.

［33］　付亚书．绥农号大豆品种系谱分析及主要性状比较研究［D］．北京:中国农业科
　　　　学院,2006.

［34］　曹永强,宋书宏,王文斌,等．拓宽大豆育种遗传基础研究进展［J］．辽宁农业科
　　　　学,2005(6):34 – 36.

［35］　张博,邱丽娟,常汝镇．大豆育成品种的遗传多样性及核心种质研究进展［J］．作
　　　　物杂志,2003(3):46 – 49.

［36］　张博．中国大豆育成品种遗传基础分析及核心种质构建［D］．北京:中国农业科
　　　　学院,2003.

［37］　盖钧镒,赵团结,崔章林,等．中国 1923—1995 年育成的 651 个大豆品种的遗传基
　　　　础［J］．中国油料作物学报,1998(1):20 – 26.

［38］　盖钧镒,崔章林．中国大豆育成品种的亲本分析［J］．南京农业大学学报,1994
　　　　(3):19 – 23.

［39］　杨琪．大豆遗传基础拓宽问题［J］．大豆科学,1993(1):75 – 80.

［40］　孙志强,田佩占,王继安．东北地区大豆品种血缘组成分析［J］．大豆科学,1990
　　　　(2):112 – 120.

附录 A 黑龙江大豆骨干亲本名录

附表 A1 黑龙江大豆骨干亲本名录

名称	编号	育成单位	育成年份
北丰 2 号	A – 1	黑龙江省北安农场局科研所	1995
北丰 11 号	A – 2	黑龙江省北安农场局科研所	1998
东农 42	A – 3	东北农业大学	1992
丰豆 3 号	A – 4	哈尔滨市大田丰源农业科技开发有限公司	2007
丰收 24	A – 5	黑龙江省农业科学院克山分院	2003
丰收 27	A – 6	黑龙江省农业科学院克山分院	2008
合 97 – 793	A – 7	—	—
合丰 25	A – 8	黑龙江省农业科学院合江农业科学研究所	1984
合丰 35	A – 9	黑龙江省农业科学院合江农业科学研究所	1994
合丰 45	A – 10	黑龙江省农业科学院合江农业科学研究所	2003
合丰 47	A – 11	黑龙江省农业科学院合江农业科学研究所	2006
合丰 48	A – 12	黑龙江省农业科学院合江农业科学研究所	2005
合丰 49	A – 13	黑龙江省农业科学院合江农业科学研究所	2005
合丰 50	A – 14	黑龙江省农业科学院合江农业科学研究所	2007
合丰 51	A – 15	黑龙江省农业科学院合江农业科学研究所	2006
合丰 52	A – 16	黑龙江省农业科学院合江农业科学研究所	2007
合丰 55	A – 17	黑龙江省农业科学院合江农业科学研究所	2008
黑河 14	A – 18	黑龙江省农业科学院黑河农科所	1996
黑河 18	A – 19	黑龙江省农业科学院黑河农科所	1998
黑河 22	A – 20	黑龙江省农业科学院黑河农科所	2000
黑河 33	A – 21	黑龙江省农业科学院黑河农科所	2004
黑河 44	A – 22	黑龙江省农业科学院黑河农科所	2007
黑河 45	A – 23	黑龙江省农业科学院黑河农科所	2007
黑河 49	A – 24	黑龙江省农业科学院黑河农科所	2008
黑农 35	A – 25	黑龙江省农业科学院大豆研究所	1990
黑农 37	A – 26	黑龙江省农业科学院大豆研究所	1992
黑农 44	A – 27	黑龙江省农业科学院大豆研究所	2002

附表 **A1**（续）

名称	编号	育成单位	育成年份
黑农48	A-28	黑龙江省农业科学院大豆研究所	2004
黑农51	A-29	黑龙江省农业科学院大豆研究所	2011
黑农52	A-30	黑龙江省农业科学院大豆研究所	2006
疆莫豆1号	A-31	北疆农科所、呼盟莫旗种子公司	1992
九丰1号	A-32	—	—
抗线虫3号	A-33	黑龙江省农业科学盐碱地作物育种研究所	1999
抗线虫4号	A-34	黑龙江省农业科学院盐碱地作物育种研究所、哈尔滨市丰源大田种子研究所	2003
抗线虫7号	A-35	黑龙江省农业科学院大庆分院	2007
克豆28	A-36	黑龙江省农业科学院克山分院	2012
垦丰9	A-37	黑龙江省农垦科学院农作物开发研究所	2002
垦丰13	A-38	黑龙江省农垦科学院农作物开发研究所	2005
垦丰16	A-39	黑龙江省农垦科学院农作物开发研究所	2002
垦豆18	A-40	黑龙江省农垦科学院农作物开发研究所	2009
垦鉴豆27	A-41	黑龙江省农垦总局北安分局科研所、黑龙江省北安市华疆种业公司	2003
垦鉴豆28	A-42	黑龙江省农垦总局北安分局科研所与黑龙江省北安市华疆种业公司	2003
嫩丰16	A-43	黑龙江省农业科学院嫩江农业科学研究所	2001
嫩丰17	A-44	黑龙江省农业科学院嫩江农业科学研究所	2004
嫩丰18	A-45	黑龙江省农业科学院嫩江农业科学研究所	2005
绥农4号	A-46	黑龙江省农业科学院绥化农业科学研究所	1981
绥农8号	A-47	黑龙江省农业科学院绥化农业科学研究所	1989
绥农10号	A-48	黑龙江省农业科学院绥化农业科学研究所	1994
绥农11号	A-49	黑龙江省农业科学院绥化农业科学研究所	1995
绥农14号	A-50	黑龙江省农业科学院绥化农业科学研究所	1996
绥农15号	A-51	黑龙江省农业科学院绥化农业科学研究所	1998
绥农22号	A-52	黑龙江省农业科学院绥化农业科学研究所	2005
绥农23	A-53	黑龙江省农业科学院绥化农业科学研究所	2006
绥农26	A-54	黑龙江省农业科学院绥化农业科学研究所	2008
龙品8807	A-55	黑龙江省农业科学院育种所	—

附录 B　2009—2018 年黑龙江省大豆种植面积与产量

附表 B1　2009—2018 年黑龙江省大豆种植面积与产量

年份	面积/万 hm^2	单产/($kg \cdot hm^{-2}$)	总产/万 t
2009	4 00.779	1 476.92	591.92
2010	3 54.788	1 604.78	585.00
2011	3 20.173	1 706.03	541.28
2012	2 66.380	1 739.55	463.38
2013	2 42.980	1 591.60	386.70
2014	2 57.670	1 786.80	460.40
2015	2 40.100	1 784.50	428.46
2016	2 88.400	1 746.00	503.55
2017	3 91.000	1 846.00	721.49
2018	4 05.000	1 820.00	737.10

附录 C 黑龙江省审定推广大豆品种一览表（2009—2018）

附表 C1 黑龙江省审定推广大豆品种一览表（2009—2018）

审定编号	品种名称	原代号	适宜区域
黑审豆 2009001	东农 54	东农 30655	黑龙江省第一积温带
黑审豆 2009002	东农 55	东农 98 – 300	黑龙江省第一积温带
黑审豆 2009003	抗线虫 9 号	安 01 – 1423	黑龙江省第一积温带
黑审豆 2009004	合丰 57	合辐 02 – 655	黑龙江省第二积温带
黑审豆 2009005	垦丰 23	垦 02 – 625	黑龙江省第二积温带
黑审豆 2009006	东生 4 号	海 5039	黑龙江省第二积温带
黑审豆 2009007	垦农 31	农大 96069	黑龙江省第二积温带
黑审豆 2009008	绥农 29	绥 02 – 282	黑龙江省第二积温带
黑审豆 2009009	北豆 30	钢 9777 – 8	黑龙江省第二积温带
黑审豆 2009010	合丰 56	合交 02 – 553 – 1	黑龙江省第二积温带
黑审豆 2009011	丰收 27	克交 02 – 7741	黑龙江省第三积温带
黑审豆 2009012	黑河 50	黑交 02 – 1838	黑龙江省第五积温带上限
黑审豆 2009013	黑河 51	黑交 01 – 2008	黑龙江省第五积温带
黑审豆 2009014	北豆 26	北大 4509	黑龙江省第六积温带
黑审豆 2009015	北豆 23	北交 04 – 802	黑龙江省第六积温带
黑审豆 2009016	北豆 24	北交 04 – 912	黑龙江省第六积温带
黑审豆 2010001	黑农 61	哈 03 – 3764	黑龙江省第一积温带
黑审豆 2010002	黑农 62	哈 04 – 2149	黑龙江省第一积温带
黑审豆 2010003	黑农 63	菽锦 03 – 5519	黑龙江省第一积温带
黑审豆 2010004	农菁豆 1 号	菁 0402	黑龙江省第一积温带
黑审豆 2010005	金园 20 大豆	金园 20	黑龙江省第一积温带
黑审豆 2010006	龙豆 1 号	龙品 03 – 311	黑龙江省第二积温带
黑审豆 2010007	黑农 64	哈 03 – 1042	黑龙江省第二积温带
黑审豆 2010008	黑农 65	菽锦 05 – sh023	黑龙江省第二积温带

附表 **C1**(续1)

审定编号	品种名称	原代号	适宜区域
黑审豆 2010009	龙豆 2 号	龙品 04 - 239	黑龙江省第二积温带
黑审豆 2010010	合农 60	合交 98 - 1667	黑龙江省第二积温带
黑审豆 2010011	北豆 35	钢 9777 - 1	黑龙江省第二积温带
黑审豆 2010012	合农 59	合交 03 - 96	黑龙江省第三积温带
黑审豆 2010013	北豆 6 号	北豆 6 号	黑龙江省第三积温带
黑审豆 2010014	黑河 52	黑辐 03 - 56	黑龙江省第四积温带
黑审豆 2010015	黑河 53	黑交 03 - 1302	黑龙江省第五积温带
黑审豆 2010016	北豆 36	华疆 1127	黑龙江省第六积温带
黑审豆 2010017	北兴 1 号大豆	旱 03 - 12	黑龙江省第六积温带
黑审豆 2010018	绥杨 1 号大豆	同 2114	黑龙江省第六积温带
黑审豆 2010019	东农 56	东农 278	黑龙江省第二积温带
黑审豆 2010020	合农 58(小粒豆)	合交 05 - 1483	黑龙江省第二积温带
黑审豆 2011001	抗线虫 10	安 02 - 354	黑龙江省第一积温带
黑审豆 2011002	星农 1 号	明星 05 - 02	黑龙江省第一积温带
黑审豆 2011003	抗线虫 11	庆农 05 - 1071	黑龙江省第一积温带
黑审豆 2011004	垦豆 30	垦 04 - 9904	黑龙江省第二积温带
黑审豆 2011005	黑农 66	哈 05 - 6675	黑龙江省第二积温带
黑审豆 2011006	绥农 32	绥 05 - 6022	黑龙江省第二积温带
黑审豆 2011007	黑农 67	哈交 05 - 9415	黑龙江省第二积温带
黑审豆 2011008	龙黄 1 号	菽锦 05 - sh057	黑龙江省第二积温带
黑审豆 2011009	黑农 68	哈 05 - 9408	黑龙江省第二积温带
黑审豆 2011010	合农 62	合交 05 - 1697	黑龙江省第二积温带
黑审豆 2011011	垦豆 25	垦 K03 - 1074	黑龙江省第二积温带
黑审豆 2011012	垦农 26	垦农 26	黑龙江省第二积温带
黑审豆 2011013	东生 5 号	海 5605	黑龙江省第三积温带
黑审豆 2011014	绥农 30	绥农 30	黑龙江省第三积温带
黑审豆 2011015	北汇豆 1 号	陆丰 02 - 001	黑龙江省第五积温带
黑审豆 2011016	北兴 2 号	旱 03 - 14	黑龙江省第五积温带
黑审豆 2011017	北豆 43	北交 8032	黑龙江省第六积温带
黑审豆 2011018	东农 57	东选青大粒 03 - 1	黑龙江省第一积温带

附表 **C1**（续 2）

审定编号	品种名称	原代号	适宜区域
黑审豆 2011019	中科毛豆 1 号	中科 – 10 – 26	黑龙江省第一、二积温带鲜食
黑审豆 2011020	华菜豆 1 号	华疆 965	黑龙江省第四积温带鲜食
黑审豆 2012001	黑农 69	哈 06 – 1939	黑龙江省第一积温带
黑审豆 2012002	农菁豆 2 号	菁 05 – 01	黑龙江省第一积温带
黑审豆 2012003	抗线虫 12	庆农 07 – 1133	黑龙江省第一积温带
黑审豆 2012004	龙生豆 1 号	龙生 06 – 630	黑龙江省第二积温带
黑审豆 2012005	牡豆 8 号	牡 06 – 310	黑龙江省第二积温带
黑审豆 2012006	绥农 34	绥 06 – 8794	黑龙江省第二积温带
黑审豆 2012007	宝农 1 号	谷豆 9903	黑龙江省第二积温带
黑审豆 2012008	绥农 33	绥育 05 – 7418	黑龙江省第二积温带
黑审豆 2012009	宾豆 1 号	宾丰 05 – 6146	黑龙江省第二积温带
黑审豆 2012010	嘉豆 1 号	益嘉 05 – 189	黑龙江省第二积温带
黑审豆 2012011	合农 63	合 05 – 31	黑龙江省第二积温带
黑审豆 2012012	垦豆 33	垦 04 – 8579	黑龙江省第二积温带
黑审豆 2012013	北豆 50	建 05 – 137	黑龙江省第二积温带
黑审豆 2012014	龙豆 3 号	龙品 06 – 150	黑龙江省第二积温带
黑审豆 2012015	绥农 35	绥 06 – 8529	黑龙江省第二积温带
黑审豆 2012016	东生 7 号	东生 6173	黑龙江省第三积温带
黑审豆 2012017	克豆 28	克交 05 – 1397	黑龙江省第三积温带
黑审豆 2012018	垦农 28	垦农 28	黑龙江省第三积温带
黑审豆 2012019	嫩奥 1 号	嫩奥 05 – 102	黑龙江省第五积温带
黑审豆 2012020	嫩奥 2 号	嫩奥 06 – 112	黑龙江省第六积温带
黑审豆 2012021	东农 58	东农 09 – 010	黑龙江省第六积温带
黑审豆 2012022	北豆 49 克豆	北 1552	黑龙江省第六积温带
黑审豆 2012023	绥无腥豆 2 号	绥 07 – 502	黑龙江省第一积温带
黑审豆 2012024	东农 59	东农 785	黑龙江省第二积温带
黑审豆 2013001	东农 61	东选 07 – 71866	黑龙江省第一积温带
黑审豆 2013002	农菁豆 3 号	菁 06 – 1	黑龙江省第一积温带
黑审豆 2013003	龙豆 4 号	龙品 07 – 332	黑龙江省第一积温带
黑审豆 2013004	龙生豆 2 号	龙生 06 – 1258	黑龙江省第一积温带
黑审豆 2013005	裕农 1 号	裕农 07 – 206	黑龙江省第一积温带

附表 C1(续 3)

审定编号	品种名称	原代号	适宜区域
黑审豆 2013006	齐农 1 号	嫩 02030 - 3	黑龙江省第一积温带
黑审豆 2013007	庆豆 13	庆农 07 - 1115	黑龙江省第一积温带
黑审豆 2013008	垦农 23	垦农 23	黑龙江省第二积温带
黑审豆 2013009	农菁豆 4 号	菁 06 - 2	黑龙江省第二积温带
黑审豆 2013010	合农 64	合交 06 - 1148	黑龙江省第二积温带
黑审豆 2013011	先农 1 号	先丰 02 - 429	黑龙江省第二积温带
黑审豆 2013012	龙黄 2 号	哈交 07 - 81276	黑龙江省第二积温带
黑审豆 2013013	合农 65	合航 05 - 450	黑龙江省第二积温带
黑审豆 2013014	垦豆 36	垦 06 - 700	黑龙江省第二积温带
黑审豆 2013015	北豆 40	北豆 40	黑龙江省第三积温带
黑审豆 2013016	东生 8 号	海 473	黑龙江省第三积温带
黑审豆 2013017	北豆 42	华疆 6907	黑龙江省第五积温带
黑审豆 2013018	嫩奥 3 号	嫩奥 06 - 109	黑龙江省第五积温带
黑审豆 2013019	北豆 51	华疆 7602	黑龙江省第六积温带
黑审豆 2013020	广兴黑大豆 1 号	黑大豆 02 - 206	黑龙江省第五积温带
黑审豆 2013021	顺豆小粒豆 1 号	黑抗 008 - 31	黑龙江省第二积温带
黑审豆 2013022	星农绿小粒豆	龙江绿小粒豆	黑龙江省第二积温带
黑审豆 2013023	东农 60	东农 690	黑龙江省第三积温带
黑审豆 2014001	润豆 1 号	宾丰 07 - 411	黑龙江省第一积温带
黑审豆 2014002	东农 62	东农 09 - 9127	黑龙江省第一积温带
黑审豆 2014003	顺豆 1 号	黑抗 08 - 26	黑龙江省第一积温带孢囊线虫病区
黑审豆 2014004	齐农 2 号	嫩 03054 - 5	黑龙江省第一积温带孢囊线虫病区
黑审豆 2014005	合农 67	合交 04 - 553	黑龙江省第二积温带上限
黑审豆 2014006	穆选 1 号	穆选 001	黑龙江省第二积温带
黑审豆 2014007	合农 68	合交 07 - 482	黑龙江省第二积温带
黑审豆 2014008	垦豆 39	垦 k07 - 5203	黑龙江省第二积温带
黑审豆 2014009	绥农 36	绥育 06 - 8790	黑龙江省第二积温带
黑审豆 2014010	富豆 1 号	北疆 07 - 25	黑龙江省第三积温带
黑审豆 2014011	星农 2 号	明星 06 - 16	黑龙江省第三积温带
黑审豆 2014012	绥农 37	绥 08 - 5331	黑龙江省第三积温带
黑审豆 2014013	北豆 54	北垦 7305	黑龙江省第三积温带

附表 **C1**（续 4）

审定编号	品种名称	原代号	适宜区域
黑审豆 2014014	绥农 38	绥 07 – 536	黑龙江省第三积温带
黑审豆 2014015	合农 69	合交 05 – 648	黑龙江省第三积温带
黑审豆 2014016	绥农 39	绥育 08 – 5356	黑龙江省第三积温带
黑审豆 2014017	合农 66	合交 03 – 952	黑龙江省第三积温带
黑审豆 2014018	龙达 1 号	北疆 08 – 211	黑龙江省第五积温带
黑审豆 2014019	北豆 53	北 07 – 1431	黑龙江省第五积温带
黑审豆 2014020	嫩奥 4 号	嫩奥 08 – 1168	黑龙江省第六积温带上限
黑审豆 2014021	垦保小粒豆 1 号	垦保小粒豆	黑龙江省第二积温带
黑审豆 2014022	恒科绿 1 号	增丰 5717	黑龙江省第四积温带
黑审豆 2014023	中科毛豆 2 号	中科 – 1117	黑龙江省第一、二积温带鲜食
黑审豆 2015001	黑农 71	哈 09 – 3661	黑龙江省第一积温带
黑审豆 2015002	富豆 6 号	安 09 – 513	黑龙江省第一积温带
黑审豆 2015003	牡试 1 号	牡试 401	黑龙江省第二积温带
黑审豆 2015004	合农 75	合交 08 – 1524	黑龙江省第二积温带
黑审豆 2015005	星农 3 号	明星 0604	黑龙江省第二积温带
黑审豆 2015006	牡豆 9 号	牡 404	黑龙江省第二积温带
黑审豆 2015007	绥中作 40	绥交 08 – 5262	黑龙江省第二积温带
黑审豆 2015008	绥农 41	绥 07 – 856	黑龙江省第二积温带
黑审豆 2015009	鹏豆 158	庆农 09 – 1594	黑龙江省第二积温带
黑审豆 2015010	东农 65	东农 6097	黑龙江省第二积温带下限和第三温带上限
黑审豆 2015011	垦豆 43	垦 08 – 8546	黑龙江省第二积温带
黑审豆 2015012	东生 77	牡 602	黑龙江省第二积温带
黑审豆 2015013	东农 63	东交 4211	黑龙江省第三积温带下限和第四积温带上限
黑审豆 2015014	星农 4 号	明星 0838	黑龙江省第三积温带
黑审豆 2015015	五豆 188	克良 08 – 5833	黑龙江省第三积温带
黑审豆 2015016	垦豆 38	垦 08 – 9007	黑龙江省第三积温带
黑审豆 2015017	棱豆 3 号	棱丰 1605	黑龙江省第三积温带
黑审豆 2015018	圣豆 15	北疆 08 – 280	黑龙江省第四积温带

附表 C1（续 5）

审定编号	品种名称	原代号	适宜区域
黑审豆 2015019	黑科 56	黑交 09－2145	黑龙江省第六积温带上限
黑审豆 2015020	加农 1 号	兴安 08－094	黑龙江省第六积温带
黑审豆 2015021	合农 76	合交 07－707	黑龙江省第二积温带
黑审豆 2015022	龙黄 3 号	Le106	黑龙江省第一、二积温带
黑审豆 2015023	鑫豆 1 号	金鼎 1710	黑龙江省第四积温带下限和第五积温带上限
黑审豆 2016001	东农 67	东海 09－6055	黑龙江省第一积温带
黑审豆 2016002	东农 66	东农 11－6040	黑龙江省第一积温带
黑审豆 2016003	春豆 1 号	春源 09－167	黑龙江省第二积温带
黑审豆 2016004	牡豆 10	牡 407	黑龙江省第二积温带
黑审豆 2016005	绥农 42	绥 09－3690	黑龙江省第二积温带
黑审豆 2016006	垦农 36	垦农 36	黑龙江省第二积温带
黑审豆 2016007	东农 64	东农 6293	黑龙江省第二积温带
黑审豆 2016008	垦豆 57	垦 K09－787	黑龙江省第二积温带
黑审豆 2016009	绥农 44	绥辐 095016	黑龙江省第三积温带
黑审豆 2016010	昊疆 2 号	昊疆 09－2379	黑龙江省第五积温带
黑审豆 2016011	圣豆 43	汇农 08－10	黑龙江省第五积温带
黑审豆 2016012	昊疆 1 号	昊疆 10－2040	黑龙江省第六积温带上限
黑审豆 2016013	圣豆 44	汇农 10－09	黑龙江省第六积温带上限
黑审豆 2016014	金源 71	黑河 09－3307	黑龙江省第六积温带下限
黑审豆 2016015	东农绿芽豆 1 号	东交特 1	黑龙江省第一积温带下限及第二积温带上限
黑审豆 2016016	龙垦 310	北 70773	黑龙江省第四积温带
黑审豆 2016017	合农 92	合交 08－1041	黑龙江省第三积温带下限及第四积温带上限
黑审豆 2016018	中龙小粒豆 1 号	龙哈 0821	黑龙江省第二积温带
黑审豆 2016019	佳密豆 6 号	佳 0411－10	黑龙江省第二积温带
黑审豆 2017001	合农 71	合农 71	黑龙江省第一积温带
黑审豆 2017002	绥农 50	绥 09－6121	黑龙江省第一积温带
黑审豆 2017003	齐农 3 号	齐 0502787	黑龙江省第一积温带

附表 C1（续 6）

审定编号	品种名称	原代号	适宜区域
黑审豆 2017004	农庆豆 20	安 10－46	黑龙江省第二积温带
黑审豆 2017005	黑农 84	哈 11－4142	黑龙江省第二积温带
黑审豆 2017006	合农 85	合交 2010－37	黑龙江省第二积温带
黑审豆 2017007	垦保 1 号	垦保 1 号	黑龙江省第二积温带
黑审豆 2017008	垦豆 62	垦 10－2061	黑龙江省第二积温带
黑审豆 2017009	黑农 85	哈 11－2541	黑龙江省第二积温带
黑审豆 2017010	绥农 43	绥 09－3577	黑龙江省第二积温带
黑审豆 2017011	垦农 38	垦农 38	黑龙江省第二积温带
黑审豆 2017012	东生 78	圣牡 406	黑龙江省第二积温带
黑审豆 2017013	垦豆 63	垦 10－601	黑龙江省第二积温带
黑审豆 2017014	黑农 87	哈 11－3646	黑龙江省第二积温带
黑审豆 2017015	垦豆 58	垦 09－1723	黑龙江省第二积温带
黑审豆 2017016	东农 69	东海 12－6334	黑龙江省第二积温带下限
黑审豆 2017017	绥农 48	绥 10－7283	黑龙江省第三积温带
黑审豆 2017018	合农 73	合航 2010－239	黑龙江省第四积温带
黑审豆 2017019	贺豆 1 号	贺丰 10－1259	黑龙江省第四积温带
黑审豆 2017020	嫩奥 5 号	嫩奥 09－1092	黑龙江省第五积温带
黑审豆 2017021	龙垦 306	北 5303	黑龙江省第五积温带
黑审豆 2017022	华疆 6 号	华疆 8916	黑龙江省第六积温带上限
黑审豆 2017023	昊疆 3 号	昊疆 11－1200	黑龙江省第六积温带上限
黑审豆 2017024	星农 5 号	明星 0910	黑龙江省第六积温带上限
黑审豆 2017025	贺豆 2 号	贺丰 11－2107	黑龙江省第六积温带下限
黑审豆 2017026	圣豆 39	圣鑫 10－501	黑龙江省第六积温带下限
黑审豆 2017027	嫩奥 6 号	嫩奥 11－639	黑龙江省第六积温带下限
黑审豆 2017028	绥农 52	绥 5547	黑龙江省第二积温带
黑审豆 2017029	北亿 8	嫩华 09－131	黑龙江省第四积温带
黑审豆 2017030	东农豆 251	东农豆 251	黑龙江省第一积温带
黑审豆 2017031	东农豆 252	东农豆 252	黑龙江省第二积温带
黑审豆 2018001	中龙豆 1 号	龙哈 10－4139	适宜在黑龙江省 ≥10 ℃活动积温 2 700 ℃以上南部区种植

附表 C1(续7)

审定编号	品种名称	原代号	适宜区域
黑审豆 2018002	黑农 81	H10 – 2430	适宜在黑龙江省 ≥ 10 ℃活动积温 2 700 ℃以上南部区种植
黑审豆 2018003	黑农 80	哈 12 – 4891	适宜在黑龙江省 ≥ 10 ℃活动积温 2 700 ℃以上南部区种植
黑审豆 2018004	佳欣 1 号	旭日 12 – 0932	适宜在黑龙江省 ≥ 10 ℃活动积温 2 700 ℃以上南部区域种植
黑审豆 2018005	东农 70	东海 13 – 6004	适宜在黑龙江省 ≥ 10 ℃活动积温 2 700 ℃以上南部区种植
黑审豆 2018006	齐农 5 号	齐农 5 号	适宜在黑龙江省 ≥ 10 ℃活动积温 2 700 ℃以上西部区种植
黑审豆 2018007	农庆豆 24	农庆豆 24	适宜在黑龙江省 ≥ 10 ℃活动积温 2 700 ℃以上西部区种植
黑审豆 2018008	华庆豆 103	华庆 12 – 036	适宜在黑龙江省 ≥ 10 ℃活动积温 2 600 ℃区域种植
黑审豆 2018009	牡试 2 号	牡试 311	适宜在黑龙江省 ≥ 10 ℃活动积温 2 600 ℃区域种植
黑审豆 2018010	牡豆 12	牡 310	适宜在黑龙江省 ≥ 10 ℃活动积温 2 600 ℃区域种植
黑审豆 2018011	中龙 606	中龙 3224	适宜在黑龙江省 ≥ 10 ℃活动积温 2 600 ℃区域种植
黑审豆 2018012	垦豆 94	垦 11 – 5836	适宜在黑龙江省 ≥ 10 ℃活动积温 2 500 ℃区域种植
黑审豆 2018013	东生 79	中牡 511	适宜在黑龙江省 ≥ 10 ℃活动积温 2 500 ℃区域种植
黑审豆 2018014	东农 71	东交 13 – 6271	适宜在黑龙江省 ≥ 10 ℃活动积温 2 600 ℃区域种植
黑审豆 2018015	垦豆 66	垦 11 – 6662	适宜在黑龙江省 ≥ 10 ℃活动积温 2 600 ℃区域种植
黑审豆 2018016	龙达 4 号	龙达 11 – 612	适宜在黑龙江省 ≥ 10 ℃活动积温 2 450 ℃区域种植
黑审豆 2018017	龙达 5 号	龙达 11 – 142	适宜在黑龙江省 ≥ 10 ℃活动积温 2 450 ℃区域种植

附表 **C1**（续 8）

审定编号	品种名称	原代号	适宜区域
黑审豆 2018018	克豆 29 号	克交 11 – 1124	适宜在黑龙江省 ≥ 10 ℃ 活动积温 2 450 ℃ 区域种植
黑审豆 2018019	绥农 51	绥辐 105070	适宜在黑龙江省 ≥ 10 ℃ 活动积温 2 450 ℃ 区域种植
黑审豆 2018020	垦豆 95	垦 K11 – 7456	适宜在黑龙江省 ≥ 10 ℃ 活动积温 2 450 ℃ 区域种植
黑审豆 2018021	合农 72	合交 11 – 188	适宜在黑龙江省 ≥ 10 ℃ 活动积温 2 450 ℃ 区域种植
黑审豆 2018022	东农 72	东农 13 – 6622	适宜在黑龙江省 ≥ 10 ℃ 活动积温 2 450 ℃ 区域种植
黑审豆 2018023	天赐 153	天赐 153	适宜在黑龙江省 ≥ 10 ℃ 活动积温 2 450 ℃ 区域种植
黑审豆 2018024	合农 77	合交 11 – 218	适宜在黑龙江省 ≥ 10 ℃ 活动积温 2 450 ℃ 区域种植
黑审豆 2018025	汇农 416	汇农 416	适宜在黑龙江省 ≥ 10 ℃ 活动积温 2 250 ℃ 区域种植
黑审豆 2018026	龙达 3 号	龙达 11 – 182	适宜在黑龙江省 ≥ 10 ℃ 活动积温 2 250 ℃ 区域种植
黑审豆 2018027	克豆 30 号	克交 11 – 304	适宜在黑龙江省 ≥ 10 ℃ 活动积温 2 250 ℃ 区域种植
黑审豆 2018028	昊疆 4 号	昊疆 11 – 1265	适宜在黑龙江省 ≥ 10 ℃ 活动积温 2 250 ℃ 区域种植
黑审豆 2018029	金源 73	黑河 11 – 2428	适宜在黑龙江省 ≥ 10 ℃ 活动积温 2 250 ℃ 区域种植
黑审豆 2018030	贺豆 3 号	贺丰 11 – 1124	适宜在黑龙江省 ≥ 10 ℃ 活动积温 2 250 ℃ 区域种植
黑审豆 2018031	汇农 417	汇农 417	适宜在黑龙江省 ≥ 10 ℃ 活动积温 2 150 ℃ 区域种植
黑审豆 2018032	龙垦 309	北 25031	适宜在黑龙江省 ≥ 10 ℃ 活动积温 2 150 ℃ 区域种植

附表 **C1**(续9)

审定编号	品种名称	原代号	适宜区域
黑审豆2018033	昊疆5号	昊疆11－1295	适宜在黑龙江省≥10 ℃活动积温2 150 ℃区域种植
黑审豆2018034	黑科59号	黑科59号	适宜在黑龙江省≥10 ℃活动积温2 100 ℃区域种植
黑审豆2018035	昊疆7号	昊疆7号	适宜在黑龙江省≥10 ℃活动积温2 000 ℃区域种植
黑审豆2018036	圣豆45	圣鑫11－5006	适宜在黑龙江省≥10 ℃活动积温2 000 ℃区域种植
黑审豆2018037	贺豆7号	贺豆7号	适宜在黑龙江省≥10 ℃活动积温2 000 ℃区域种植
黑审豆2018038	嫩奥7号	嫩奥12－559	适宜在黑龙江省≥10 ℃活动积温2 000 ℃区域种植
黑审豆2018039	加农2号	兴安08－031	适宜在黑龙江省≥10 ℃活动积温2 000 ℃区域种植
黑审豆2018040	九研2号	九研2号	适宜在黑龙江省≥10 ℃活动积温2 000 ℃区域种植
黑审豆2018041	黑科58号	黑科58号	适宜在黑龙江省≥10 ℃活动积温2 000 ℃区域种植
黑审豆2018042	昊疆13号	昊疆13号	适宜在黑龙江省≥10 ℃活动积温2 250 ℃区域种植
黑审豆2018043	东富豆1号	东富豆1号	适宜在黑龙江省≥10 ℃活动积温2 150 ℃区域种植
黑审豆2018044	五芽豆1号	五芽豆1号	适宜在黑龙江省≥10 ℃活动积温2 250 ℃区域种植
黑审豆2018045	华菜豆2号	华菜豆2号	适宜在黑龙江省≥10 ℃活动积温2 250 ℃区域种植
黑审豆2018046	华菜豆3号	华菜豆3号	适宜在黑龙江省≥10 ℃活动积温2 150 ℃区域种植
黑审豆2018047	绥无腥豆3号	绥无腥豆3号	适宜在黑龙江省≥10 ℃活动积温2 450 ℃区域种植

附表 **C1**（续 10）

审定编号	品种名称	原代号	适宜区域
黑审豆 2018048	合农 91	合农 91	适宜在黑龙江省 ≥10 ℃ 活动积温 2 600 ℃区域种植
黑审豆 2018Z001	东农豆 253	东农豆 253	适宜在黑龙江省 ≥10 ℃ 活动积温 2 450 ℃区域种植

附录 D 2019 年黑龙江省审定的大豆品种

附表 D1 2019 年黑龙江省审定的大豆品种

审定编号	品种名称	原代号	适宜区域
黑审豆 20190001	黑农 82	黑农 82	适宜在黑龙江省≥10 ℃活动积温2 700 ℃以上南部区种植
黑审豆 20190002	安豆 162	安豆 162	适宜在黑龙江省≥10 ℃活动积温2 700 ℃以上西部区种植
黑审豆 20190003	金欣 1 号	金欣 1 号	适宜在黑龙江省≥10 ℃活动积温2 600 ℃区域种植
黑审豆 20190004	桦豆 2	桦豆 2	适宜在黑龙江省≥10 ℃活动积温2 600 ℃区域种植
黑审豆 20190005	合农 74	合农 74	适宜在黑龙江省≥10 ℃活动积温2 600 ℃区域种植
黑审豆 20190006	中龙 608	龙中 301	适宜在黑龙江省≥10 ℃活动积温2 600 ℃区域种植
黑审豆 20190007	合农 80	合农 80	适宜在黑龙江省≥10 ℃活动积温2 500 ℃区域种植
黑审豆 20190008	黑农 86	黑农 86	适宜在黑龙江省≥10 ℃活动积温2 500 ℃区域种植
黑审豆 20190009	红研 7 号	红研 7 号	适宜在黑龙江省≥10 ℃活动积温2 500 ℃区域种植
黑审豆 20190010	田友 2986	田友 2986	适宜在黑龙江省≥10 ℃活动积温2 500 ℃区域种植
黑审豆 20190011	合农 78	合农 78	适宜在黑龙江省≥10 ℃活动积温2 600 ℃区域种植
黑审豆 20190012	绥农 53	绥农 53	适宜在黑龙江省≥10 ℃活动积温2 600 ℃区域种植
黑审豆 20190013	东农 68	东农 13 – 6590	适宜在黑龙江省≥10 ℃活动积温2 600 ℃区域种植

附表 **D1**（续 1）

审定编号	品种名称	原代号	适宜区域
黑审豆 20190014	黑农 93	哈 11 – 4519	适宜在黑龙江省≥10 ℃活动积温 2 600 ℃区域种植
黑审豆 20190015	垦科豆 2	垦科豆 2	适宜在黑龙江省≥10 ℃活动积温 2 600 ℃区域种植
黑审豆 20190016	牡豆 15	牡豆 15	适宜在黑龙江省≥10 ℃活动积温 2 600 ℃区域种植
黑审豆 20190017	绥农 56	绥农 56	适宜在黑龙江省≥10 ℃活动积温 2 450 ℃区域种植
黑审豆 20190018	克豆 31 号	克豆 31	适宜在黑龙江省≥10 ℃活动积温 2 450 ℃区域种植
黑审豆 20190019	牡豆 11	牡 610	适宜在黑龙江省≥10 ℃活动积温 2 450 ℃区域种植
黑审豆 20190020	东农 82	东农 82	适宜在黑龙江省≥10 ℃活动积温 2 450 ℃区域种植
黑审豆 20190021	绥农 76	绥农 76	适宜在黑龙江省≥10 ℃活动积温 2 450 ℃区域种植
黑审豆 20190022	佳豆 6 号	佳豆 6 号	适宜在黑龙江省≥10 ℃活动积温 2 450 ℃区域种植
黑审豆 20190023	垦科豆 7	垦科豆 7	适宜在黑龙江省≥10 ℃活动积温 2 450 ℃区域种植
黑审豆 20190024	黑科 60	黑交 11 – 1161	适宜在黑龙江省≥10 ℃活动积温 2 250 ℃区域种植
黑审豆 20190025	东普 52	峰豆 1	适宜在黑龙江省≥10 ℃活动积温 2 250 ℃区域种植
黑审豆 20190026	佳豆 8 号	佳豆 8 号	适宜在黑龙江省≥10 ℃活动积温 2 250 ℃区域种植
黑审豆 20190027	贺豆 9 号	贺丰 9 号	适宜在黑龙江省≥10 ℃活动积温 2 150 ℃区域种植
黑审豆 20190028	星农 8 号	星农 8 号	适宜在黑龙江省≥10 ℃活动积温 2 150 ℃区域种植

附表 D1（续 2）

审定编号	品种名称	原代号	适宜区域
黑审豆 20190029	昊疆 8 号	昊疆 8 号	适宜在黑龙江省≥10 ℃活动积温 2 150 ℃区域种植
黑审豆 20190030	合农 89	合农 89	适宜在黑龙江省≥10 ℃活动积温 2 150 ℃区域种植
黑审豆 20190031	同豆 2 号	同豆 2 号	适宜在黑龙江省≥10 ℃活动积温 2 150 ℃区域种植
黑审豆 20190032	益农豆 510	益农豆 510	适宜在黑龙江省≥10 ℃活动积温 2 150 ℃区域种植
黑审豆 20190033	龙垦 314	龙垦 314	适宜在黑龙江省≥10 ℃活动积温 2 150 ℃区域种植
黑审豆 20190034	昊疆 14 号	昊疆 14	适宜在黑龙江省≥10 ℃活动积温 2 100 ℃区域种植
黑审豆 20190035	东普 53	峰豆 2	适宜在黑龙江省≥10 ℃活动积温 2 100 ℃区域种植
黑审豆 20190036	贺豆 6 号	贺丰 6 号	适宜在黑龙江省≥10 ℃活动积温 2 100 ℃区域种植
黑审豆 20190037	黑科 57	黑科 57	适宜在黑龙江省≥10 ℃活动积温 2 000 ℃区域种植
黑审豆 20190038	昊疆 21	昊疆 21	适宜在黑龙江省≥10 ℃活动积温2 450 ℃区域种植
黑审豆 20190039	黑龙芽豆 1 号	黑龙芽 1 号	适宜在黑龙江省≥10 ℃活动积温2 500 ℃区域种植
黑审豆 20190040	五芽豆 2 号	五芽豆 2 号	适宜在黑龙江省≥10 ℃活动积温2 450 ℃区域种植
黑审豆 20190041	合农 113	合农 113	适宜在黑龙江省≥10 ℃活动积温2 600 ℃区域种植
黑审豆 20190042	中龙黑大豆 1 号	中龙黑大豆 1 号	适宜在黑龙江省≥10 ℃活动积温2 500 ℃区域种植
黑审豆 20190043	黑科 77 号	黑科 77 号	适宜在黑龙江省≥10 ℃活动积温 2 100 ℃区域种植

附表 **D1**（续3）

审定编号	品种名称	原代号	适宜区域
黑审豆 20190044	佳吉 1 号	H10 – 109	适宜在黑龙江省≥10 ℃活动积温2 600 ℃区域种植
黑审豆 20190045	东富豆 3 号	东富豆 3 号	适宜在黑龙江省≥10 ℃活动积温2 500 ℃区域种植
黑审豆 20190046	五毛豆 1 号	恒科毛豆 1 号	适宜在黑龙江省≥10 ℃活动积温2 450 ℃区域种植
黑审豆 20190047	绥农 49	绥农 49	适宜在黑龙江省≥10 ℃活动积温2 600 ℃区域种植
黑审豆 20190048	华菜豆 4 号	华菜豆 4 号	适宜在黑龙江省≥10 ℃活动积温2 150 ℃区域种植
黑审豆 20190049	华菜豆 5 号	华菜豆 5 号	适宜在黑龙江省≥10 ℃活动积温2 250 ℃区域种植
黑审豆 20190050	龙垦 316	龙垦 316	适宜在黑龙江省≥10 ℃活动积温2 450 ℃区域种植
黑审豆 20190051	五黑 1 号	恒黑 1 号	适宜在黑龙江省≥10 ℃活动积温2 450 ℃区域种植
黑审豆 20190052	佳密豆 8 号	佳密豆 8 号	适宜在黑龙江省≥10 ℃活动积温2 500 ℃区域种植
黑审豆 20190053	绥黑大豆 1 号	绥黑大豆 1 号	适宜在黑龙江省≥10 ℃活动积温2 600 ℃区域种植
黑审豆 20190054	牡小粒豆 1 号	牡小粒豆 1 号	适宜在黑龙江省≥10 ℃活动积温2 600 ℃区域种植
黑审豆 20190055	佳豆 25	佳豆 25	适宜在黑龙江省≥10 ℃活动积温2 250 ℃区域种植
黑审豆 20190056	合农 135	合农 135	适宜在黑龙江省≥10 ℃活动积温2 500 ℃区域种植
黑审豆 20190057	克豆 48 号	克豆 48 号	适宜在黑龙江省≥10 ℃活动积温2 450 ℃区域种植
黑审豆 20190058	嫩农豆 1 号	嫩农豆 1 号	适宜在黑龙江省≥10 ℃活动积温2 250 ℃区域种植

附表 D1（续 4）

审定编号	品种名称	原代号	适宜区域
黑审豆 20190059	中龙小粒豆2 号	中龙小粒豆2 号	适宜在黑龙江省≥10 ℃活动积温2 250 ℃区域种植
黑审豆 20190060	中龙黑大豆2 号	中龙黑大豆2 号	适宜在黑龙江省≥10 ℃活动积温2 450 ℃区域种植
黑审豆 20190061	华菜豆 7 号	华菜豆 7 号	适宜在黑龙江省≥10 ℃活动积温2 150 ℃区域种植
黑审豆 20190062	富航芽豆 1 号	富航小粒豆1 号	适宜在黑龙江省≥10 ℃活动积温2 600 ℃区域种植
黑审豆 20190063	龙垦 3002	龙垦 3002	适宜在黑龙江省≥10 ℃活动积温2 250 ℃区域种植
黑审豆 20190064	黑农芽豆 2 号	黑农芽 2 号	适宜在黑龙江省≥10 ℃活动积温2 500 ℃区域种植
黑审豆 20190065	星农豆 2 号	星农特大豆2 号	适宜在黑龙江省≥10 ℃活动积温2 700 ℃以上南部区种植
黑审豆 20190066	东生 89	东生 89	适宜在黑龙江省≥10 ℃活动积温2 450 ℃区域种植
黑审豆 20190067	吉育 639	吉育 639	适宜在黑龙江省≥10 ℃活动积温2 600 ℃区域种植
黑审豆 2019Z0001	金臣 2 号	金臣 2 号	适宜在黑龙江省≥10 ℃活动积温2 700 ℃区域种植
黑审豆 2019Z0002	金臣 1885	金臣 1885	适宜在黑龙江省≥10 ℃活动积温2 050 ℃区域做鲜食大豆种植
黑审豆 2019Z0003	龙达菜豆 2 号	龙达菜豆 2 号	适宜在黑龙江省≥10 ℃活动积温2 150 ℃区域做鲜食大豆种植
黑审豆 2019Z0004	农垦人 1	农垦人 1	适宜在黑龙江省≥10 ℃活动积温2 300 ℃区域做鲜食大豆种植
黑审豆 2019Z0005	中科毛豆 4 号	中科毛豆 4 号	适宜在黑龙江省≥10 ℃活动积温2 600 ℃区域做鲜食大豆种植
黑审豆 2019Z0006	东农豆 245	东农豆 245	适宜在黑龙江省≥10 ℃活动积温2 300 ℃区域做鲜食大豆种植

附表 **D1**（续 5）

审定编号	品种名称	原代号	适宜区域
黑审豆 2019Z0007	东庆 20	东庆 20	适宜在黑龙江省≥10 ℃活动积温 2 150 ℃区域做鲜食大豆种植
黑审豆 2019Z0008	尚豆 1 号	尚豆 1 号	适宜在黑龙江省≥10 ℃活动积温 2 600 ℃区域做鲜食大豆种植
黑审豆 2019Z0009	正绿毛豆 1 号	正绿毛豆 1 号	适宜在黑龙江省≥10 ℃活动积温 2 450 ℃区域做鲜食大豆种植
黑审豆 2019Z0010	中科毛豆 3 号	中科毛豆 3 号	适宜在黑龙江省≥10 ℃活动积温 2 350 ℃区域做鲜食大豆种植
黑垦审豆 20190001	垦豆 48	垦豆 48	适宜在黑龙江省≥10 ℃活动积温 2 600 ℃垦区区域种植
黑垦审豆 20190002	垦科豆 1	垦科豆 1	适宜在黑龙江省≥10 ℃活动积温 2 600 ℃垦区区域种植
黑垦审豆 20190003	龙垦 392	龙垦 392	适宜在黑龙江省≥10 ℃活动积温 2 600 ℃垦区区域种植
黑垦审豆 20190004	龙垦 397	龙垦 397	适宜在黑龙江省≥10 ℃活动积温 2 600 ℃垦区区域种植
黑垦审豆 20190005	建农 2 号	建 13 – 780	适宜在黑龙江省≥10 ℃活动积温 2 450 ℃垦区东北部种植
黑垦审豆 20190006	龙垦 348	龙垦 348	适宜在黑龙江省≥10 ℃活动积温 2 450 ℃垦区区域种植
黑垦审豆 20190007	宝研 7 号	宝交 13 – 7042	适宜在黑龙江省≥10 ℃活动积温 2 450 ℃垦区区域种植
黑垦审豆 20190008	垦豆 47	垦豆 47	适宜在黑龙江省≥10 ℃活动积温 2 450 ℃垦区区域种植
黑垦审豆 20190009	宝研 8 号	宝交 13 – 6085	适宜在黑龙江省≥10 ℃活动积温 2 450 ℃垦区区域种植
黑垦审豆 20190010	龙垦 330	龙垦 330	适宜在黑龙江省≥10 ℃活动积温 2 450 ℃垦区区域种植

附录 E 黑龙江省 2019 年优质高效大豆品种种植区划布局

附表 E1 黑龙江省 2019 年优质高效大豆品种种植区划布局

积温带	品种名称	品质性状	适宜种植区域
第一积温带	东农 55（高蛋白）	蛋白质含量 44.33%，脂肪含量 18.74%	哈尔滨市区、宾县，大庆市红岗区、大同区、让湖路区南部、肇源县、肇州县，齐齐哈尔市富拉尔基区、昂昂溪区，泰来县，杜蒙，肇东市，东宁市
	黑农 52	蛋白质含量 40.67%，脂肪含量 19.29%	
	东农豆 251	蛋白质含量 40.29%，脂肪含量 20.58%	
	黑农 69（高油）	蛋白质含量 40.63%，脂肪含量 21.94%	
	黑农 62	蛋白质含量 40.36%，脂肪含量 20.73%	
	黑农 83（高油）	蛋白质含量 38.39%，脂肪含量 21.88%	
第二积温带	合农 75（高油）	蛋白质含量 36.43%，脂肪含量 22.92%	哈尔滨市巴彦县、呼兰区、五常市、木兰县、方正县，绥化市、庆安县东部、兰西县、青冈县、安达市、依兰县，大庆市南部，大庆市林甸县，齐齐哈尔市北部、富裕县、甘南县、龙江县，牡丹江市、海林市、宁安市，鸡西市恒山区、城子河区、密山市，佳木斯市、汤原县、香兰镇、桦川县、桦南县南部，七台河市西部、勃利县，八五七农场，以及兴凯湖农场
	合农 76（高蛋白）	蛋白质含量 41.98%，脂肪含量 20.43%	
	黑农 48（高蛋白）	蛋白质含量 44.71%，脂肪含量 19.05%	
	黑农 84	蛋白质含量 40.82%，脂肪含量 19.58%	
	绥农 26（高油）	蛋白质含量 38.80%，脂肪含量 21.59%	
	垦豆 43（高油）	蛋白质含量 38.83%，脂肪含量 21.16%	
	东农豆 252	蛋白质含量 42.47%，脂肪含量 20.37%	
	东生 3	蛋白质含量 40.07%，脂肪含量 20.54%	
	绥农 42	蛋白质含量 40.68%，脂肪含量 20.00%	

附表 E1(续1)

积温带	品种名称	品质性状	适宜种植区域
第三积温带	合农69(高油)	蛋白质含量37.88%,脂肪含量21.09%	哈尔滨市延寿县、尚志市、五常市北部、通河县、木兰县北部、方正县林业局、庆安县北部、绥化市绥棱县南部、明水县、齐齐哈尔市华安区、拜泉县、依安县、讷河市、甘南县北部、富裕县北部、克山县、牡丹江市林口县、穆棱市、绥芬河市南部、鸡西市梨树区、麻山区、滴道区、虎林市、七台河市、双鸭山市岭西区、岭东区、宝山区、佳木斯市桦南县北部、桦川县北部、富锦市北部、同江市南部、鹤岗市南部、绥滨县、宝泉岭农管局、建三江农管局,以及八五三农场
	绥农44	蛋白质含量39.59%,脂肪含量20.74%	
	东生7(高油)	蛋白质含量40.67%,脂肪含量21.11%	
	东农60(高蛋白小粒豆)	蛋白质含量47.09%,脂肪含量17.02%	
	北豆40(高油)	蛋白质含量37.95%,脂肪含量21.08%	
	东生1号(高产)	蛋白质含量41.30%,脂肪含量19.97%	
	绥农38(高油)	蛋白质含量37.80%,脂肪含量21.13%	
	合农77(高油)	蛋白质含量35.24%,脂肪含量24.13%	
第四积温带	黑河43	蛋白质含量41.84%,脂肪含量18.98%	哈尔滨市延寿县西部,苇河林业局,亚布力林业局,牡丹江市西部、东部,绥芬河市南部,虎林市北部,鸡西市北部、东方红镇,双鸭山市饶河县、饶河农场、胜利农场、红旗岭农场、前进农场、青龙山农场,鹤岗市北部、鹤北林业局,伊春市西林区、南岔区、带岭区、大丰区、美溪区、翠峦区、友好区南部、上甘岭区南部、铁力市,同江市东部,黑河市、逊克县、嘉荫县、呼玛县东北部、北安市、嫩江县、五大连池市,绥化市海伦市、绥棱县北部,齐齐哈尔市克东县,九三农管局
	克山1号(高油)	蛋白质含量38.04%,脂肪含量21.82%	
	合农95	蛋白质含量41.39%,脂肪含量18.76%	
	金源55(高蛋白)	蛋白质含量42.19%,脂肪含量19.60%	
	黑河52(高蛋白)	蛋白质含量40.55%,脂肪含量20.47%	
	东农63	蛋白质含量39.38%,脂肪含量20.85%	
	合农73(高产)	蛋白质含量37.84%,脂肪含量21.23%	
	克豆30(高油)	蛋白质含量38.38%,脂肪含量21.49%	

附表 E1（续 2）

积温带	品种名称	品质性状	适宜种植区域
第五积温带	黑河 45（高蛋白）	蛋白质含量 42.16%，脂肪含量 19.44%	抚远市，四方山林场，伊春市五营区、上甘岭区北部、新青区、红星区、乌伊岭区，佳木斯市东风区，黑河市西部、嫩江市东北部、北安市北部、孙吴县北部，以及呼玛县东部三卡乡
	华疆 4 号（高油）	蛋白质含量 38.07%，脂肪含量 21.22%	
	昊疆 2 号（高蛋白）	蛋白质含量 43.65%，脂肪含量 18.03%	
	北豆 42	蛋白质含量 38.83%，脂肪含量 20.21%	
	圣豆 43（高蛋白）	蛋白质含量 44.15%，脂肪含量 17.74%	
	北豆 53（高油）	蛋白质含量 37.72%，脂肪含量 21.02%	
	黑科 59	蛋白质含量 40.16%，脂肪含量 20.89%	
	汇农 416	蛋白质含量 40.20%，脂肪含量 20.46%	
第六积温带	华疆 2 号	蛋白质含量 41.21%，脂肪含量 20.62%	大兴安岭地区、沾北林场、大岭林场、西林吉林业局、十二站林场、新林林业局、东方红镇、呼中林业局、阿木尔林业局、漠河市、图强林业局、呼玛县西部、嫩江北部等
	黑河 35	蛋白质含量 38.35%，脂肪含量 20.13%	
	北兴 1 号	蛋白质含量 39.46%，脂肪含量 20.66%	
	北豆 43	蛋白质含量 41.48%，脂肪含量 19.52%	
	北豆 36	蛋白质含量 39.71%，脂肪含量 20.04%	
	昊疆 1 号（高蛋白）	蛋白质含量 42.02%，脂肪含量 19.51%	
	黑科 56	蛋白质含量 41.43%，脂肪含量 18.56%	
	金源 71	蛋白质含量 41.00%，脂肪含量 20.08%	

附录 F 黑龙江大豆骨干亲本系谱图

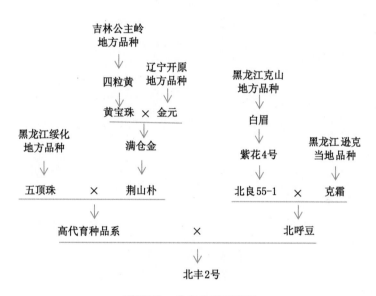

附图 F1 北丰 2 号系谱图

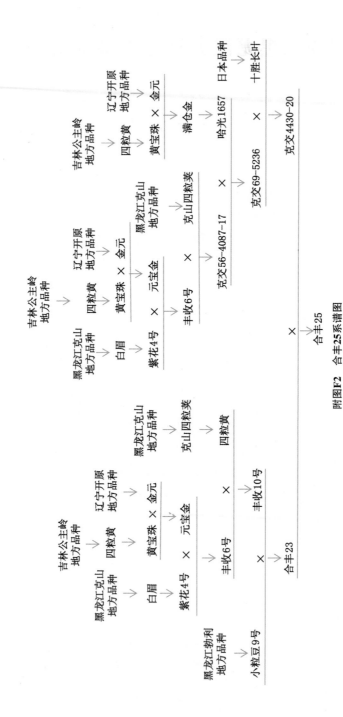

附图F2 合丰25系谱图

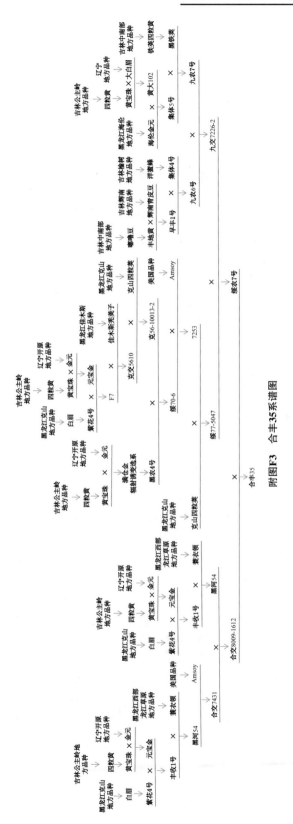

附图F3 合丰35系谱图

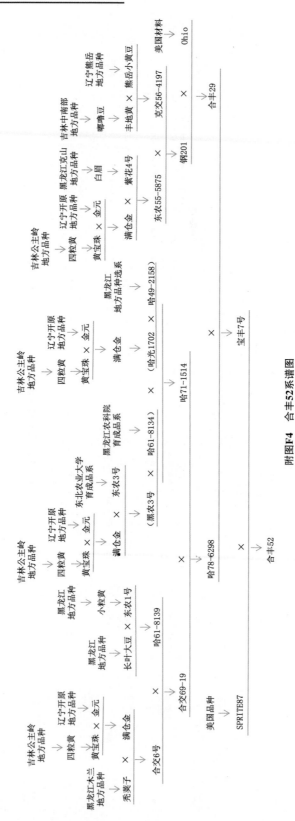

附图F4　合丰52系谱图

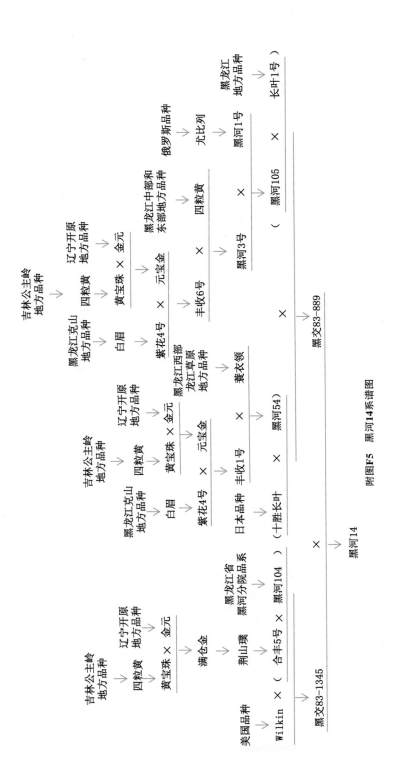

附图F5 黑河14系谱图

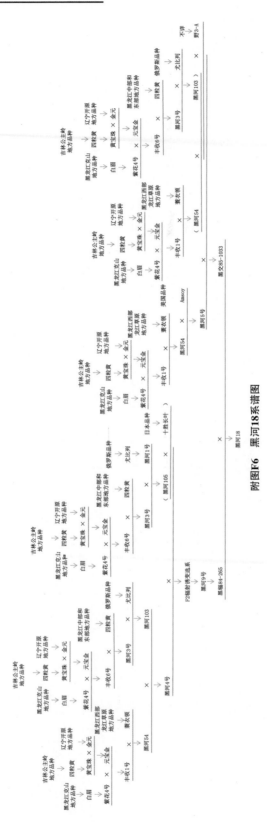

附图F6 黑河18系谱图

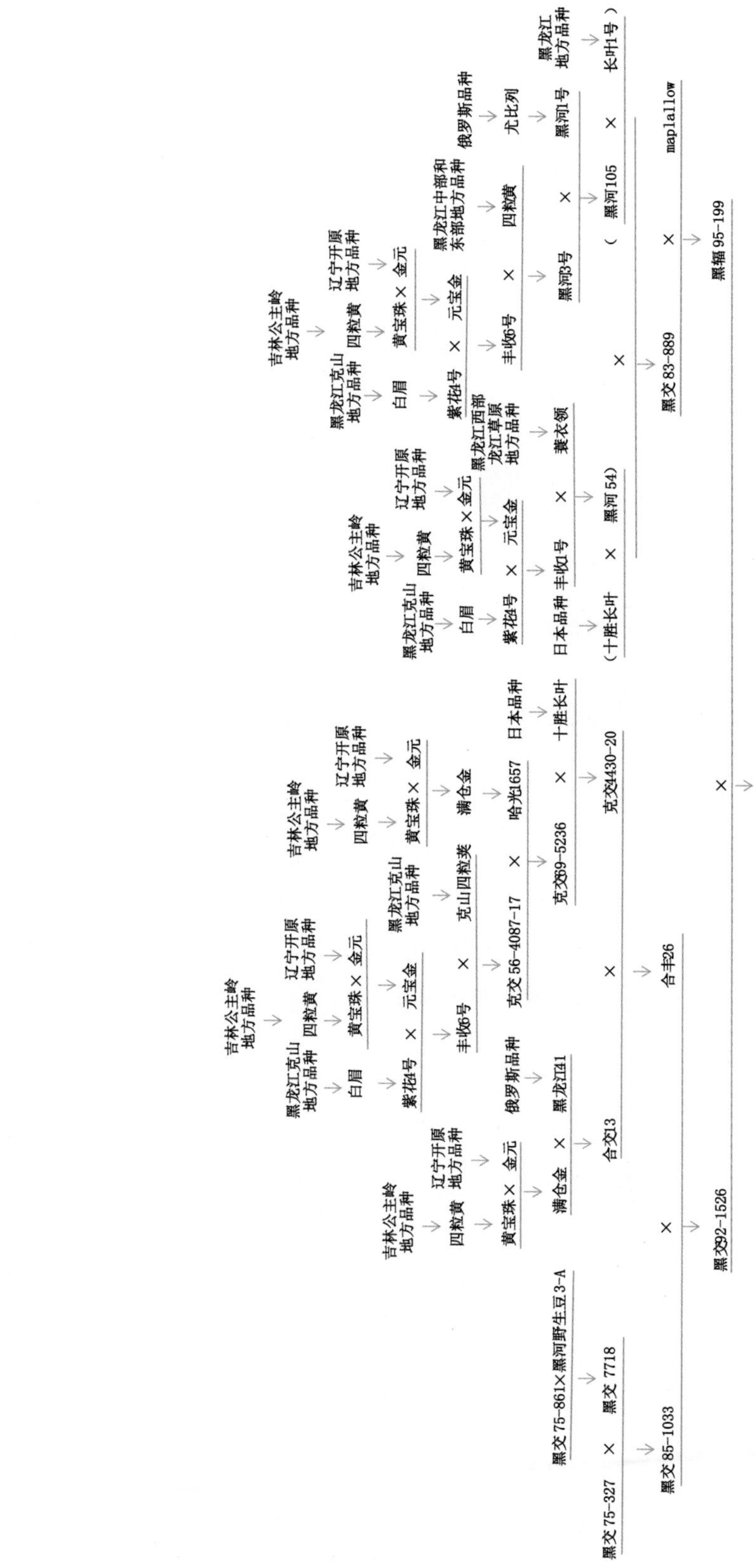

附图F7 黑河44系谱图

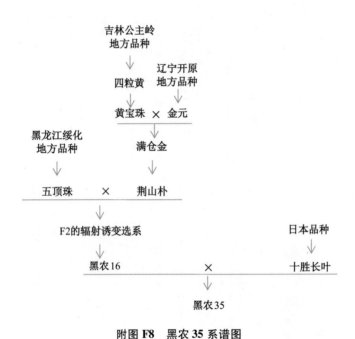

附图 **F8** 黑农 **35** 系谱图

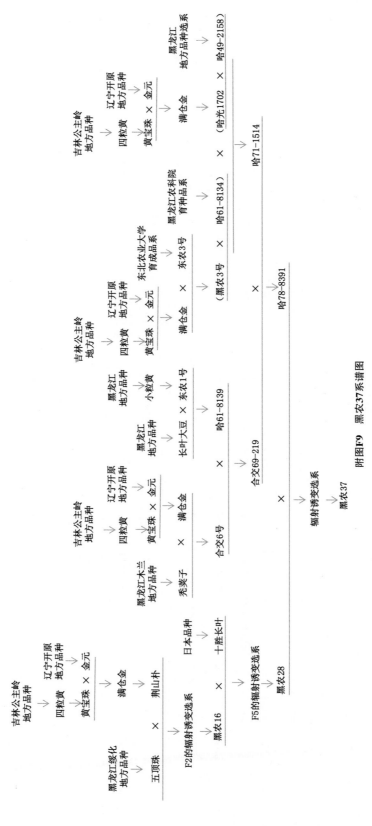

附图F9 黑农37系谱图

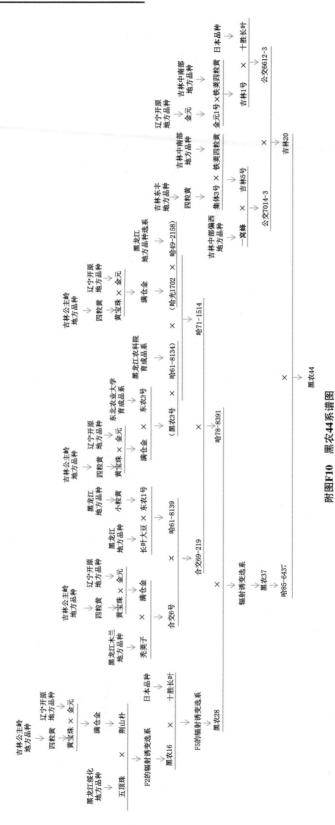

附图F10 黑农44系谱图

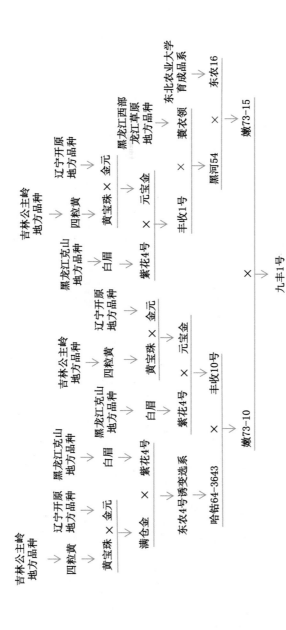

附图F11　九丰1号系谱图

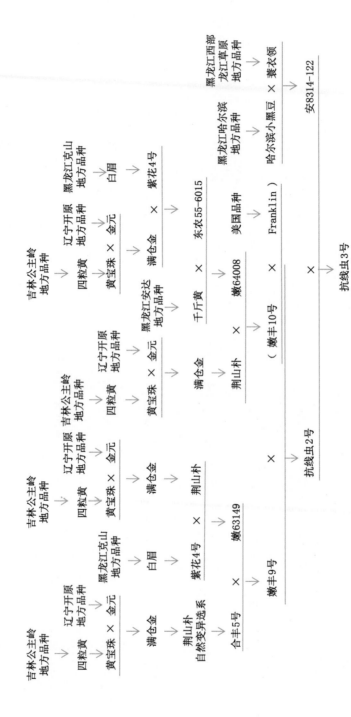

附图F12 抗线虫3号系谱图

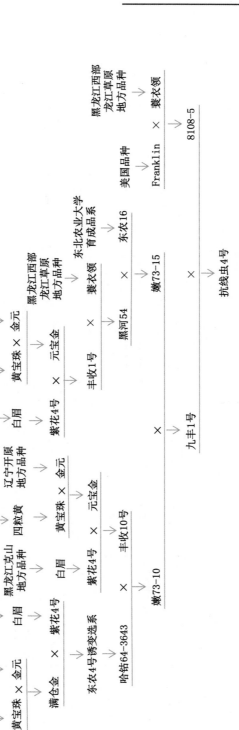

附图F13　抗线虫4号系谱图

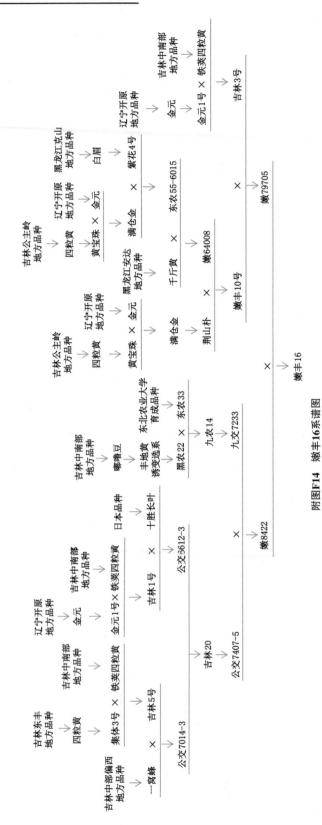

附图F14 嫩丰16系谱图

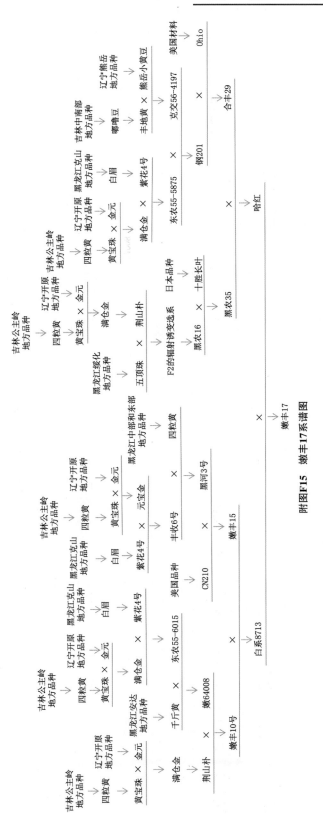

附图F15　嫩丰17系谱图

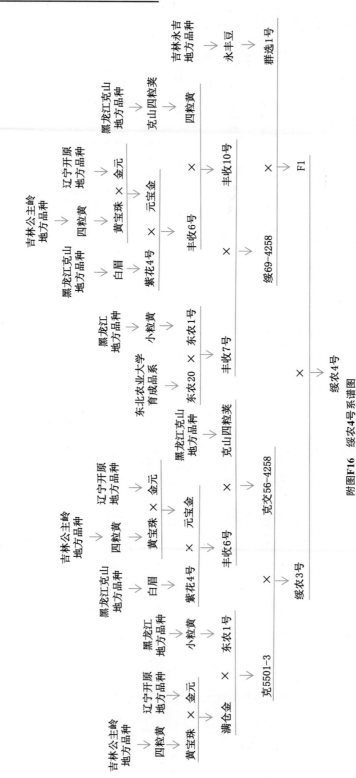

附图F16 绥农4号系谱图

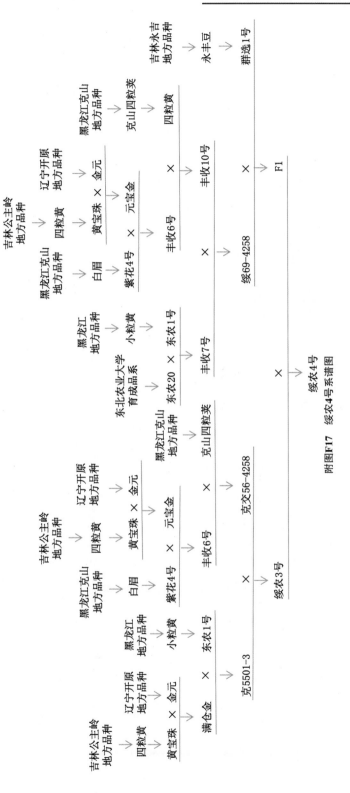

附图F17 绥农4号系谱图

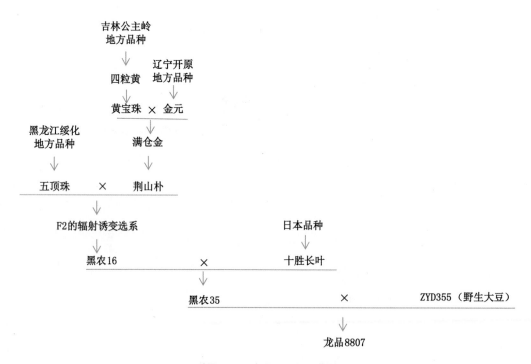

附图 **F18** 龙品 **8807** 系谱图